苹果加工副产物
高值化利用

哈益明　毕金峰
郭玉蓉　李庆鹏 ｜ 主编

化学工业出版社

·北京·

内 容 简 介

《苹果加工副产物高值化利用》全书内容包括我国苹果加工副产物资源高值化利用的研究现状、苹果（等外果）加工适宜性评价方法、苹果皮渣营养成分分析及膳食纤维改性研究成果、苹果皮渣中多酚分离纯化技术及高值化利用研究进展、苹果皮渣中多糖结构、活性及分离纯化方法、苹果皮渣菌体蛋白饲料的制备及饲用有效性研究，并介绍了苹果皮渣多酚抗衰老和减脂功效的模式生物秀丽线虫评价方法。

《苹果加工副产物高值化利用》可供食品科学、农产品加工与贮藏、果蔬加工与副产物利用等领域的科研人员、企业技术研发人员和农产品加工领域企业管理人员参考，也可作为综合性大学、农业院校相关专业的教学参考书。

图书在版编目（CIP）数据

苹果加工副产物高值化利用/哈益明等主编. —北京：化学工业出版社，2022.6
ISBN 978-7-122-41177-8

Ⅰ. ①苹… Ⅱ. ①哈… Ⅲ. ①苹果-水果加工
Ⅳ. ①TS255.4

中国版本图书馆 CIP 数据核字（2022）第 059535 号

责任编辑：尤彩霞	装帧设计：韩　飞
责任校对：王　静	

出版发行：化学工业出版社（北京市东城区青年湖南街 13 号　邮政编码 100011）
印　　装：北京天宇星印刷厂
710mm×1000mm　1/16　印张 16¼　字数 313 千字　2022 年 8 月北京第 1 版第 1 次印刷

购书咨询：010-64518888　　　　　　　　售后服务：010-64518899
网　　址：http://www.cip.com.cn
凡购买本书，如有缺损质量问题，本社销售中心负责调换。

定　　价：80.00 元

编写人员

主　编：哈益明　毕金峰

　　　　郭玉蓉　李庆鹏

副主编：李咏富　孟永宏

　　　　刘　璇　唐洪涛

参编者：李　旋　崔　龙

　　　　李　珍　耿乙文

　　　　刘倩男　韩万友

　　　　刘芯钥　项丽霞

　　　　李华林　王三保

　　　　邓健康　刘秀娟

前　言

　　苹果（*Malus domestica*）是蔷薇科苹果属植物的果实，果实汁多、脆嫩、酸甜适口，耐贮藏。我国苹果栽培面积全世界第一，我国也是世界最大的苹果生产国。苹果消费主要以鲜食为主，约占总产量的 70％。苹果加工产品主要有浓缩苹果汁、苹果酒、果酱等。苹果加工如苹果浓缩汁加工会产生大量的副产物即苹果皮渣，形成的皮渣量约占苹果原料总量的四分之一。苹果皮渣含水量高达 80％，固体部分主要由果皮、果核和残余果肉组成。仅我国浓缩苹果汁加工企业年生产形成的苹果皮渣高达 120 万吨，苹果皮渣形成数量之巨为下一步综合利用提供了丰富的资源。但是，截至目前我国国内苹果皮渣综合利用率仍然很低，除少量用作燃料、饲料和提取果胶外，其他大部分都被当作垃圾处理。丢弃的果渣会在短时间内腐烂，变酸变臭，严重污染环境，并造成资源的巨大浪费。

　　国外苹果加工企业已较早地开展了苹果加工副产物的高值化利用。美国政府早在 1987 年就投入了 1500 万美元，用于构建苹果高值化利用体系，通过梯度加工，苹果皮渣可以生产酒精、柠檬酸、纤维素、沼气及膳食纤维食品等多种产品，不仅将苹果资源开发利用最大化，还有效地保护了环境，促进了苹果产业的可持续发展。

　　我国研究学者已对苹果皮渣资源综合利用技术开展了相关研究，但技术的产业转化尚未完全实现，企业对苹果皮渣资源的利用效率很低，因此我国苹果皮渣综合利用技术开发仍是一个亟待解决的问题。具体表现如下：

　　首先是苹果加工综合利用率低。虽然一些科研单位开展了综合利用方面的研究，少数企业也在苹果果胶提取、饲料加工等方面建立了生产线，但仍不足以达到产业化高效利用的目的，更未实现苹果综合利用技术的成熟化和向现代生产力的转化。苹果加工副产物综合利用率不高，变相推高整个行业的成本费用，降低了产品的国际竞争力，制约了苹果加工产业的健康发展。

　　其次是苹果加工副产物集中处理较困难。苹果浓缩汁加工企业加工后形成的苹果皮渣中水分含量高，前处理过程繁琐，但其能够保证较为集中、充足的皮渣作为原料来进行生产。其他企业会将加工中的皮渣作为垃圾直接丢弃，因此集中处理成为严重制约皮渣综合利用的关键。

　　最后是国内虽已研究开发出苹果果胶、多酚、膳食纤维等功能性成分的提取工艺，但距真正实现规模化、产业化、商品化尚有一段距离，技术不够成熟，导致苹果皮渣副产物能用于加工的比例较低，高附加值产品也较少；苹果加工副产物利用后产生的二次废渣和废水的利用率则更低，一般加工企业都直接排放，对环境影响较大，工业化皮渣综合利用技术亟待提高。

2014 年，我国农业部（现农业农村部）通过农业行业公益性科研专项"大宗水果加工及副产物综合利用关键技术研究与应用"立项支持水果加工副产物综合利用技术的研究与开发。目前研制出一批可操作性强的加工副产物综合利用技术，项目取得的成果有望突破我国水果加工副产物综合利用面临的制约产业发展的瓶颈问题。

本书是在农业行业公益性科研专项项目"大宗水果加工及副产物综合利用关键技术研究与应用"和"十三五"国家重点研发 NQI 专项"粮油、果蔬等农产品加工废弃物资源化利用技术及标准研究"等项目的支持下，由中国农业科学院农产品加工所牵头完成苹果等外果加工适宜性评价及副产物综合利用研究子课题，汇总了项目完成后的最新研究成果并补充增加陕西师范大学苹果加工及综合利用团队的相关研究成果。本书内容体系完整、层次清晰、数据翔实，重点介绍了国内苹果皮渣高值化利用的基础性研究成果和核心共性关键技术，充分展示了苹果加工副产物综合利用关键技术的最新研究成果，同时体现了资源利用高值化、生产能力规模化、环境友好化等核心技术的形成原则。

本书共分 7 章：第 1 章系统介绍了我国苹果加工产业发展和苹果皮渣资源及高值化利用的研究现状；第 2 章介绍了苹果（等外果）加工适宜性评价方法的最新研究；第 3 章介绍了苹果皮渣营养成分分析及皮渣中膳食纤维改性研究；第 4 章介绍了苹果皮渣中多酚提取、分离纯化研究的新进展；第 5 章介绍了苹果皮渣中多糖的结构、活性及分离纯化方法；第 6 章阐述了苹果皮渣菌体蛋白饲料的制备及饲用有效性研究成果；第 7 章详细介绍了苹果皮渣多酚抗氧化、抗衰老及减脂功能的评价研究。

本书由哈益明教授、毕金峰研究员、郭玉蓉教授、李庆鹏副研究员主编完成。李咏富、孟永宏、刘璇、唐洪涛、李旋、崔龙、李珍、耿乙文、刘倩男、韩万友、刘芯钥、项丽霞、李华林、王三保、邓健康、刘秀娟等研究者完成本书的分章撰写。哈益明教授撰写了本书的前言及第一章概述，李庆鹏副研究员负责完成了全书的统稿和校对工作。本书凝聚着全体编著者的研究成果和心血，值此谨对各位的辛苦和努力深表感谢。同时对支持帮助完成试验和提供研究样品的国投中鲁、陕西海升等企业表示感谢。

撰写一本科学、实用、针对性强的苹果皮渣高值化利用的书籍是本书全体编著者的心愿，也是当前我国苹果资源开发利用最大化、保护环境、促进苹果产业可持续发展的迫切需求。本书的完成是在政府主导和支持下，产、学、研合作共赢的结晶，希望本书的出版能为苹果皮渣转化为高附加值产品、延长苹果加工产业链、助力环境保护和企业增效发挥重要作用。

本书撰写过程中虽每位编著者都努力做到尽心尽力、反复推敲、力求完善，但鉴于水平所限，有些论述、参数及工艺，难免有欠妥或不完善之处，个别地方也许会有疏漏和不足，恳请广大读者批评指正。

哈益明

2021 年 8 月

目 录

第1章

概　述

1.1　我国苹果加工产业现状

1.1.1　我国苹果加工产业发展现状

苹果（*Malus domestica*）是我国传统特色农产品，属蔷薇科（Rosaceae）苹果属（*Malus*）植物的果实，果实汁多、脆嫩、酸甜适口，耐贮藏。苹果在传统农业发展过程中，由于地理环境、市场、技术等形成具有资源条件独特性、区域特征显著性、产品品质特殊性和消费市场特定性的农产品。我国苹果生产加工产业是典型的劳动密集型产业，在促进农民增收和区域经济增长等方面发挥着重要作用。苹果在我国水果种植中具有重要地位，产量已占全国所有果品产量的三分之一左右。同时，近年来苹果出口量也在同步增长，已成为我国竞争力较强的出口优势农产品。

我国是世界最大的苹果生产国，2019年我国苹果总产量为4319.20万吨。我国苹果种植主要集中在山东省、河北省、辽宁省、陕西省、甘肃省和青海省等产区，并逐步形成了西北黄土高原和渤海湾两大优势产业带，成为世界上最大的优质苹果产区。两大优势产业区域苹果栽培面积分别占全国的44%和34%，产量分别占全国的49%和31%，出口量占全国的90%以上（高华等，2006；李军等，2004）。苹果生产加工产业发展已成为国家精准扶贫战略实施的重要抓手，同时也形成了地域性经济支柱性产业集群。

我国苹果的种植面积大，产量高，品种较多。不同地区、不同气候条件下适宜种植的苹果品种也不同，不同品种适宜加工的产品也不同。随着科学技术的高速发展，一些高新技术大量应用到苹果精深加工中，如膜超滤技术、高温瞬时灭菌技术、微波技术和压差膨化技术等，为苹果加工产业提供了技术支持。目前，我国苹果加工的主要产品仍然是浓缩苹果汁，由于产品相对单一，基本完全依赖国际市场，存在着较大的市场风险。近年来，苹果加工产品呈现出多元化的发展

1

趋势。越来越多的苹果加工产品上市，提升了苹果深加工产品的市场抗风险能力。科技扶贫对农业的扶持力度越来越大，对我国苹果产业的支持力度也越来越大，我国不同省份，根据自身苹果产业的发展情况，制定了对应的发展政策，加大苹果种植、加工产业发展的政策保障力度（邓代君等，2020）。

世界苹果平均加工转化率在 24% 左右，目前很多发达国家加工率已达到 50%，德国则可高达 75%，而我国的苹果加工率低于 8%，远远低于世界平均水平。因此，我国开展苹果深加工还有很大的发展空间和潜力。苹果通过加工不仅可以解决苹果鲜销市场卖果难的问题，同时又可以实现加工增值，使苹果不仅产得好、存得鲜、卖得远，而且为实现农民增收、脱贫致富，进一步促进苹果产业良性发展奠定了良好的基础。

我国苹果加工业已经有了长足的发展，苹果加工利用率也逐年提高。这主要表现在苹果浓缩汁生产线的不断增加和苹果浓缩汁产量的不断提高。苹果浓缩汁已经成为我国苹果最主要的加工产品和出口产品。我国现有苹果浓缩汁生产企业近 50 家，生产线 60 多条，绝大部分都是在 20 世纪 90 年代建立的，其中从国外引进的生产线占 2/3，国产线占 1/3，集中分布在北方苹果产区，以山东、陕西、河南、山西、河北、辽宁为主。浓缩苹果汁的生产已经形成三个主要产区，分别是山东的胶东半岛如烟台、乳山等地，陕西的中部地区如眉县、乾县等地，以及河南的三门峡地区（廖小军等，2001）。苹果浓缩汁主要出口美国、日本、欧洲、韩国、澳大利亚等地。我国已成为世界上苹果浓缩汁出口大国。与苹果浓缩汁加工相比，传统的苹果加工产品如罐头、果脯、果酱等逐渐减少，这些产品的市场也在不断萎缩，目前只有苹果果脯有少量生产，而苹果罐头和苹果酱已经很少生产。近年来，特色苹果加工品逐渐受到消费者青睐，如发酵苹果汁、苹果醋、苹果果胶、苹果粉等。在欧洲和美洲市场，除了苹果汁外，发酵苹果汁的市场前景广阔，我国出口的苹果浓缩汁大部分成为国外进口商进一步加工生产发酵苹果汁的初级原料产品（吴茂玉等，2009）。

随着苹果深加工技术的进步，产业链的不断延伸和完善，出现了以苹果为基本原料的多种不同类型的加工产品。总之，我国国内苹果深加工的未来发展趋势，仍以苹果浓缩汁、苹果混浊汁及浓缩混浊汁、苹果发酵饮料、苹果果胶及苹果粉为主（李辉等，2019）。

苹果浓缩汁是国际贸易中最受欢迎的产品之一。因为浓缩汁具有糖度高、体积小、质量轻等特点，且贮运方便，能够降低生产成本，进一步加工成苹果汁、苹果酒、苹果醋等产品；生产 1t 苹果浓缩汁需消耗 8t 左右的苹果原料，可在成熟季节消化大量的苹果原料和非商品果。市售果汁是苹果经过压榨、杀菌、脱胶、浓缩以及加水还原后杀菌制成。因此，苹果浓缩汁仍将是苹果深加工的一个重要方向。

苹果混浊汁及浓缩混浊汁与传统意义上苹果汁不一样，果汁经压榨、杀菌、灌装制成，工艺处理时间短，杀菌时间短，最大限度地保留了苹果中营养成分，而且果汁的芳香成分也没有过多的损失，是一种全天然的果汁饮料。目前在北美洲、欧洲，还原型果汁在市场中的份额越来越少，而巴氏杀菌天然果汁日益受到消费者青睐。

苹果发酵饮料包括苹果酒和苹果醋。果酒是酒饮料的未来发展方向，既可以消化处理苹果，也可以解决酒的原料不足的问题，减少粮食的消耗。苹果微发酵酒，是利用微生物的发酵作用，使果汁经过轻微的发酵，产品处于果汁与酒的过渡态，既有果汁的风味又有美酒的芳香。而苹果醋作为饮料，不仅开胃消食而且通过微生物的作用，丰富了苹果汁的原有营养成分，同时具有果汁与醋的芳香。

苹果果胶是一种亲水性胶体，不仅具有重要的生理功能，而且作为食品加工中的配料广泛用于苹果汁饮料、果酱、冰淇淋、果冻以及许多甜食制品的加工中。苹果中含有丰富的果胶，但目前仍未得到充分利用，尤其是苹果加工后皮渣中的果胶未得到高值化利用。

苹果粉是将新鲜苹果加工成果粉，苹果粉产品具有水分含量低，可延长贮藏期，降低贮藏、运输、包装费用等非常明显的优势；苹果原料利用率高，制粉对原料的要求不高，特别是对原料的大小、形状没有要求；加工成果粉后，拓宽了苹果原料的应用领域。研究表明，果粉能应用到膨化食品、固体饮料、乳制品、婴幼儿食品、调味品、糖果制品、焙烤制品等领域，用于提高产品的营养成分、改善产品的色泽和风味以及丰富产品的品种等。目前，果粉的加工朝着低温超微粉碎的方向发展，经超微粉碎后颗粒可达到微米级，由于颗粒的超微细化，果粉具有表面积和小尺寸效应，其物理化学性能发生巨大变化。果粉的分散性、水溶性、吸附性、亲和性等物理性质提高，使用时更方便，营养成分更容易消化、吸收，口感更好。

1.1.2　我国苹果加工产业问题与对策

1.1.2.1　产业问题

我国苹果加工业以浓缩苹果汁为主，因此，以浓缩汁苹果加工为例，分析苹果加工产业中面临的诸多问题更具代表性，具体包括以下方面：

（1）盲目引进设备，造成设备闲置。20 世纪 80 年代末至 90 年代中期，我国从国外大量引进浓缩果汁生产线，由于缺乏专门的行业组织统一规划、统一管理，在引进浓缩果汁生产线时存在盲目上马、重复引进的现象，造成国家外汇的大量损失和引进设备的闲置。目前我国现有的 60 多条浓缩果汁生产线设备利用率仅在 50% 左右。

（2）生产线布局不合理，生产成本高。我国浓缩苹果汁生产线主要集中在山东、陕西、河南等地，山东和陕西等地各有 20 多条，河南三门峡有 6 条。一方面是生产企业多，但加工能力小，很多生产线的加工能力在 5～10t/h 之间，难以形成 20t/h 以上的加工规模，增加了生产成本；另一方面是生产线过分集中，一般要求 $100km^2$ 内一家较为适宜，而现实情况是在 $100km^2$ 范围内大多分布好几家生产企业，这些生产企业在苹果生产季节抢购原料提高了原料价格，造成苹果榨汁期缩短、人员设备闲置周期延长、生产成本增加（吴茂玉等，2009）。

（3）销售渠道不畅，产品滞销积压。在建苹果浓缩汁生产企业时未进行合理的论证，只考虑了原料供应问题，未充分考虑产品的销售渠道问题。我国浓缩苹果汁以外销为主，而有些苹果浓缩汁生产企业没有外贸销售途径，缺乏合适的出口渠道，产品生产后不能及时销售，造成产品积压，占压资金，不能维持企业正常的再生产，有时不得不以低于成本价销售，造成企业亏本，甚至有些企业的产品根本没有销路，投产当年就停产。

（4）缺乏加工用原料，产品难以达到出口质量要求。原料加工的适宜性是加工产品质量的决定因素，只有优质的适合加工的原料才能加工出优质的产品。我国浓缩苹果汁加工业是在苹果鲜销出现困难背景下发展起来的，没有充分考虑原料加工的适宜性，用这样的原料生产出来的产品质量自然会受到影响，从酸度、出汁率等方面都难以达到理想的要求。目前我国主要栽培的苹果品种是富士，属于鲜食品种。浓缩苹果汁加工需要酸度相对比较高的品种，我国鲜食混合品种的酸度较低，影响产品外销。

（5）产品质量安全问题。我国苹果浓缩汁出口时主要存在的质量安全问题有：一是棒曲霉素超标，国际进口商要求浓缩苹果汁中棒曲霉素的含量低于 $50\mu g/L$；二是色值下降，浓缩苹果汁在贮藏后期或出口途中，常出现色值下降现象；三是果园管理不规范，存在农药残留超标问题，有些果农滥施各种农药，尤其在苹果采收后期施用农药，甚至个别果农施用一些违禁农药；四是果汁酸度低，耐热菌、展青霉素超标等问题严重。

（6）苹果皮渣的综合利用亟待解决。随着苹果浓缩果汁厂的不断建立，苹果皮渣的高值化利用问题日益突出。我国浓缩苹果汁年产量约为 17 万吨，每年需消耗鲜果近 136 万吨，出渣率按 20% 计算，年产生果渣 27 万吨。而果汁加工厂未对果渣进行任何处理便予以废弃，未及时处理的果渣会腐烂、变酸、变臭，造成厂区废液横流、臭气熏天，不仅严重污染了食品加工企业的生产环境，也极大浪费苹果皮渣中的有益成分，增加了浓缩果汁产品的生产成本（东莎莎，2017）。

1.1.2.2 发展对策

一是做好苹果加工原料基地建设。一方面要按不同加工产品的原料要求培育种植适宜加工用的苹果品种，另一方面对果园进行规范化管理，严控化肥、农药等使用。尽快改变我国苹果加工企业多、规模小、效益差的现状，加强企业间的整合、兼并、重组，完善企业机制，形成良好的产业化发展规模。

二是加强对苹果加工业的规范管理。成立全国性苹果加工行业协会或贸易商会，加强对浓缩果汁生产线引进工作的监督与审批，避免浓缩果汁生产线的重复引进；建立苹果加工产品贸易信息和情报系统，及时了解国际贸易中对苹果加工产品的供需状况，以及我国出口竞争国的生产情况，指导我国苹果加工企业的生产，生产适销对路的产品；规范苹果加工产品的出口经营秩序，避免企业间的无序竞争，防范进口国和地区可能发生对我国苹果加工品的反倾销调查，并指导企业应对他国的反倾销调查。

三是强化质量管理、拓展销售渠道。对现有的加工产品质量进行调研，针对苹果加工产品如浓缩苹果汁生产中的质量及安全问题，开展生产企业与研究机构的横向合作，加强基础研究，生产企业建立危害分析及关键控制点（HACCP）质量保证体系和良好操作规范（GMP），提高产品质量。根据市场需求，积极开发新产品如苹果果酒、苹果粉。重视海外销售市场，与国外进口商建立合作关系，也要积极开拓国内市场，"两条腿"走路，建立良好的销售网络。重视国内市场开发，实现国际国内市场的双轮驱动。国内市场开发空间潜力巨大。

1.2 苹果皮渣资源及高值化利用研究现状

1.2.1 我国苹果皮渣资源现状

在苹果浓缩汁的生产过程中，会产生大量的苹果皮渣。陕西海升果业发展股份有限公司加工数据显示，生产 1t 苹果浓缩汁将产生 0.8t 湿苹果皮渣废料，每年仅陕西省就产生百万吨以上的苹果湿皮渣废料（李睿等，2013）。若能充分挖掘苹果皮渣的资源优势，对其进行高值化开发利用，不仅可以减少对环境的污染，同时必将产生巨大的经济价值和社会效益。

现阶段我国苹果浓缩汁生产企业中，绝大多数企业均不直接高值化利用果渣。一般当作动物饲料（10%）、肥料（15%～20%）、燃料（5%）出售或当作垃圾处理（70%），苹果皮渣的资源优势白白浪费，加上运费高，其附加价值极低。因鲜果渣含水量很高，极易腐败变质，对环境有污染，所以部分苹果浓缩汁生产厂采用烘干机将果渣直接烘干，粉碎制粒后作为饲料销售。苹果皮渣烘干费300～400 元/吨，制成粒状饲料价格 700～800 元/吨。陕西海升果业发展股份有限公司向全国供应苹果皮渣，为避免路途运输对果渣品质造成影响，该公司产生的果渣直接由果汁生产线进入果渣烘干线，产品分为干渣和造粒果渣。烟台北方安德利果汁股份有限公司在国内率先开展果渣高值化利用，从苹果皮渣中提取果胶并研制出系列果胶产品，取得了良好的经济效益和社会效益。

浓缩苹果汁加工行业的生产能力已突破 4750 t/h（陈奇，2013），其中陕西省因拥有全球苹果种植连片面积最大的优势，成为我国最大的浓缩苹果汁生产基地和集散中心（董朝菊，2012）。陕西全省苹果种植面积达 640 多万亩（1 亩 ≈ 666.7m²），占全国种植面积的 23%，年产量 560 万吨，占全国总量的 27%，占世界苹果总产量的 10%。陕西省辖区的 30 多个县（市）均以苹果为主产业，浓缩苹果汁加工生产已成为陕西省创汇增收的重要优势产业。据统计，苹果浓缩汁生产线有 20 余条，年均苹果汁产量近百万吨。

由于苹果皮渣 pH 呈酸性，非常适合微生物生长繁殖。如果加工后产生的苹果皮渣不能及时处理，易滋生大量微生物，进而腐烂、变酸、变臭，严重污染环境。随着人们对苹果皮渣营养价值研究认识的不断深入及环保意识的增强，世界各个国家越来越重视苹果皮渣的开发利用，力图变废为宝，提高苹果利用效率，延长苹果加工产业链，实现对苹果皮渣的高值化综合利用。

对苹果浓缩汁生产企业调研发现，果汁生产集中于苹果果实成熟后的半年时间，生产旺季过后，大量的设备和劳动力资源长期处于闲置中。企业定期维护设备时，还需支付一定的劳动力工资，这给企业生存带来了巨大的压力。因此，生产淡季开展苹果皮渣资源的高值化利用，增加苹果深加工产品附加值，不仅可以解决企业季节性生产的问题，又可以充分利用劳动力资源，提高企业的经济效益。

1.2.2 苹果皮渣的开发利用

苹果皮渣中含有大量的营养物质，主要包括碳水化合物、果胶、蛋白质、脂肪、粗纤维等（Sun，2007），此外还富含多种氨基酸、微量元素和维生素（杨福有等，2000）。苹果皮渣中营养成分的含量会因苹果品种、气候条件、栽培技术、成熟程度以及果汁加工条件与技术不同而存在较大差异，在鲜苹果皮渣中水分占 70% 以上，无氮浸出物占 13.7%，粗蛋白质占 1.1%，粗纤维素占 3.4%，粗脂肪占 1.2%，此外还富含矿物质、有机酸、维生素、果胶和苹果多酚，具有较高的开发利用价值（韦婷等，2020）。目前，国内外对苹果皮渣的研究主要集中在以下方面。

1.2.2.1 生产蛋白饲料和青贮饲料

苹果皮渣中的维生素、果胶和果糖等成分有利于微生物直接利用，因此适合用作家禽等的饲料（马艳萍等，2006）。Rahmat（1995）采用假丝酵母和克勒克酵母发酵苹果皮渣，显著增加了限制性氨基酸，特别是赖氨酸的含量，总蛋白质含量也增加了 7.5%，确保了动物对蛋白质的需求。Joshi 等（1996）将果渣通过固态发酵并及时除去乙醇的方法得到富含营养物质的饲料，其中粗蛋白、维生素 C 和脂肪分别为原来的 3 倍、0.2 倍、1.5～2.0 倍，矿物质（Zn、Mn、Cu、Fe）、膳食纤维和灰分的含量都有所增加。青贮苹果皮渣饲料有助于提高奶山羊的生产性能，产奶量和乳成分（脂肪、非脂固形物、蛋白质、乳糖、灰分）均显著提高。用富含糖类的苹果皮渣作为氮源和碳源，取代麸皮、豆粕等常规发酵原料，发酵过程中可生成多种水解酶类，不仅提高了蛋白质含量，而且降低了抗营养因子（果胶和单宁）的含量，提高了苹果皮渣饲料的营养价值。

1.2.2.2　提取果胶

田玉霞等（2010）用超声波辅助法和超滤法从苹果皮渣中提取出了 6 种不同分子量的苹果果胶，并对其理化特性和流变性进行了研究。Happi 等（2012）利用果胶和酪蛋白酸钠的特征从苹果皮渣中纯化出果胶，指出其化学特性与纯化过程密切相关。2%～4% 浓度的 $AlCl_3$ 和乙醇可沉淀出苹果皮渣中的果胶，乙醇沉淀法不但果胶得率高，且果胶品质最好。盐析法和醇沉法对苹果皮渣果胶提取率有所不同，研究发现醇沉法提取率远高于盐析法，所得果胶纯度高、质量优、色泽好，更适合工业化提取。

1.2.2.3　制备酒精

苹果皮渣中糖类含量最高，约占干物质的 60%，通过加入各种酶制剂，可使其中的高分子化合物转化为可发酵糖，进一步生成酒精。苹果皮渣酒精发酵不仅可制备出燃料酒精，而且还能酿造出香醇的白兰地、可口的苹果醋等。用臭曲霉（MTCC）、酒酵母（MTCC173）、尖孢镰刀菌（MTCC1755）三种不同的菌种混合发酵苹果皮渣，30℃ 培养 72h，所得乙醇产量是 16.09%，糖浓度为 0.15%。以苹果皮渣为原料，通过酒精和醋酸发酵生产苹果醋饮料，最佳工艺为酒精发酵 72h，温度 30℃ 左右，醋酸发酵时间 84h，温度 30～35℃，生产的苹果醋色泽诱人，果香浓郁。

1.2.2.4　提取苹果多酚

苹果多酚是一类具有生物活性的天然产物，主要集中在果皮和果籽中，在榨汁过程中随果皮进入果渣中。李珍等（2013）采用微波辅助提取苹果皮渣中的多酚物质，研究了微波功率、提取时间、乙醇体积分数和料液比等因素的影响，多酚得率为 0.62mg/g，此方法具有省时、选择性好、对环境无污染等优点。Lu 等（2000）研究发现，苹果皮渣中的多酚物质，包括绿原酸、根皮苷、表儿茶素及其低聚体和槲皮酮糖苷等，在 β-胡萝卜素/亚油酸系统中具有良好的抗氧化活性，对 1,1-二苯基-2-三硝基苯肼（DPPH）和超氧阴离子自由基的清除能力分别是维生素 C 的 2～3 倍和维生素 E 的 10～30 倍。彭雪萍等（2009）采用超高压技术提取苹果皮渣多酚的最佳工艺为：压力 200MPa，保压时间 3min，固液比 1:5，提取溶剂 80% 乙醇。在此条件下苹果多酚的抗氧化性明显高于常压回流提取。

1.2.2.5　生产酶制剂

以苹果皮渣为原料，利用固态混菌发酵来生产复合酶，发酵过程中的培养基配比、混合菌株选择对木聚糖酶、纤维素酶、果胶酶的酶活有较大影响。刘成等（2008）报道了黑曲霉固态发酵苹果皮渣生产木聚糖酶的最佳工艺参数，在此条件下得到的木聚糖酶酶活力高达 5662U/g，远远高于基础培养基的 3800U/g。Dhillon 等（2011）研究了苹果皮渣固态发酵生产糖苷水解酶、几丁质酶和壳聚糖酶的方法，此水解酶可用来水解壳聚糖得到低分子量壳寡糖，从而广泛应用于生物医学、制药等多个领域。

1.2.2.6　制备膳食纤维

陈雪峰等（2013）研究了纤维素酶法从苹果皮渣中制备水溶性膳食纤维（SDF）的工艺，在最佳工艺条件下 SDF 得率为 26.79％。Jun 等（2014）利用苹果皮渣作为面粉代替物制作低糖高纤维的蛋糕，淀粉随苹果皮膳食纤维添加量的增加而降低，抗性淀粉随之增加。陈雪峰等（2013）采用挤压技术提高苹果皮渣中可溶性膳食纤维的含量，其最佳工艺参数为：物料粒度 20 目，螺杆转速 600 r/min，加水量 30％。此条件下，SDF 含量从 3.47％提高到 16.96％。制备的苹果膳食纤维颜色往往较深，双氧水可作为苹果皮渣膳食纤维的脱色剂，双氧水对其微观形态和化学结构也有一定的影响。苹果膳食纤维可作为烘焙食品的辅料，适当的添加量不仅可以改善烘焙食品的风味，还降低了烘焙食品的糖含量和脂肪含量，使其具有一定的保健作用。

1.2.2.7　其他方面的研究

苹果皮渣采用碱性处理可从其中提取分离出纤维素和半纤维素，分离出的产品可直接用作功能性食材，也可用于改性制作乳化剂羧甲基纤维素。Feng（2010）报道了使用自然微生物发酵苹果皮渣生产氢气的方法，发酵浓度为 15g/L 时，氢气的最大累积量达 101.08mL/g。于修烛（2005）从苹果皮渣中筛选出苹果籽，研究了超声辅助法提取苹果籽油的工艺条件，结果表明苹果籽油不饱和脂肪酸含量较高，油品质量好。此外，苹果皮渣还可用于生产沼气、果酱和果胶低聚糖，利用多层填充固态生物反应器可生产柠檬酸。

1.2.3　苹果皮渣的基本成分

苹果皮渣是苹果经破碎压榨提汁后的剩余物，主要包括果皮、果肉、果梗、果核、果籽等。经测定，在苹果干渣中，果皮及残余果肉约占 96.2％，果籽约占 3.1％、果梗约 0.7％。苹果皮渣中含有丰富的营养物质，如可溶性糖类、纤维素、维生素、矿物质、果胶、多酚和黄酮等，这些成分是苹果皮渣综合利用的物质基础（李志西，2007）。表 1-1 为苹果皮渣基本成分的分析。

表 1-1　苹果皮渣基本成分分析

资料来源	状态	水分 /%	蛋白质 /%	粗脂肪 /%	粗灰分 /%	粗纤维 /%	无氮浸 出物/%	总酸 /%
Jewelll (1984)	湿态	66.4～78.2	4	2.8	0.38	6.8	—	—
杨福有 (2000)	干态	—	6.2	6.8	2.3	16.9	—	—
李志西 (2007)	干态	10.20	4.78	4.11	4.52	14.72	61.67	1.11
贺克勇 (2004)	湿态	79.8	1.1	1.2	0.8	3.4	—	—
贺克勇 (2004)	干态	11	4.4	4.8	2.3	14.8	—	—
贺克勇 (2004)	青贮	78.6	1.7	1.3	1.1	4.4	—	—
Sun (2007)	湿态	66.4～78.2						
洪龙 (2010)	湿态	79.8	1.1	1.2	0.8	3.4	—	—
洪龙 (2010)	干态	11.0	4.4	4.8	2.8	14.8	—	—
王瑞花 (2013)	干态	10.16	7.71	2.49	2.1	18.26	61.59	—

注：—为未检测项目。

苹果皮渣中还含有多种活性物质，如多酚、黄酮和果胶等。盛义保（2005）对苹果皮渣中的活性成分进行了研究，结果表明苹果皮渣中含有生物碱、黄酮及其苷类成分、氨基酸、多肽、酚类、鞣质类、糖、多糖及其苷类、蒽醌及其苷类、强心苷、内酯、香豆素及其苷类、挥发油和油脂、有机酸等多种活性成分，有望作为提取药物成分的原料。吕春茂等（2014）的研究表明，苹果皮渣中游离氨基酸含量为 3.25mg/mL，挥发性香气成分主要有 16 种，包括醇类 1 种、醛类 1 种、酸类 2 种、芳香族 7 种和烷烃类 5 种。苹果籽油中主要含有亚油酸、油酸、棕榈酸、硬脂酸、花生酸等，是一种以不饱和脂肪酸为主的油脂，其中油酸和亚油酸总含量占脂肪酸总量的 89.33%。杨福有等（2000）报道了苹果皮渣中微量元素，表明 Cu、Fe、Zn、Mn、Se 分别为 11.8mg/kg、158.0mg/kg、15.4mg/kg、14.0mg/kg、0.08mg/kg，重金属和农药残留量均符合我国饲料卫生标准和食品安全标准。

1.2.4 苹果皮渣综合利用研究与产品转化

目前围绕苹果皮渣资源开发利用主要集中在以下两方面。

1.2.4.1 有效成分提取

（1）果胶是一种天然的植物胶，存在于植物的细胞壁中，广泛应用于食品行业作为增稠剂和乳化剂。苹果皮渣中含有丰富的果胶物质，彭凯等（2008）利用微波干燥技术处理苹果皮渣，显著提高了果胶得率。殷涌光等（2009）利用高压脉冲电场技术处理苹果皮渣，果胶提取率为14.12%，仅需十几微秒即可完成。

（2）低聚糖是指由2～10个糖苷键聚合而成的化合物，不易被消化而直接进入大肠内优先为双歧杆菌所利用，是双歧杆菌的增殖因子。王江浪等（2009）研究了采用果胶酶（EC232-883-6）水解苹果果胶制备果胶低聚糖，最佳条件下果胶低聚糖的得率为5.92%，制备的果胶低聚糖能较强地抑制大肠埃希菌和金黄色葡萄球菌的生长，而对霉菌抑制作用相对较弱。胡彪（2010）以苹果皮渣为原料，先用碱性过氧化氢提取苹果皮渣木聚糖，再用木聚糖酶酶解制备低聚木糖，通过活性炭-硅藻土色谱柱分离纯化酶解液，最终得到淡黄色的不定形低聚木糖晶体。

（3）苹果多酚是苹果中所含多酚类物质的总称，具有很强的抗氧化特性，对3种活性氧自由基（$O_2^- \cdot$、$\cdot OH$、H_2O_2）的清除率远高于维生素C，并具有预防心血管疾病、癌症、关节炎、炎症、免疫系统退化、脑功能紊乱、白内障等作用。苹果皮渣是苹果多酚的良好来源（Lu，2000）。多酚分级提取技术首先在室温下采用水提取苹果皮渣多酚类化合物，随后采用两种有机溶剂提取。水提多酚具有很强的抗氧化活性，有机溶剂提取的多酚类化合物也具有一定的抗氧化活性。魏颖等（2012）利用微波辅助提取苹果皮渣多酚工艺，多酚提取量为213.83mg/100g，黄酮提取量为83.21mg/100g，原花青素的提取量为52.79mg/100g，抗氧化的EC_{50}值为3.71mg/100mL。

（4）膳食纤维是不能被人体内源酶消化分解的多糖类物质及木质素，具有改善肠道健康，预防心脑血管疾病、糖尿病、肥胖等作用。膳食纤维是苹果皮渣中主要物质，苹果皮渣具有高比例的不可溶膳食纤维，能作为潜在的添加剂应用到食品中。赵明慧等（2013）研究了纤维素酶法提取苹果皮渣水溶性膳食纤维的工艺，苹果皮渣先经过α-淀粉酶、木瓜蛋白酶预处理，再采用纤维素酶法提取水溶性膳食纤维，在最优工艺条件下苹果皮渣水溶性膳食纤维得率为（18.21±0.21）%，且该水溶性膳食纤维对DPPH自由基、$O_2^- \cdot$和$\cdot OH$均具有一定的清除能力。

1.2.4.2　综合产品转化

（1）果渣饲料。苹果皮渣含有多种营养物质，口感酸甜，对动物具有良好的诱食性，适合做动物饲料的辅助性添加物质。孙攀峰（2004）用苹果皮渣代替部分奶牛精料喂养泌乳中期的荷斯坦泌乳奶牛，发现其能提高奶牛的粗饲料采食量和泌乳量，且可提高奶牛的抗应激能力。利用黑曲霉与酵母菌发酵苹果皮渣，能提高发酵产物中蛋白质含量，适合作为动物的菌体蛋白饲料。

（2）果酒及果醋。马艳萍等（2004）研究了苹果皮渣固态酒精发酵工艺，最终苹果皮渣的乙醇产率达 65mL/kg，蒸馏酒产品具有苹果风味并有望实现商业化生产，其副产品酒糟可以用于动物饲料。王阳（2012）研究了苹果皮渣发酵生产蒸馏酒的工艺，所得苹果皮渣发酵酒酒精度为 5.75%，还原糖酒精转化率为 93.77%。国东等（2012）以苹果皮渣为发酵底物，研究了生产苹果醋的工艺，制得的苹果醋具有良好的色泽和风味，其酸度、理化性质及微生物指标均符合国家食醋标准。

（3）酶制剂。苹果皮渣含有丰富的糖类等有机物质，可被微生物利用发酵生产果胶酶、纤维素酶和木聚糖酶等酶制剂。刘成等（2008）以苹果皮渣和棉粕为基料，研究了黑曲霉固态发酵生产木聚糖酶的最佳条件，获得了 5662U/g 的木聚糖酶和 30000U/g 的纤维素酶的高酶活发酵干曲。有学者利用黑曲霉（*Aspergillus niger* SL-08）发酵生产 β-甘露聚糖酶，β-甘露聚糖酶活力可达 539U/g，比原培养基提高了 28.3%。

（4）柠檬酸。柠檬酸是一种有机酸，具有温和爽快的酸味，不但广泛应用于各种饮料、葡萄酒、糖果、糕点等食品的加工，而且在医药、化妆品等领域也有重要的应用，是有机酸市场中的第一大酸。吴怡莹等（1994）以苹果皮渣为原料，以黑曲霉 AS.3315 和 AS.31860 为发酵菌株，研究了固态发酵生产柠檬酸的工艺条件，每千克果渣柠檬酸产量为 78g。杨保伟等（2008）以固态苹果皮渣及苹果皮渣酶解物为发酵底物，研究了 17 株野生黑曲霉产柠檬酸的能力，并采用紫外线和 ^{60}Co-γ 射线对 4 株苹果皮渣基质柠檬酸产生能力较高的菌进行诱变，得到正向突变株，发酵柠檬酸产率显著提高，达 2.73mg/mL。

（5）食用菌。徐会侠（2007）研究了使用苹果皮渣栽培平菇的配方，卜庆梅等（2002）使用苹果皮渣栽培生产鸡腿菇，刘芸等（2010）以苹果皮渣为基质，进行了发酵生产凤尾菇、白灵菇、猴头菇菌丝。以上研究表明苹果皮渣是生产蘑菇的良好原料，生产的蘑菇具有良好的口味且成本低产量高，具有良好的应用前景。

（6）生物质氢气制备。氢气具有燃烧热值高、清洁无污染、应用范围广的特点，已成为目前理想的燃料之一。生物制氢技术是目前欧美等发达地区重点制氢技术，纤维素类原料经水解后产生葡萄糖，再利用产氢菌发酵生成氢气。马晓珂等（2012）研究了苹果皮渣固态厌氧发酵制备生物质氢气，结果表明苹果皮渣在固态条件下具有发酵生物质气体的潜力，氢气得率为 16.47mL/g。Feng 等（2010）利用天然混菌种对苹果皮渣进行发酵制氢并优化了制氢工艺，优化后的氢气产量为 101.08mL/g，乙酸、乙醇、丙酸和丁酸是主要的剩余产物。

国外苹果加工企业已较早地开展了苹果加工副产物的高值化利用。美国政府早在 1987 年，就投入了 1500 万美元构建了苹果高值化利用体系，通过梯度加工，苹果皮渣可以生产酒精、柠檬酸、纤维素及膳食纤维食品等多种产品，不仅将苹果资源开发利用最大化，还有效地保护了环境，促进了苹果产业可持续发展。虽然我国学者已对苹果皮渣资源的综合利用进行了一些研究，然而这些技术的产业转化尚未完全实现，企业苹果皮渣资源的利用效率不高，因此我国苹果皮渣的综合利用仍是一个亟待解决的问题。

第2章

苹果（等外果）加工适宜性评价方法研究

2.1 苹果（等外果）研究现状

2.1.1 苹果分级标准

国家标准《鲜苹果》（GB/T 10651—2008）对鲜苹果各等级的质量要求和容许度等进行了规定，将鲜食苹果分为优等品、一等品和二等品，其中品质低于二等果规定的指标及容许度的果实称为等外果。农业行业标准《苹果等级规格》（NY/T 1793—2009）对苹果等级规格进行了补充描述，量化规定了色泽、果锈覆盖量和果皮缺陷等，并按照苹果规格对苹果大小进行了区分。美国农业部（USDA）颁布的苹果等级标准 *United States Standards for Grades of Apples*，将苹果分为特级精选果、精选果、一级果和实用级果。以上标准均将鲜食苹果分为不同等级，同时将不适于投放鲜食市场的苹果归为一类，为方便加工用苹果的分级定价，另有相关苹果加工标准将其进行细分，国家标准《加工用苹果分级》（GB/T 23616—2009）中，规定了加工用苹果的术语和定义、分级规定及检验方法，将加工用苹果分为一级、二级和三级，其损失率分别小于 5%、12% 和 15%。与此类似，USDA 颁布的加工用苹果等级标准 *United States Standards for Grades of Apples for Processing* 将加工用苹果分为一级、二级、苹果醋级和等外品，一级果损失率小于 5%，二级果损失率小于 12%，苹果醋级苹果无腐烂、虫蛀和心腐病，等外品包括不满足苹果醋级的所有苹果。另外，我国农业行业标准《加工用苹果》（NY/T 1072—2013），对不同产品用苹果的品质要求进行了规定，陕西省地方标准《陕西榨汁用苹果》（DB/T 295—2002），对榨汁用苹果从苹果外观等级及理化指标进行了规定。

2.1.2　苹果（等外果）应用现状

鲜食苹果主要根据大小、颜色、形状和缺陷状况，划分为不同等级，对大小、颜色、形状的等级划分已经实现了工业化分级，然而对于缺陷状况尚无有效的工业区分方法，通常由经验丰富的果农针对苹果缺陷情况进行分级，缺陷严重导致鲜食品质严重降低的果实，主要用于苹果醋、苹果酒、苹果汁、果脯和苹果干的加工。目前对苹果等外果的研究较少。有学者研究了等外果用于生产果胶的可行性，为苹果等外果的利用提供了更多途径。由于我国苹果加工专用品种缺乏，鲜食品种如富士系苹果主要投放于鲜食市场，苹果等外果因其外观不易被消费者接受，被广泛用于苹果加工制品，如苹果酒、苹果汁、苹果脆片、苹果醋等。目前，等外果是我国重要的加工制品和副产物利用来源，但仍缺乏对苹果等外果品质及苹果（等外果）汁品质的深入研究。

2.1.3　苹果等外果（汁）品质评价研究存在的问题

目前国内外的研究主要集中在鲜食苹果和苹果浓缩汁的品质方面，而针对苹果等外果和苹果（等外果）汁品质的研究较少，同时缺乏对苹果汁香气的系统研究，主要反映在以下三个方面：

（1）在苹果汁评价指标测定方面，不同的研究者选择的评价指标不尽相同，苹果汁品质评价指标繁多，目前尚未建立统一的品质评价指标体系，在一定程度上影响了评价模型的准确性。

（2）苹果汁品质评价方法众多，但是综合品质评价模型各有其限制性，如何建立更加科学合理的综合品质评价模型，是目前研究面临的挑战之一。

（3）苹果汁香气的研究集中于定性分析，缺乏定量分析，也缺乏多品种多产地的苹果汁香气的系统的研究。

2.2　苹果汁品质评价研究进展

2.2.1　感官评价法

消费者在购买食品时，多数情况仅凭商品外观和食用经验，对产品品质进行粗略的观察和分析判断之后决定购买与否。因此，食品的感官性状往往是决定人们是否购买的重要因素，其包括产品的外观（形状、大小、组织形态、色泽）、滋味、风味、气味以及均匀一致性。20世纪下半叶食品工业的迅速发展，感官评价法随之快速进步。感官评价法包括一整套的方法，旨在消除品牌或其他潜在的影响因素，准确地评估消费者对产品的反应，可为食品开发人员、研究人员和管理者提供产品感官特征的重要信息和实用信息。

根据感官评价目的和客观条件，以及感官评价员的训练程度，苹果汁感官评价的感官评价员可选择 8～183 人不等。通过个人评估、圆桌讨论和统合意见等步骤建立筛选苹果汁描述语言和训练评价员的方法（表 2-1）。

表 2-1　苹果汁感官评价描述性语言汇总

评价项目	评价语言
外观	浑浊、澄清、明度、褐色、金黄色、琥珀色、黄色、绿色
气味	典型苹果香味、水果味、鲜果味、青草味、蒸煮味、焦糖味、发酵味、酯味、刺激性气味
滋味	典型苹果滋味、苦味、酸味、甜味、涩味
口感	持久感、优雅柔滑、金属感、口感薄厚、多水的、辛辣感、麻刺感
包装	包装材料、容量、标签

2.2.2　加工与营养品质指标

总体上看，用于制汁的苹果原料应质地脆硬、汁液丰富、破碎性好、易于榨汁和黏度低。苹果汁理化营养品质指标测定方法如表 2-2 所示。

表 2-2　苹果汁理化营养品质指标测定方法

理化与营养品质指标	测定方法
可溶性糖	蒽酮比色法、苯酚-硫酸法、铁氰化钾法、流动注射分析法
还原糖	3,5-二硝基水杨酸比色法、斐林试剂法、流动注射分析法
总糖	蒽酮比色法、苯酚-硫酸法
单体糖	高效液相色谱法、离子色谱法
总酸	酸碱滴定法、pH 电位法
有机酸	高效液相色谱法、离子色谱法
维生素 C	2,6-二氯靛酚滴定法、汞电极滴定法、高效液相色谱法
酚类物质	福林酚法、高效液相色谱法

2.2.2.1　可溶性固形物

可溶性固形物又叫水溶性物质，决定了苹果汁的味道，包括糖、果胶、有机酸、单宁和一些能溶于水的含氮物质、色素、维生素、矿物质等。《饮料通用分析方法》（GB/T 12143—2008）规定了用折光计法测定饮料中的可溶性固形物含量。该方法参考国际通用方法，操作简单，结果准确度高，已经被广泛采用。

2.2.2.2　褐变度、色值

以蒸馏水为参比，苹果果汁在 420nm 的吸光值表示，即 OD420。

2.2.2.3 浊度

《浓缩苹果汁》（GB/T 18963—2012）规定了浓缩苹果清汁的浊度测定方法，但未阐明苹果浊汁的浊度测定方法。

2.2.2.4 苹果汁透光率

透光率指以蒸馏水为参比，在波长 625nm（浓缩苹果清汁）和 650nm（浓缩苹果浊汁）处的透光率。

2.2.2.5 色泽

CIE（L^*，a^*，b^*）色彩空间测量果汁颜色以及不同处理方式引起的果汁颜色变化，应用广泛。通常采用 HunterLab 色差仪测定果汁颜色。数据结果以 L^*，a^*，b^* 表示。其中 L^* 称为明度指数，$L^*=0$ 表示黑色，$L^*=100$ 表示白色；a^* 和 $-a^*$ 分别表示红色和绿色，a^* 绝对值越大，颜色分别越接近纯红色和纯绿色，$a^*=0$ 时为灰色；b^* 和 $-b^*$ 分别表示黄色和蓝色，b^* 绝对值越大颜色分别越接近纯黄色和纯蓝色，$b^*=0$ 时为灰色。

2.2.2.6 有机酸

有机酸对苹果及其风味的影响较大，有机酸的种类、含量及糖酸比是决定风味的关键因素。糖酸比越大味感越甜，比值越小则越酸。另外单宁物质的存在可以增加酸味。有人对比了不同国家消费者对添加不同糖酸量的浓缩还原果汁的偏好程度，发现糖酸比在（55~75）：1 左右，酸甜适中，口感协调。

水果中的有机酸主要是苹果酸、酒石酸、柠檬酸，另外还有草酸、水杨酸、琥珀酸等。苹果中有机酸以苹果酸为主，另外还有少量的柠檬酸。有机酸可以抑制多酚氧化酶、过氧化物酶等的活性，可以降低苹果在贮藏和加工过程中抗坏血酸的损失。有机酸能与铁、锡等金属反应，加工中容易加快设备和容器的腐蚀，影响制品的风味和色泽。

2.2.2.7 黏度

果汁黏度属于果汁的流变学特性。在苹果清汁生产过程中，添加果胶酶和淀粉酶可以有效降低苹果汁黏度，利于后续加工。果汁黏度与温度、可溶性固形物含量、颗粒特征和可溶性果胶相关。果汁黏度的测定通常采用流变仪法和黏度计法。

2.2.2.8 糖类

糖类物质是果汁中甜味的主要来源，糖酸比是决定风味的关键因素，也是决定果汁品质的重要因素之一。苹果中的糖分包括单糖和寡糖，例如葡萄糖、果糖和蔗糖，以果糖为主。

2.2.2.9　酚类

多酚类物质与苹果及其加工制品的感官品质关系密切。苹果中多酚物质随苹果种类、成熟度、环境（降雨量、温度、光照）、加工条件的不同而不同。苹果多酚的功能性质已经得到了许多研究结果的支持。现已证实浓缩苹果汁的褐变与果汁中多酚物质密切相关。在果汁中，多元酚可能与蛋白质结合而使其含量下降，或多元酚本身发生氧化缩合反应或与果汁系统中其他化合物进行共呈色作用，果汁中其他的成分也可能直接或间接地受到多酚氧化的影响。

2.2.3　苹果汁品质综合评价方法

2.2.3.1　品质评价指标的筛选方法

在众多的评价指标中，科学全面地筛选出对产品品质影响较大的指标是品质评价的基础。常用的评价指标筛选方法主要包括：主成分分析与相关性分析相结合、主成分分析与聚类分析相结合等。对同一产地不同品种苹果，拟定数个评价指标，并利用主成分分析与相关性分析的方法筛选出核心评价指标。例如，柑橘属果实果汁的酚类物质，采用主成分分析与聚类分析法，筛选出包含大多数信息的 15 种酚类物质，可对柑橘属果汁进行分类。基于同前者类似的分析方法，分析不同成熟度苹果的果汁和发酵饮料的芳香成分，可实现对所选样品的有效区分。

2.2.3.2　品质综合评价方法

品质综合评价方法普遍采用多指标综合评价，即用多个评价指标转化为可以反映食物整体品质特性的评价方法。主成分分析、层次分析、灰色关联度分析和合理满意度-多维价值理论是目前常用的品质综合评价方法。影响综合评价结果准确性的关键问题是如何选择和确定各评价指标的权重值。虽然近年来国内外学者对苹果加工产品，如苹果脆片等，初步建立了品质评价体系，但仍欠缺针对苹果汁产品的综合评价体系研究。

近年来，随着消费者营养健康意识的逐渐提高，非浓缩还原苹果汁和鲜榨苹果汁，因其可以更大程度地保留苹果的营养功能成分而逐渐被消费者接受，消费市场的份额逐年扩大。其次苹果汁加工工艺也不尽相同，根据不同苹果汁产品应建立相应的综合评价体系。这样既可有效地指导苹果汁产业结构调整，也可为不同加工工艺产品质量优化提供参考。

2.3 苹果（等外果）汁品质评价研究

苹果等外果约占苹果总产量的 20%，资源丰富，苹果等外果被大量用于苹果汁加工。鉴于我国在苹果加工品质评价方法和评价指标体系建立方面的研究较少，苹果加工专用品种的缺乏和品质评价体系的不完善，影响了苹果汁标准化水平和抵御国际市场竞争风险的能力。由于苹果（等外果）汁亦是重要的加工产品，同样迫切需要针对其进行品质综合评价。本研究选取国内 13 个地区的 24 个品种共 55 份苹果（等外果）汁样品，测定其苹果（等外果）汁加工品质、理化与营养品质等评价指标共 26 项，并采用相关性分析、主成分分析和聚类分析相结合的方法筛选出苹果（等外果）汁核心品质评价指标。采用层次分析法构造二级判断矩阵，确定一级判断矩阵中加工指标和理化与营养指标的相对重要性，以及二级判断矩阵中各指标间的相对重要性，建立核心评价指标权重，计算得出各评价指标权重系数。最终利用灰色关联度法计算不同苹果（等外果）汁样品的加权关联度值，根据加权关联度对苹果（等外果）汁进行综合品质排名，初步建立我国苹果（等外果）汁品质评价模型。

2.3.1 苹果加工品质与理化品质分析

2.3.1.1 黏度

黏度的测定采用 MCR 301 高级旋转流变仪于 25℃测定。

2.3.1.2 果汁颜色

果汁颜色采用色差仪测得。

2.3.1.3 原始浊度（T_0）

原始浊度采用浊度仪测定，将样品置于比色皿中，于 10 s 内轻轻上下翻滚 6 次后测定浊度，结果以 NTU 表示。

2.3.1.4 离心浊度（T_c）

将果汁于 4200r/min，20℃离心 15min 后取上清液测定浊度，结果以 NTU 表示。

2.3.1.5 稳定性

稳定性又称抗澄清能力，计算公式如下：$T\% = (T_c/T_0) \times 100\%$。

2.3.1.6　褐变度

褐变度又称非酶褐变指数，即将 5mL 果汁与 5mL 95％乙醇溶液混合于 7800r/min、4℃离心 10min，取上清液（以蒸馏水为空白）在 420nm 下测定吸光值。

2.3.1.7　透光率

透光率 T_{650} 指果汁以蒸馏水为空白在 650nm 的透光率值。

2.3.1.8　可溶性固形物

可溶性固形物的测定依照 GB/T 12143—2008 折射仪法测定。

2.3.1.9　可滴定酸

可滴定酸含量的测定依照 GB 12456—2021 测定。

2.3.1.10　固酸比

固酸比的计算方法为可溶性固形物含量/可滴定酸含量。

2.3.1.11　总酚

经 80％甲醇溶液静置过夜提取，10000r/min 离心 10min，取上清液于 100mL 容量瓶中，定容。取处理好的待测液 0.5mL，加入 1mL 10％（体积分数）福林酚显色剂，放置 6min，加入 2mL 20％碳酸钠溶液，定容至 10mL，30℃放置 60min，并于 765nm 波长下测定其吸光度，结果以每毫升样品中总酚物质的没食子酸当量表示（μg GAE/mL）。

2.3.1.12　有机酸

有机酸组分的测定使用 Waters e2695 高效液相色谱仪，配置 2998 二极管阵列检测器，色谱柱为 Agilent SB-Aq 柱（$5\mu m$，4.6mm×250mm）。色谱条件：流动相为 20mmol/L KH_2PO_4 溶液（以磷酸调至 pH＝2.0）：乙腈＝99:1，等度洗脱，流速为 1mL/min，色谱柱温度为 35℃，检测波长为 210nm，进样体积为 $10\mu L$，以保留时间定性，外标法定量。

2.3.1.13　单体糖

单体糖含量的测定依照 GB 5009.8—2016《食品安全国家标准　食品中果糖、葡萄糖、蔗糖、麦芽糖、乳糖的测定》第一法　高效液相色谱法。

2.3.1.14 矿物质

镁、钾、钙的测定分别依照 GB 5009.241—2017《食品安全国家标准 食品中镁的测定》、GB 5009.91—2017《食品安全国家标准 食品中钾、钠的测定》和 GB 5009.92—2016《食品安全国家标准 食品中钙的测定》进行。

2.3.1.15 抗氧化能力

（1）采用 ABTS 自由基清除法测定：将 2.45mmol/L 过硫酸钾与 7mmol/L 2,2-联氮-二(3-乙基-苯并噻唑-6-磺酸)二铵盐（ABTS）溶液混匀（1:1，体积分数），暗处 30℃放置 16h 后，用 80%乙醇稀释使其吸光度小于 0.700（±0.02），制成 ABTS$^+$ 溶液。0.8mL 用 80%乙醇稀释过的提取液与 7.2mL 的 ABTS$^+$ 溶液混合均匀，静置 6min 后于 734nm 处测定吸光度。以 Trolox 浓度为横坐标，吸光值为纵坐标绘制标准曲线。结果以 $\mu mol/mL$ 表示。

（2）采用 DPPH 自由基清除法测定：将 2mL 稀释过的样品提取液与 4mL 浓度为 100$\mu mol/L$ DPPH 溶液（80%乙醇溶解）混匀，暗处静置 30min 后，于 517nm 波长处用紫外分光光度仪测定吸光度。以 Trolox 浓度为横坐标，吸光值为纵坐标绘制标准曲线，结果以 $\mu mol/mL$ 表示。

2.3.2 品质分析方法

2.3.2.1 苹果（等外果）汁品质性状描述性分析

采用 SPSS 的描述性分析，分析 26 项主要品质指标的均值、极差、变幅、标准差和变异系数。

2.3.2.2 核心品质评价指标的筛选

应用主成分分析，从累计方差贡献率确定核心评价指标的选择个数，然后根据相关性分析、主成分载荷矩阵和聚类分析法筛选核心评价指标。

采用相关性分析，计算 Pearson 相关系数，得出相关系数矩阵，并判定其相关性的显著程度。主成分分析属于多元统计分析中降维的方法，把具有一定相关性的初始变量重新组合成一组不相关的指标，用少数几个主成分去描述多个原始变量之间的关系。聚类分析法是将某个对象集划分为若干组的过程，使得同一个组内的数据对象具有较高的相似度，而不同组中的数据是不相似的，根据苹果等外果的指标特征将其划为一系列有意义的子集。

2.3.2.3 构造判断矩阵与赋予权重

根据苹果汁品质指标间的相互关系和隶属关系，建立 3 个层次的综合评价模型。第一层目标层（A）为品质优良的苹果汁；第二层为中间层（B），包括加工指标和理化与营养指标；第三层为指标层（C），包括经筛选得到的核心评价指标。基于层次分析法中的 1～9 标度法，根据各评价指标对品质影响的重要程度构建低层指标相对于上一级指标的判断矩阵，通过计算得到各个指标的权重。为了保证结果的合理性，需进行一致性检验。在层次分析法中引入了随机一致性比率 CR，当 CR＜0.10 时，便认为判断矩阵具有可接受的一致性，否则要对判断矩阵进行调整和修正。

2.3.2.4　灰色关联度综合评价模型的建立

（1）数据的处理。取各指标测试结果的平均值，并将数据进行无量纲化处理。

（2）求灰色关联系数。根据灰色系统理论，关联系数的计算公式如下：

$$\zeta i(k) = \frac{\min_i \min_k \Delta i(k) + \rho \max_i \max_k \Delta i(k)}{\Delta i(k) + \rho \max_i \max_k \Delta i(k)} \tag{2-1}$$

式中，$\zeta i(k)$ 为关联系数；$\Delta i(k)$ 为第 i 个品种第 k 个指标的无量纲化处理的测量值与理想值的绝对差值；ρ 为分辨系数，常取 0.5。

（3）求加权灰色关联度。将层次分析法确定的各指标的权重值代入以下公式中，求出各品种的加权关联度。

$$r_i^* = \sum_1^N \omega^* \zeta i(k) \tag{2-2}$$

式中，r_i^* 为第 i 个品种的灰色关联度；$\zeta i(k)$ 为关联系数；ω 为此指标的权重值。

2.3.3　等外果汁品质特性分析

2.3.3.1　苹果（等外果）汁品质特性分析

参试品种的 26 项主要品质指标的均值、极差、变幅、标准差、变异系数列于表 2-3。由表 2-3 可见，26 项品质指标存在不同的变异情况。可溶性固形物的变化范围在 9.97%～17.97% 之间，可溶性固形物含量受果汁中所有可溶性成分的影响，但是果汁的甜味不仅仅是由可溶性固形物的含量决定，还与酸、酚类物质含量和种类有关。可滴定酸变异程度较大，变异系数为 55.72%。辽宁"摩力斯"的可滴定酸含量最低，含量为 0.12%，总酚的变异系数为 42.84%，其中辽宁"乔纳金"的总酚含量最低，为 343.82μg GAE/L，内蒙古"沙果"的总酚含量最高，为 3233.78μg GAE/L。

表 2-3　苹果（等外果）汁品质性状及分布

	均值	极差	变幅	标准差	变异系数 CV/%
X_1	13.64	8.00	9.97～17.97	1.73	12.68
X_2	0.32	1.21	0.12～1.33	0.18	55.72

续表

	均值	极差	变幅	标准差	变异系数 CV/%
X_3	50.90	101.72	10.51~112.23	20.63	40.54
X_4	889.66	2889.96	343.82~3233.78	381.16	42.84
X_5	119.43	229.08	46.65~278.73	57.51	48.16
X_6	127.43	82.11	84.89~167.00	21.89	17.18
X_7	1.58	4.46	0.49~4.95	0.77	49.04
X_8	2.73	3.94	1.62~5.56	0.70	25.51
X_9	550.99	1109.00	289.00~1398.00	183.37	33.28
X_{10}	350.98	1041.53	124.80~1166.33	145.26	41.39
X_{11}	0.15	0.14	0.06~0.20	0.024	16.35
X_{12}	3.11	8.25	0.89~9.14	1.20	38.68
X_{13}	0.65	3.76	0.02~3.77	0.51	79.33
X_{14}	0.36	0.54	0.14~0.67	0.10	28.60
X_{15}	0.09	0.22	0.01~0.23	0.05	50.22
X_{16}	43.65	70.34	20.86~91.19	15.36	35.18
X_{17}	27.66	58.28	12.49~70.77	11.01	39.79
X_{18}	19.54	38.14	6.41~44.55	9.04	46.28
X_{19}	723.03	3706.67	119.67~3826.33	611.82	84.62
X_{20}	22.39	53.98	3.87~57.85	12.08	53.95
X_{21}	0.11	0.41	0.04~0.45	0.09	77.14
X_{22}	9.47	35.47	0.28~35.74	9.72	102.66
X_{23}	81.63	42.37	52.75~95.12	8.99	11.01
X_{24}	1.24	7.02	−0.91~6.10	1.58	126.78
X_{25}	23.37	30.21	11.11~41.32	7.16	30.64
X_{26}	1.58	1.25	1.23~2.47	0.27	17.30

注：X_1，可溶性固形物（%）；X_2，可滴定酸（%）；X_3，固酸比；X_4，总酚（μg GAE/mL）；X_5，蛋白质（mg/L）；X_6，钾（mg/100mL）；X_7，钙（mg/100mL）；X_8，镁（mg/100mL）；X_9，ABTS（μmol/mL）；X_{10}，DPPH（μmol/mL）；X_{11}，草酸（g/L）；X_{12}，苹果酸（g/L）；X_{13}，乳酸（g/L）；X_{14}，乙酸（g/L）；X_{15}，柠檬酸（g/L）；X_{16}，果糖（g/L）；X_{17}，葡萄糖（g/L）；X_{18}，蔗糖（g/L）；X_{19}，原始浊度（NTU）；X_{20}，稳定性（%）；X_{21}，褐变度；X_{22}，T_{650}；X_{23}，颜色 L^*，X_{24}，颜色 a^*，X_{25}，颜色 b^*；X_{26}，黏度（mPa·s）。

糖和有机酸是苹果的重要组成成分，是苹果及其产品风味的主要来源。果糖、葡萄糖和蔗糖是苹果汁中主要的糖类物质，结果显示果糖、葡萄糖、蔗糖的变异系数分别为 35.18%、39.79%、46.28%，说明不同产地和品种苹果（等外果）中糖含量差异较大。苹果中糖的含量取决于成熟期的产地温度条件、日照和积温等因素。苹果中主要的有机酸是苹果酸、草酸、莽草酸、柠檬酸、奎宁酸，含量最高的有机酸是苹果酸。苹果酸在不同样品间变异程度较大，变化范围在 0.89g/L（山西运城"花冠"）~9.14g/L（内蒙古"沙果"），相差十倍以上。

透光率 T_{650} 和浊度是反映苹果浊汁品质的重要指标，苹果汁是复杂的胶体体系，其中的果胶、蛋白质、糖和多酚等物质都是影响其稳定性的重要因素，T_{650}、浊度和稳定性的变异系数分别为 102.66%、84.62% 和 53.95%，表明不同品种的苹果浊汁感官品质差异较大；果汁 L^*、a^*、b^* 值存在一定的变异程度，其变异系数分别为 11.01%、126.78%、30.64%。其原因是不同苹果品种属不同的色泽分类，不同产地条件不同也会造成相同品种间的着色差异，其中 a^* 变化范围是 −0.91~6.10，由于 a^* 值为正值时，其值越大表示颜色越接近纯红色，在制汁过程中未去皮，果皮的颜色对果汁颜色有重要的影响。

ABTS 与 DPPH 均表示自由基清除能力，由相关性分析可知，总酚与 ABTS、DPPH 在 0.01 水平上呈显著正相关，自由基清除能力的最大最小值分别出现在内蒙古"沙果"和辽宁"寒富"中。

2.3.3.2　相关性分析

苹果（等外果）汁品质指标的相关性分析结果见表 2-4。

可溶性固形物与钾在 0.01 水平上呈显著正相关，钾是苹果汁中主要的矿物质之一，是可溶性固形物的重要贡献物质。可滴定酸与总酚、钙、镁、ABTS、DPPH、苹果酸在 0.01 水平上呈显著正相关。总酚与钙、镁、ABTS、DPPH、苹果酸、颜色 a^*，在 0.01 水平上呈显著正相关，在苹果汁中自由基清除能力的主要来源是酚类物质。蛋白质与原始浊度、颜色 a^*、颜色 b^*、黏度在 0.01 水平上呈显著正相关，苹果汁的黏度与果胶、蛋白质、糖等物质有关，黏度越高，苹果汁的稳定性越好，黏度在适宜范围内也会提升苹果汁的口感。钾与镁、钙与镁、ABTS、DPPH、苹果酸，镁与 ABTS、DPPH、苹果酸、颜色 a^*，ABTS 与 DPPH、苹果酸、颜色 a^*，DPPH 与苹果酸、颜色 a^*，乙酸与柠檬酸，原始浊度与颜色 a^*、颜色 b^*，稳定性与黏度，褐变度与黏度，T_{650} 与颜色 L^*，分别在 0.01 水平上呈显著正相关。

固酸比与苹果酸，蛋白质与颜色 L^*，钙与草酸，颜色 L^* 与颜色 a^*、颜色 b^*，分别在 0.01 水平上呈显著负相关。

综上所述，苹果等外果的 26 项品质指标间均表现出不同程度的相关性，说明这 26 项指标间存在信息重叠，所以有必要进行归类和简化，以提高综合评价的效率和准确性。

2.3.3.3　主成分分析

将 55 份苹果（等外果）汁的 26 项指标用于主成分分析，由表 2-5 和碎石图（图 2-1）可知，前 7 个主成分的特征值＞1，即前 7 个主成分对解释变量的贡献最大，累计方差贡献率达到 77.174%，可以代表原始数据的大部分信息。第一主成分包含了原来信息量的 25.715%，与 DPPH、颜色 a^*、总酚、ABTS 和蛋

表2-4 苹果（等外果）汁品质指标间的相关性分析

	X_1	X_2	X_3	X_4	X_5	X_6	X_7	X_8	X_9	X_{10}	X_{11}	X_{12}	X_{13}	X_{14}	X_{15}	X_{16}	X_{17}	X_{18}	X_{19}	X_{20}	X_{21}	X_{22}	X_{23}	X_{24}	X_{25}
X_2	0.164	1																							
X_3	-0.016	-0.709**	1																						
X_4	0.094	0.893*	-0.494	1																					
X_5	0.198	0.033	0.056	0.279	1																				
X_6	0.611**	0.451*	-0.303	0.462*	0.116	1																			
X_7	-0.138	0.779*	-0.529*	0.858**	0.129	0.396	1																		
X_8	0.262	0.787*	-0.441*	0.812**	0.362	0.570**	0.681*	1																	
X_9	0.032	0.794*	-0.513*	0.949**	0.408	0.436*	0.843*	0.751**	1																
X_{10}	0.140	0.852*	-0.421*	0.975**	0.404	0.456*	0.811*	0.821**	0.939**	1															
X_{11}	0.455*	-0.208	0.151	-0.562	0.128	0.016	-0.572**	-0.187	-0.379	-0.214	1														
X_{12}	0.236	0.915*	-0.659**	0.770**	0.061	0.368	0.584*	0.678**	0.643**	0.749**	0.022	1													
X_{13}	0.045	0.296	-0.064	0.223	-0.179	0.198	0.069	0.401*	0.098	0.214	0.104	0.228	1												
X_{14}	0.440	0.060	0.079	0.093	-0.106	0.209	-0.072	-0.057	0.072	0.046	0.032	0.054	-0.108	1											
X_{15}	0.358	0.322	-0.184	0.336	0.159	0.211	0.179	0.390	0.335	0.295	0.2066	0.337	-0.004	0.599**	1										
X_{16}	-0.057	-0.215	0.047	-0.212	-0.093	-0.097	-0.133	-0.258	-0.222	-0.155	0.205	-0.153	-0.251	-0.164	-0.357	1									

续表

	X_1	X_2	X_3	X_4	X_5	X_6	X_7	X_8	X_9	X_{10}	X_{11}	X_{12}	X_{13}	X_{14}	X_{15}	X_{16}	X_{17}	X_{18}	X_{19}	X_{20}	X_{21}	X_{22}	X_{23}	X_{24}	X_{25}
X_{17}	0.268	0.221	0.019	0.202	−0.413	0.327	0.045	0.108	0.122	0.172	0.217	0.232	0.408	0.299	0.078	0.031	1								
X_{18}	0.280	0.216	0.091	0.282	−0.015	0.035	−0.005	0.119	0.179	0.281	−0.030	0.219	0.158	0.259	−0.066	0.300	0.382	1							
X_{19}	0.074	−0.224	0.336	−0.007	0.765**	−0.087	−0.155	0.020	0.083	0.131	0.345	−0.140	−0.074	−0.276	−0.128	−0.070	−0.194	−0.109	1						
X_{20}	0.218	−0.021	0.069	0.116	0.147	0.350	0.209	0.179	0.147	0.105	−0.253	−0.125	−0.238	0.322	0.251	−0.062	−0.254	−0.091	−0.333	1					
X_{21}	0.475*	0.308	0.027	0.423	0.109	0.514*	0.242	0.428	0.294	0.378	−0.196	0.293	0.181	0.459*	0.511*	−0.119	0.264	0.470*	−0.185	0.406	1				
X_{22}	0.117	−0.133	0.021	−0.255	−0.497*	0.017	−0.071	−0.331	−0.321	−0.299	0.140	−0.017	0.095	0.272	0.123	0.129	0.289	−0.135	−0.455*	0.141	0.068	1			
X_{23}	−0.052	0.205	−0.345	−0.044	0.866**	0.150	0.163	−0.121	−0.146	−0.179	−0.235	0.147	0.093	0.188	−0.015	0.076	0.296	−0.060	−0.918**	0.197	0.010	0.601**	1		
X_{24}	0.220	0.405	−0.016	0.655**	0.769**	0.292	0.384	0.687**	0.672**	0.732**	−0.049	0.381	0.153	0.096	0.395	−0.271	0.005	0.249	0.599**	0.055	0.460*	−0.525*	−0.702**	1	
X_{25}	0.332	−0.060	0.350	0.133	0.628**	0.127	−0.084	0.222	0.161	0.216	0.193	−0.067	0.092	0.100	0.234	−0.238	−0.002	0.201	0.635**	−0.055	0.387	−0.380	−0.737**	0.632**	1
X_{26}	0.537*	0.007	0.148	0.164	0.623**	0.420	0.013	0.313	0.182	0.243	0.137	0.048	−0.218	0.205	0.301	−0.086	−0.270	0.135	0.217	0.670**	0.601**	−0.194	−0.393	0.502*	0.514*

注：X_1，可溶性固形物（%）；X_2，可滴定酸（%）；X_3，固酸比；X_4，总酚（μg GAE/mL）；X_5，蛋白质（mg/L）；X_6，钾（mg/100mL）；X_7，钙（mg/100mL）；X_8，镁（mg/100mL）；X_9，ABTS（μmol/mL）；X_{10}，DPPH（μmol/mL）；X_{11}，草酸（g/L）；X_{12}，苹果酸（g/L）；X_{13}，乳酸（g/L）；X_{14}，乙酸（g/L）；X_{15}，柠檬酸（g/L）；X_{16}，果糖（g/L）；X_{17}，葡萄糖（g/L）；X_{18}，蔗糖（g/L）；X_{19}，原始浊度（NTU）；X_{20}，稳定性（%）；X_{21}，褐变量；X_{22}，T_{650}；X_{23}，颜色 L^*，X_{24}，颜色 a^*，X_{25}，颜色 b^*；X_{26}，黏度（mPa·s）。

$**\ p < 0.01$（双侧检验）相关性在 0.01 水平上显著，$*\ p < 0.05$（双侧检验）相关性在 0.05 水平上显著。

白质有很大正相关，即在 PC1 坐标正向，PC1 越大，DPPH、颜色 a^*、总酚、ABTS 和蛋白质值越大，代表果汁的加工品质和理化与营养品质；第二主成分包含了原来信息量的 18.031%，与可滴定酸和颜色 L^* 有很大的正相关，即在 PC2 坐标正向，PC2 越大，可滴定酸和颜色 L^* 越大，与固酸比有很大的负相关，即在 PC2 坐标正向，PC2 越大，颜色 L^* 值越小，代表果汁的理化与营养品质和加工品质；第三主成分包含了原来信息量的 10.421%，与可溶性固形物有很大的正相关，即在 PC3 坐标正向，PC3 越大，可溶性固形物越大，代表果汁的理化与营养品质；第四主成分包含了原来信息量的 7.572%，与乙酸、柠檬酸和稳定性有很大的正相关，即在 PC4 坐标正向，PC4 越大，乙酸、柠檬酸和稳定性值越大，代表果汁的理化与营养品质和加工品质；第五主成分包含了原来信息量的 5.790%，与 ABTS、DPPH 和葡萄糖有很大的正相关，即在 PC5 坐标正向，PC5 越大，ABTS、DPPH 和葡萄糖值越大，与钾有很大的负相关，即在 PC5 坐标正向，PC5 越大，钾值越小，代表果汁的理化品质；第六主成分包含了原来信息量的 5.591%，与乙酸有很大的负相关，即在 PC6 坐标正向，PC6 越大，乙酸值越小，代表果汁的理化品质；第七主成分包含了原来信息量的 4.054%，与褐变度有很大的正相关，即在 PC7 坐标正向，PC7 越大，褐变度值越大，代表果汁的理化品质。

表 2-5　26 项指标的主成分分析结果

指标	因子权重						
	1	2	3	4	5	6	7
X_1	0.412	0.033	0.780	−0.121	0.007	0.061	−0.075
X_2	0.502	0.767	−0.201	−0.140	−0.125	−0.117	0.018
X_3	−0.034	−0.714	0.287	0.236	0.334	0.067	−0.111
X_4	0.780	0.419	−0.130	0.030	0.385	0.134	0.021
X_5	0.716	−0.522	−0.111	0.041	−0.087	0.156	−0.062
X_6	0.463	0.350	0.292	−0.026	−0.468	−0.128	0.093
X_7	0.391	0.566	−0.315	0.100	0.027	0.140	0.170
X_8	0.668	0.356	−0.153	0.068	−0.405	−0.145	−0.192
X_9	0.726	0.300	−0.056	0.101	0.463	0.284	−0.044
X_{10}	0.781	0.316	−0.070	−0.057	0.409	0.218	−0.007
X_{11}	0.041	−0.126	0.683	−0.331	−0.092	0.039	0.037
X_{12}	0.479	0.611	−0.154	−0.196	−0.161	−0.257	−0.077
X_{13}	0.215	0.076	0.350	−0.494	0.256	−0.223	−0.437
X_{14}	0.008	0.009	0.204	0.630	0.127	−0.474	0.223
X_{15}	0.400	0.125	0.147	0.575	0.001	−0.329	−0.048
X_{16}	−0.174	0.231	0.165	−0.234	−0.179	0.541	0.094
X_{17}	0.048	0.206	0.456	−0.310	0.406	−0.357	0.303
X_{18}	0.459	0.006	0.254	−0.297	−0.120	−0.250	−0.081
X_{19}	0.492	−0.688	−0.235	−0.196	−0.127	0.061	0.040
X_{20}	0.075	0.339	0.425	0.549	−0.071	0.334	−0.342

续表

指标	因子权重						
	1	2	3	4	5	6	7
X_{21}	0.379	0.031	0.390	0.040	−0.116	0.210	0.675
X_{22}	−0.498	0.454	0.285	0.264	−0.067	0.043	−0.121
X_{23}	−0.599	0.727	0.208	0.094	0.126	0.024	−0.012
X_{24}	0.853	−0.339	−0.210	0.117	−0.011	−0.063	0.033
X_{25}	0.613	−0.606	0.094	0.084	0.029	−0.210	−0.007
X_{26}	0.639	−0.261	0.438	0.219	−0.269	0.248	−0.083
特征值	6.686	4.668	2.709	1.969	1.505	1.454	1.054
贡献率/%	25.715	18.031	10.421	7.572	5.790	5.591	4.054

注：X_1，可溶性固形物（%）；X_2，可滴定酸（%）；X_3，固酸比；X_4，总酚（μg GAE/mL）；X_5，蛋白质（mg/L）；X_6，钾（mg/100mL）；X_7，钙（mg/100mL）；X_8，镁（mg/100mL）；X_9，ABTS（μmol/mL）；X_{10}，DPPH（μmol/mL）；X_{11}，草酸（g/L）；X_{12}，苹果酸（g/L）；X_{13}，乳酸（g/L）；X_{14}，乙酸（g/L）；X_{15}，柠檬酸（g/L）；X_{16}，果糖（g/L）；X_{17}，葡萄糖（g/L）；X_{18}，蔗糖（g/L）；X_{19}，原始浊度（NTU）；X_{20}，稳定性（%）；X_{21}，褐变度；X_{22}，T_{650}；X_{23}，颜色 L^*；X_{24}，颜色 a^*；X_{25}，颜色 b^*；X_{26}，黏度（mPa·s）。

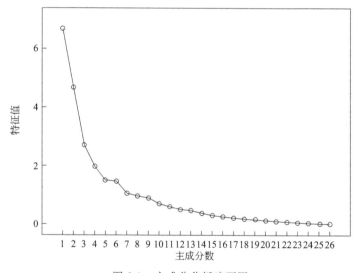

图 2-1　主成分分析碎石图

2.3.3.4　聚类分析

依据 55 份苹果（等外果）汁样品对 26 个品质指标进行变量（R 型）系统聚类分析。聚类分析采用离差平方和法（Ward 法），依照欧式平方距离（Squared euclidean distance），根据不同变量间的差异将距离相近的变量聚为一类。结果见图 2-2。根据主成分分析的结果，前 7 个主成分的累积方差贡献率达到

77.174％，所以在聚类时可将指标聚为7类。以欧式平方距离为划分标准，可将26项指标聚为7类。第1类聚集了11（草酸）、15（柠檬酸）、21（褐变度）、2（可滴定酸）、14（乙酸）、13（乳酸）、8（镁）、12（苹果酸）、7（钙）、26（黏度）、24（颜色a^*）；第2类聚集了1（可溶性固形物）、22（T_{650}）、18（蔗糖）、25（颜色b^*）、17（葡萄糖）、20（稳定性）、3（固酸比）、16（果糖）、23（颜色L^*）；第3类聚集了5（蛋白质）、6（钾）；第4类聚集了9（ABTS）；第5类聚集了10（DPPH）；第6类聚集了4（总酚）；第7类聚集了19（原始浊度）。这与主成分分析的结果基本一致，同时由相关性分析可知，聚为一类的指标间相关性高，信息重叠程度高，所以有必要对指标进行简化。

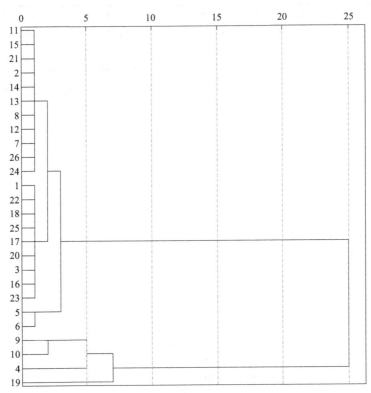

图2-2 系统聚类的系统树状图

2.3.3.5 核心指标筛选

根据主成分分析和聚类分析的结果，第1类聚集了草酸、柠檬酸、褐变度、可滴定酸、乙酸、乳酸、镁、苹果酸、钙、黏度和颜色a^*，可滴定酸更能表现苹果汁的整体风味，苹果汁中可滴定酸含量越高，其产品商业价值越高，选择可滴定酸作为核心评价指标，代表理化与营养指标；褐变度又称非酶褐变指数，选择褐变度作为核心评价指标，代表加工指标。第2类聚集了可溶性固形物、

T_{650}、蔗糖、颜色 b^*、葡萄糖、稳定性、固酸比、果糖、颜色 L^*，可溶性固形物测定简单，且为果汁产业通用的评价指标，颜色 L^* 值可反映果汁的颜色品质，因此选择可溶性固形物和颜色 L^* 值作为核心评价指标，代表理化与营养指标和加工指标。第 3 类聚集了蛋白质、钾，第 4 类聚集了 ABTS，第 5 类聚集了 DPPH，第 6 类聚集了总酚，ABTS、DPPH、总酚和蛋白质为一个相似水平类，总酚是影响苹果加工产品色泽的重要因素，总酚含量越高，产品褐变越严重，因此选择总酚作为核心评价指标，代表理化与营养指标。第 7 类聚集了原始浊度，浊度是评价苹果浊汁的重要评价指标，因此选择原始浊度作为核心评价指标，代表加工指标。所以，最终筛选出可滴定酸、总酚、原始浊度、黏度、可溶性固形物、颜色 L^* 和褐变度作为苹果（等外果）汁综合品质的评价指标。

2.3.3.6　综合评价模型的建立

（1）权重赋予

利用层次分析法中的 1～9 标度法（表 2-6），对筛选出的 7 个核心指标赋予不同的权重。根据这 7 个指标对果汁品质影响的重要程度，通过 5 名专家对每组指标的重要性的评分进行商议和修改，得到最终的判断矩阵。为了保证计算结果的可靠性，对判断矩阵进行一致性检验，即用 $CI = (\lambda_{max} - n)/(n-1)$，式中：$\lambda_{max}$ 为判断矩阵最大特征根；n 为判断矩阵阶数。RI 为与 n 对应的平均随机一致性取值（$n=3$，$RI=0.52$；$n=4$，$RI=0.89$）。一致性比率 $CR=CI/RI$，判断矩阵、最大特征根和一致性比率结果见表 2-7，CR 分别为 0.0516 和 0.0574，CR 值均小于 0.1，认为判断矩阵具有良好的一致性。由表 2-8 可得到各指标的权重值，可滴定酸、可溶性固形物、总酚、原始浊度、黏度、褐变度和颜色 L^* 的权重分别为 0.3783、0.0500、0.2383、0.0549、0.0722、0.1642、0.0417。

表 2-6　元素重要程度比例标度

标度	定义	说明
1	同等重要	两元素具有同样重要性
3	稍微重要	一个元素比另一个元素稍微重要
5	明显重要	一个元素比一个元素明显重要
7	重要得多	一个元素占主导地位
9	绝对重要	一个元素的主导地位得到绝对强化与确认
2、4、6、8	介于上述相邻判断之间	介于上述重要性之间

表 2-7　判断矩阵及最大特征值、一致性比率值

判断矩阵				最大特征值	一致性比率 CR
理化与营养指标	总酚	可溶性固形物	可滴定酸		
总酚	1	6	1/2		
可溶性固形物	1/6	1	1/6	3.0536	0.0516
可滴定酸	2	6	1		

判断矩阵					最大特征值	一致性比率 CR
加工指标	颜色 L^*	原始浊度	黏度	褐变度		
颜色 L^*	1	1	1/3	1/3		
原始浊度	1	1	1/3	1/3	4.1533	0.0574
黏度	3	3	1	1/3		
褐变度	3	3	3	1		

表 2-8　各指标相对权重和二级指标权重值

同级同类指标内指标相对权重				二级指标权重
一级指标	一级指标组内权重	二级指标	二级指标组内权重	
理化与营养指标	0.6667	可滴定酸	0.3575	0.3783
		可溶性固形物	0.0751	0.0500
		总酚	0.5675	0.2383
加工指标	0.3333	原始浊度	0.1646	0.0549
		黏度	0.2166	0.0722
		褐变度	0.4938	0.1642
		颜色 L^*	0.1251	0.0417

（2）灰色关联度分析

① 构造理想品种

根据灰色系统理论，需构造一个参考品种即参考数列进行比较。依据苹果（等外果）汁品质特性和试验结果确定理想品种各性状指标比较理想的值，作为参考序列 X_0，以各参试品种的各性状指标构成比较数列 X_i。可滴定酸、原始浊度、黏度和颜色 L^* 属于越大越好的指标，总酚、可溶性固形物和褐变度属于越小越好的指标，因此分别取前四个指标的测量值中的最大值和后三个指标的测量值中的最小值作为理想品种的参考值。即可滴定酸 1.3291%、浊度 3826.3 NTU、黏度 2.47mPa·s、颜色 L^* 95.12、总酚 343.82μg GAE/mL、可溶性固形物 9.96% 和褐变度 0.037。将数据进行无量纲化处理，对于指标越大越好的，用 X_i 数值除以相应的 X_0 数值；对于指标值越小越好的指标，用 X_0 数值除以相应的 X_i 数值，得到一个无单位的新数列。

② 灰色关联度的计算和品种的评价

根据公式(2-1)计算出各品种相应指标的关联系数，其中 $\max_i \max_k \Delta i(k)$ 为 0.476，$\min_i \min_k \Delta i(k)$ 为 0，分辨系数 ρ 取 0.5。根据层次分析法得到各指标的权重，由公式(2-2)计算出各品种的加权关联度（表 2-9），按照关联分析的原则，加权关联度越大，与"理想品种"越接近。由表 2-9 可以看出，加权关联度最大的为"沙果"，但其果实较小，与中、大型果相比可利用率低，出汁率较低，不常用于苹果汁产业中，因此后续的研究中需考虑出汁率等指标。"澳洲青苹"，即制汁品质最好的品种，"澳洲青苹"是主要用于苹果汁加工业的优良加工品种，本研究的结论也证明了其优良的制汁品质（加权关联度 0.5531）。"乔纳金"为高酸品种，其果汁品质较优（加权关联度为 0.5842）。陕西省渭南市"秦冠"和新疆阿克苏市"富士"，加权关联度较低，在所研究的 55 份样品中，综合评分较低。综合制汁品质较好的品种是内蒙古"沙果"、山西芮城"澳洲青苹"、甘肃白银"新红星"和辽宁葫芦岛"乔纳金"。

表 2-9　各试验品种的加权关联度

产地	品种	加权关联度	综合排名
内蒙古自治区	沙果	0.6465	1
辽宁省葫芦岛市	乔纳金	0.5842	2
山西省芮城县	澳洲青苹	0.5531	3
甘肃省白银市	新红星	0.5350	4
江苏省徐州市	秦冠	0.5024	5
辽宁省葫芦岛市	寒富	0.5001	6
山西省万荣县	富士	0.4899	7
山东省威海市	乔纳金	0.4893	8
云南省昭通市	富士	0.4887	9
云南省昭通市	金帅	0.4867	10
辽宁省葫芦岛市	黄元帅	0.4840	11
甘肃省白银市	国光	0.4798	12
辽宁省葫芦岛市	国光	0.4759	13
甘肃省白银市	黄元帅	0.4758	14
山西省临猗县	秦冠	0.4712	15
辽宁省葫芦岛市	北斗	0.4707	16
宁夏中卫市	秦冠	0.4692	17
北京市	乔纳金	0.4683	18
北京市	国光	0.4677	19
辽宁省葫芦岛市	红王将	0.4657	20
江苏省徐州市	富士	0.4645	21
北京市	黄元帅	0.4628	22
山西省临猗县	富士	0.4618	23
北京市	富士	0.4595	24
山西省芮城县	秦冠	0.4588	25
山西省芮城县	富士	0.4576	26
辽宁省葫芦岛市	华金	0.4562	27
河南省三门峡市	秦冠	0.4548	28
甘肃省白银市	秦冠	0.4543	29

产地	品种	加权关联度	综合排名
山东省威海市	国光	0.4543	30
甘肃省白银市	青香蕉	0.4531	31
山西省芮城县	花冠	0.4531	32
河北省石家庄市	富士	0.4521	33
辽宁省葫芦岛市	津轻	0.4518	34
山西省万荣县	秦冠	0.4495	35
甘肃省白银市	富士	0.4491	36
甘肃省白银市	红元帅	0.4473	37
陕西省富平县	富士	0.4463	38
山东省威海市	富士	0.4458	39
辽宁省葫芦岛市	华富	0.4457	40
宁夏中卫市	富士	0.4445	41
辽宁省葫芦岛市	摩力斯	0.4438	42
辽宁省葫芦岛市	秋锦	0.4429	43
山西省芮城县	黄元帅	0.4429	44
河北省石家庄市	红星	0.4400	45
辽宁省葫芦岛市	长富2号	0.4390	46
辽宁省葫芦岛市	华月	0.4373	47
山东省威海市	红将军	0.4370	48
宁夏中卫市	乔纳金	0.4368	49
辽宁省葫芦岛市	新红星	0.4368	50
辽宁省葫芦岛市	华红	0.4344	51
辽宁省葫芦岛市	斗南	0.4326	52
河南省三门峡市	富士	0.4297	53
新疆阿克苏市	富士	0.4255	54
陕西省渭南市	秦冠	0.4236	55

通过层次分析法确定适合苹果（等外果）汁的指标权重，采用灰色关联度法建立苹果（等外果）汁品质评价模型。结果表明，应用层次分析法与灰色关联度法相结合的方法，可以有效地对苹果（等外果）汁品质进行综合评价。

2.4 苹果（等外果）制汁适宜性评价研究

苹果等外果品质主要由感官品质和理化营养品质构成，其中感官品质和理化营养品质之间既相互独立又相互关联，并且多数指标测定复杂。苹果等外果制汁适宜性评价对苹果品种的选用及资源综合利用具有重要意义。如何对苹果等外果品质进行科学、快速、准确地预测是目前制汁适宜性分析研究中亟需解决的问题。因此，如何从众多的感官指标和理化营养指标筛选核心评价指标，构造简便易操作的综合制汁适宜性评价模型，是品质评价研究的重要任务。而研究的关键在于如何筛选出客观、符合实际的核心评价指标，构造科学准确的评价模型。

本研究选择我国 13 个地区的 24 个品种共 55 份苹果等外果样品，测定苹果等外果感官品质、理化与营养品质评价指标共 22 项。采用相关性分析、主成分分析和聚类分析相结合的方法筛选苹果等外果核心品质指标。采用层次分析法构造二级判断矩阵，确定一级判断矩阵中感官指标和理化与营养指标的相对重要性，以及二级判断矩阵内各指标间的相对重要性，建立核心评价指标权重，计算得到各评价指标权重系数。利用灰色关联度法计算不同苹果等外果样品的加权关联度值，根据加权关联度对苹果等外果进行制汁适宜性排名，建立了苹果等外果制汁适宜性评价模型。

2.4.1　苹果感官品质与营养指标测定分析

2.4.1.1　单果重

单果重由电子天平测得，每份苹果样品选取 10 个大小基本一致且具有代表性的果实，分别测定其质量，取平均值即为该样品的平均单果重。

2.4.1.2　单果体积

单果体积由食品体积自动测定仪测定，食品体积自动测定仪开机预热 30min 后，启动 Volscan Profiler 分析软件，具体参数设置为：转速为 1r/s，扫描数据获取率为 400 点/s，垂直步长为 2mm。每个产地选取 10 个具有代表性的果实，分别测定其体积，取平均值即为该样品的平均单果体积。

2.4.1.3　果实密度

果实密度计算方法为单果重/单果体积。

2.4.1.4　果形指数

最大纵径与横径由游标卡尺测得，每个品种选取 10 个具有代表性的果实，分别测量其最大纵径和最大横径，计算果形指数。果形指数计算方法为果实的最大纵径/横径。

2.4.1.5　淀粉-碘指数

每份样品选取 10 个具有典型大小和颜色的果实，于收获后 24h 内测定，沿

"赤道位置"将苹果切成二份，将苹果浸入碘液，等待至少一分钟后拍照，与Blanpied的方法中的标准得分图片对比，计算平均数，用1～8表示。碘溶液的配制：用30mL温水溶解8.8g碘化钾，缓慢搅拌至溶解，加入2.2g碘晶体至溶解。用水稀释至1L，浓度为2.2g/L。

2.4.1.6 果皮颜色、果肉颜色

果皮颜色测定利用色差仪进行。开机预热30min，使用标准色板进行校正，设定结果参数为模式"L^*、a^*、b^*"，测量次数"3"，测定时间间隔"10s"。每份样品选取10个着色均匀的果实，将苹果用自来水清洗、纱布擦干，将苹果果皮置于容器内，铺满底层有机玻璃板，完全遮盖透光孔，盖上黑色盖子，将白色标线对准原点，点击读取按钮进行测定。测得第一个读数后，立即转动测量容器，将红色线和黄色线分别对准原点，测定相应数据，得到色泽的相应"L^*、a^*、b^*"数值，测定3次取平均值。

果肉颜色测定操作方法与参数设置同果皮颜色。每份样品选取10个着色均匀的果实，将苹果去皮后，切片，在苹果果肉中部取一片3mm厚的薄片，立即将苹果果肉置于测量容器内，铺满底层有机玻璃板，完全遮盖透光孔，盖上黑色盖子，将白色标线对准原点，点击读取按钮进行测定。测得第一个读数后，立即转动测量容器，将红色线和黄色线分别对准原点，测定相应数据，得到色泽的相应"L^*、a^*、b^*"数值，测定3次取平均值。

2.4.1.7 含水量

含水量测定用快速卤素水分仪进行。调用"Fruit"模式，设定测定功率为80%，选取6个具有该样品代表性的苹果，去除损伤部分和不可食部分，匀浆，取2.0g样品置于玻璃纤维纸上进行测定。每个样品平行测定3次，取平均值。

2.4.1.8 可溶性固形物

可溶性固形物的测定依照GB/T 12143—2008测定，每个品种取6个果实，将果实四分为楔形块，对角线取样，用高速粉碎机进行研磨。做三次平行，取平均值作为结果。

2.4.1.9 可滴定酸含量

可滴定酸含量的测定依照GB 12456—2021测定，每个品种取6个果实，将果实四分为楔形块，对角线取样，用高速粉碎机进行研磨。做三次平行，取平均值作为结果。

2.4.1.10　固酸比

固酸比的计算方法为可溶性固形物/可滴定酸。

2.4.1.11　总酚含量

每个品种取 6 个果实，将果实四分为楔形块，对角线取样，用高速粉碎机进行研磨。具体方法参照 2.3.1 部分测定方法，结果以每克样品中总酚物质的没食子酸当量表示（μg GAE/g）。每个样品做 3 个平行，3 个结果的平均值即为该样品的总酚含量。

2.4.1.12　有机酸

每个品种取 6 个果实，将果实四分为楔形块，对角线取样，用高速粉碎机进行研磨。经滤纸过滤后适当稀释即为待测液。具体方法参照 2.3.1 部分。

2.4.1.13　单体糖

具体方法参照 GB 5009.8—2016《食品安全国家标准　食品中果糖、葡萄糖、蔗糖、麦芽糖、乳糖的测定》。第一法高效液相色谱法。

2.4.2　苹果等外果品质性状分析

2.4.2.1　苹果等外果品质性状及分布

参试品种的 22 项主要品质指标的均值、极差、变幅、标准差、变异系数列于表 2-10。由表 2-10 可见，22 项品质指标存在不同的变异情况。

表 2-10　苹果等外果品质性状及分布

指标	均值	极差	变幅	标准差	变异系数 CV/%
X_1	767.33	2492.59	296.54~2789.14	328.75	42.84
X_2	12.88	7.20	9.37~16.57	1.68	13.07
X_3	0.30	0.94	0.11~1.06	0.14	45.50
X_4	52.09	88.15	13.54~101.70	17.63	33.84
X_5	42.98	23.93	31.22~55.17	6.08	14.14
X_6	3.99	26.35	−7.65~18.70	5.85	146.56
X_7	16.00	18.74	7.47~26.21	4.42	27.61
X_8	0.35	2.57	−0.44~2.13	0.54	153.74
X_9	162.19	326.62	40.16~366.78	63.15	38.94
X_{10}	192.97	395.78	42.56~0.95	77.89	40.37
X_{11}	0.85	0.17	0.78~0.95	0.04	4.28
X_{12}	71.79	147.78	38.69~186.47	32.48	45.24
X_{13}	81.69	152.09	44.48~196.57	32.55	39.85

续表

指标	均值	极差	变幅	标准差	变异系数 CV/%
X_{14}	0.87	0.15	0.81~0.96	0.04	4.33
X_{15}	0.83	0.11	0.77~0.88	0.03	3.13
X_{16}	43.65	70.34	20.86~91.19	15.36	35.18
X_{17}	24.21	37.26	10.85~48.11	8.14	33.62
X_{18}	19.24	45.01	3.82~48.83	10.16	52.79
X_{19}	0.21	0.43	0.12~0.55	0.07	34.38
X_{20}	0.16	0.28	0.037~0.32	0.05	37.32
X_{21}	4.61	9.13	2.23~11.36	1.60	34.65
X_{22}	0.05	0.08	0.026~0.11	0.02	31.20

注：X_1，总酚（μg GAE/g）；X_2，可溶性固形物（%）；X_3，可滴定酸（%）；X_4，固酸比；X_5，果皮 L^* 值；X_6，果皮 a^* 值；X_7，果皮 b^* 值；X_8，果皮 a^*/b^* 值；X_9，单果重（g）；X_{10}，单果体积（cm^3）；X_{11}，果实密度（g/cm^3）；X_{12}，果实纵径（mm）；X_{13}，果实横径（mm）；X_{14}，果形指数；X_{15}，含水量（%）；X_{16}，果糖（mg/g）；X_{17}，葡萄糖（mg/g）；X_{18}，蔗糖（mg/g）；X_{19}，草酸（mg/g）；X_{20}，奎宁酸（mg/g）；X_{21}，苹果酸（mg/g）；X_{22}，莽草酸（mg/g）。

果皮 L^*、a^*、b^*、a^*/b^* 值存在一定的变异程度，其变异系数分别为 14.14%、146.56%、27.61%、153.74%。其原因是不同苹果品种属不同的色泽分类，不同产地条件也会造成相同品种间的着色差异。总酚变异程度较大，变异系数为 42.84%，说明该指标受品种和产地影响较大，其中辽宁省"乔纳金"的总酚含量最低，为 296.54μg GAE/g，内蒙古自治区"沙果"的总酚含量最高，为 2789.14μg GAE/g。单果重、单果体积、果实纵径和横径的变异程度较大，根据农业行业标准《苹果等级规格》（NY/T 1793—2009）的规定，乔纳金、富士、元帅系品种、寒富、红将军、澳洲青苹属大型果，国光为小型果，从品种角度来看，大型果与小型果的单果重、单果体积、果实纵径和横径差异较大。

果实密度、果形指数、含水量等变异程度最小，变异系数<5%，表明这些指标受产地和品种影响小。

糖和有机酸是苹果的重要组成成分，是苹果及其产品风味的主要来源。不同品种苹果等外果的糖和有机酸组成不同，可作为品质特性区分的依据。果糖、葡萄糖和蔗糖是苹果中主要的糖，结果显示果糖、葡萄糖、蔗糖的变异系数分别为 35.18%、33.62%、52.79%，说明不同产地和品种的苹果等外果中糖含量差异较大。果糖含量最高为 91.19mg/g（山西万荣县"富士"），最低为 20.86mg/g（辽宁"红王将"）；葡萄糖含量最高为 48.11mg/g（陕西"秦冠"），含量最低为 10.85mg/g（甘肃"黄元帅"）；蔗糖含量最高为 48.83mg/g（辽宁"华月"），含量最低为 3.82mg/g（北京"富士"）。三种糖总量最高的是甘肃"国光"，最低的是辽宁"红王将"。含糖量取决于成熟期的温度条件、日照和积温。甘肃省是优质苹果产区，当地气候条件有利于高含糖量的形成。

表 2-11　苹果等外果品质指标间的相关性分析

指标	X1	X2	X3	X4	X5	X6	X7	X8	X9	X10	X11	X12	X13	X14	X15	X16	X17	X18	X19	X20	X21
X2	0.258	1																			
X3	0.621**	0.087	1																		
X4	−0.158	0.248	0.758**	1																	
X5	−0.306*	−0.267*	−0.169	−0.111	1																
X6	0.330*	0.164	0.158	0.034	−0.624**	1															
X7	−0.164	−0.121	−0.032	−0.143	0.929**	−0.678**	1														
X8	0.311*	0.127	0.123	0.048	−0.651**	0.942**	−0.694**	1													
X9	−0.227	−0.207	−0.228	0.080	0.172	0.259	−0.021	0.257	1												
X10	−0.235	−0.217	−0.232	0.089	0.182	0.235	−0.007	0.237	0.997**	1											
X11	0.391**	0.219	0.330*	−0.176	−0.282*	0.194	−0.188	0.138	−0.498**	−0.560**	1										
X12	−0.103	0.054	−0.176	0.129	0.045	−0.040	−0.008	−0.056	0.058	0.056	−0.040	1									
X13	−0.124	0.061	−0.184	0.132	0.044	−0.029	−0.018	−0.047	0.085	0.084	−0.065	0.997**	1								
X14	0.079	−0.088	−0.098	0.090	0.106	−0.123	0.132	−0.088	−0.034	−0.036	0.071	0.647**	0.588**	1							
X15	−0.123	−0.605**	0.292*	0.173	0.181	0.056	0.078	0.098	0.196	0.191	−0.072	−0.047	−0.044	−0.004	1						
X16	−0.061	0.081	−0.017	−0.061	0.074	−0.014	0.066	−0.011	−0.148	−0.159	0.129	0.084	0.071	0.171	−0.074	1					
X17	−0.040	0.042	−0.056	−0.005	0.074	0.072	−0.261	0.102	−0.208	−0.217	0.184	0.157	0.137	0.269*	−0.041	0.732**	1				
X18	0.164	0.018	0.320*	−0.217	0.117	−0.006	0.145	0.046	−0.015	−0.013	−0.004	−0.108	−0.109	−0.043	−0.137	0.627**	0.305*	1			
X19	0.038	0.588**	−0.133	0.310*	−0.051	0.038	−0.003	0.017	−0.202	−0.205	0.163	0.277*	0.281*	0.079	−0.345**	−0.027	0.050	−0.116	1		
X20	0.119	−0.018	−0.147	0.140	−0.308*	0.279*	−0.398**	0.290*	0.082	0.080	−0.051	0.220	0.226	0.094	0.220	−0.048	0.206	−0.0253	−0.050	1	
X21	0.476**	0.060	0.841**	−0.682**	−0.032	0.029	0.059	−0.027	−0.171	−0.174	0.254	−0.142	−0.148	−0.089	−0.363**	−0.082	−0.111	0.297*	0.002	−0.214	1
X22	0.080	0.012	−0.045	−0.014	−0.315*	0.245	−0.315*	0.319*	−0.039	−0.046	−0.009	−0.030	−0.039	0.045	0.063	−0.259	−0.085	−0.233	−0.015	0.490**	−0.016

注：X_1、总酚（µg GAE/g）；X_2、单果重（g）；X_3、可溶性固形物（%）；X_4、固酸比；X_5、果皮 L^* 值；X_6、果皮 a^* 值；X_7、果皮 b^* 值；X_8、果形指数；X_9、单果体积（cm³）；X_{10}、葡萄糖（mg/g）；X_{11}、单果体积（cm³）；X_{12}、果实密度（g/cm³）；X_{13}、果实纵径（mm）；X_{14}、果实横径（mm）；X_{15}、含水量（%）；X_{16}、果糖（mg/g）；X_{17}、葡萄糖（mg/g）；X_{18}、蔗糖（mg/g）；X_{19}、草酸（mg/g）；X_{20}、奎宁酸（mg/g）；X_{21}、苹果酸（mg/g）；X_{22}、莽草酸（mg/g）。

** $p < 0.01$（双侧检验）相关性在 0.01 水平上显著；* $p < 0.05$（双侧检验）相关性在 0.05 水平上显著。

苹果中主要的有机酸是苹果酸、草酸、莽草酸、奎宁酸。研究表明苹果中还有柠檬酸、琥珀酸和酒石酸，本研究只在部分样品中检测到柠檬酸、琥珀酸和酒石酸。苹果中含量最高的有机酸是苹果酸。研究表明，苹果中苹果酸的含量由控制苹果酸从细胞液向液泡中转运的特定基因调控。苹果酸在不同样品间变异程度较大，含量最高的是 11.36mg/g（内蒙古"沙果"），含量最低的是 2.23mg/g（山西芮城"花冠"）。

2.4.2.2 不同苹果等外果品质性状相关性分析

苹果等外果品质指标的相关性分析结果见表 2-11。从表 2-11 可以看出，总酚与可滴定酸、果实密度、苹果酸，可溶性固形物与草酸，果皮 a^* 值与果皮 a^*/b^* 值，果皮 b^* 值与果肉 L^* 值，单果重与单果体积，果实纵径与果实横径、果形指数，果实横径与果形指数，果糖与葡萄糖、蔗糖，奎宁酸与莽草酸，在 0.01 水平上呈显著正相关。可溶性固形物与含水量，可滴定酸与固酸比，固酸比与苹果酸，果皮 L^* 值与果皮 a^* 值、果皮 a^*/b^* 值，果皮 a^* 值与果皮 b^* 值，果皮 b^* 值与果皮 a^*/b^* 值、奎宁酸，单果重、单果体积与果实密度，含水量与草酸、苹果酸，在 0.01 水平上呈显著负相关。

综上所述，苹果等外果的 22 项品质指标间均表现出不同程度的相关性，说明这 22 项指标间存在信息重叠。

2.4.2.3 主成分分析

由表 2-12 和碎石图（图 2-3）可知，前 7 个主成分的特征值＞1，即前 7 个主成分对解释变量的贡献最大，累计方差贡献率达到 81.310%。

表 2-12　主成分分析解释总变量（特征值、方差贡献率和累计方差贡献率）

主成分	特征值	方差贡献率/%	累积方差贡献率/%
1	4.075	18.525	18.525
2	3.723	16.925	35.450
3	3.062	13.918	49.368
4	2.200	10.001	59.368
5	2.001	9.097	68.466
6	1.783	8.105	76.571
7	1.042	4.739	81.310
8	0.879	3.996	85.305
9	0.641	2.916	88.221
10	0.602	2.738	90.959
11	0.541	2.461	93.420
12	0.408	1.854	95.275
13	0.330	1.502	96.776
14	0.202	0.920	97.696

续表

主成分	特征值	方差贡献率/%	累积方差贡献率/%
15	0.151	0.685	98.381
16	0.141	0.642	99.023
17	0.104	0.474	99.497
18	0.049	0.223	99.720
19	0.033	0.148	99.868
20	0.029	0.130	99.998
21	0.000	0.002	100.000

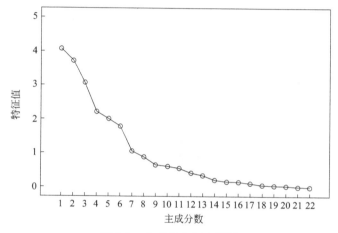

图 2-3　主成分分析碎石图

由表 2-12 和表 2-13 可知，第一主成分包含了原来信息量的 18.525%，第一主成分与果皮 a^* 值、果皮 a^*/b^* 值有很大的正相关，与果皮 L^* 值、果皮 b^* 值有很大的负相关，即在 PC1 坐标正向，PC1 越大，果皮 a^* 值、果皮 a^*/b^* 值越大，果皮 L^* 值、果皮 b^* 值取值则越小，代表果实的感官指标。第二主成分包含了原来信息量的 16.925%，第二主成分与可滴定酸和苹果酸有很大的正相关，与固酸比有很大的负相关，即在 PC2 坐标正向，PC2 越大，可滴定酸和苹果酸值越大，固酸比取值则越小，代表果实的理化和营养指标。第三主成分包含了原来信息量的 13.918%，第三主成分与单果重和单果体积有很大的正相关，即在 PC3 坐标正向，PC3 越大，单果重和单果体积值越大，代表果实的感官指标。第四主成分包含了原来信息量的 10.001%，第四主成分与果实纵径和果实横径有很大的正相关，即在 PC5 坐标正向，PC5 越大，果实纵径和果实横径值越大，代表果实的感官指标。第五主成分包含了原来信息量的 9.097%，第五主成分与果糖、葡萄糖和蔗糖有很大的正相关，即在 PC4 坐标正向，PC4 越大，果糖、葡萄糖和蔗糖值越大，代表果实的理化与营养指标。第六主成分包含了原来信息量的 8.105%，第六主成分与可溶性固形物有很大的正相关，与含水量有较大的负相关，即在 PC6 坐标正向，PC6 越大，可溶性固形物值越大，含水量越小，代表果实的理化和营养指标。第七主成分包含了原来信息量的 4.739%，第七主成分与奎宁酸有很大的正相关，即在 PC6 坐标正向，PC6 越大，奎宁酸值越大，代表果实的理化和营养指标。

表 2-13　主成分分析旋转后的成分载荷矩阵

指标	PC1	PC2	PC3	PC4	PC5	PC6	PC7
总酚	0.477	0.493	−0.363	0.044	−0.142	0.046	0.190
可溶性固形物	0.202	−0.052	−0.161	−0.016	0.004	0.857	0.082
可滴定酸	0.164	0.922	−0.186	−0.095	0.009	0.049	0.088
固酸比	0.149	−0.861	−0.013	0.064	−0.109	0.177	0.101
果皮 L^* 值	−0.739	−0.004	0.224	0.103	−0.066	−0.207	0.423
果皮 a^* 值	0.932	0.051	0.136	−0.027	−0.002	0.013	−0.046
果皮 b^* 值	−0.764	0.082	0.049	0.064	−0.091	−0.105	0.463
果皮 a^*/b^* 值	0.927	0.023	0.150	−0.040	0.037	−0.022	−0.099
单果重	0.198	−0.082	0.907	0.070	−0.109	−0.166	0.126
单果体积	0.170	−0.085	0.926	0.062	−0.111	−0.159	0.113
果实密度	0.310	0.177	−0.737	0.108	0.029	0.015	0.179
果实纵径	−0.036	−0.086	0.066	0.951	0.029	0.127	−0.077
果实横径	−0.031	−0.094	0.102	0.930	0.020	0.141	−0.081
果形指数	−0.068	−0.013	−0.125	0.797	0.115	−0.114	0.024
含水量	0.101	−0.335	−0.002	0.025	−0.129	−0.826	0.086
果糖	−0.018	−0.043	−0.093	0.087	0.923	0.005	0.174
葡萄糖	0.134	−0.115	−0.216	0.180	0.833	−0.007	−0.164
蔗糖	0.009	0.338	0.111	−0.112	0.681	0.025	0.343
草酸	0.059	−0.218	−0.192	0.245	−0.128	0.711	0.151
奎宁酸	0.318	−0.147	0.017	0.237	−0.008	−0.158	0.654
苹果酸	0.003	0.901	−0.107	−0.064	−0.0055	0.145	0.076
莽草酸	0.200	0.037	−0.035	−0.015	−0.216	−0.039	−0.727

注：旋转在 8 次迭代后收敛；PC1～PC7 分别表示第一至第七主成分。

2.4.2.4　聚类分析

采用离差平方和法对 55 份样品的 22 个品质指标，进行苹果等外果变量（R 型）系统聚类分析，依照欧式平方距离，根据不同品种间的差异将距离相近的品种聚为一类从而对综合品质进行分类（图 2-4）。

在欧式平方距离＝2 时，可将 22 个变量分为 6 类，第一类聚集了 11（果实密度）、15（含水量）、14（果形指数）、19（草酸）、20（奎宁酸）、22（莽草酸）、3（可滴定酸）、8（果皮 a^*/b^* 值）、6（果皮 a^* 值）、21（苹果酸）；第二类聚集了 12（果实纵径）、13（果实横径）；第三类聚集了 2（可溶性固形物）、7（果皮 b^* 值）、17（葡萄糖）、18（蔗糖）；第四类聚集了 5（果皮 L^* 值）、16（果糖）、4（固酸比）；第五类聚集了 9（单果重）、10（单果体积）；第六类聚集了 1（总酚）。

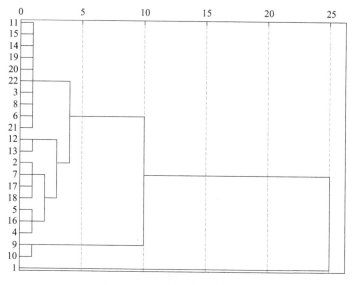

图 2-4　系统聚类的系统树状图

2.4.2.5　核心指标筛选

根据主成分分析和聚类分析的结果，果实密度、含水量、果形指数、草酸、奎宁酸、莽草酸、可滴定酸、果皮 a^*/b^* 值、果皮 a^* 值和苹果酸聚为一类，含水量是影响出汁率最直接的因素，苹果汁以可滴定酸含量更高的产品商业价值更高，选择可滴定酸作为核心评价指标，代表理化与营养指标；果实纵径和果实横径聚为一类；可溶性固形物、果皮 b^* 值、葡萄糖和蔗糖聚为一类；果皮 L^* 值、果糖和固酸比聚为一类；单果重和单果体积聚为一类；总酚聚为一类。此结果与主成分分析的结果类似，第一主成分与果皮 a^* 值、果皮 a^*/b^* 值、果皮 L^* 值和果皮 b^* 值相关，有研究表明果皮 a^*/b^* 值与花色苷含量直接相关，研究结果表明，红色苹果果皮中的黄酮含量大于绿色苹果。可溶性固形物测定简单，且为果汁产业通用的评价指标，颜色 L^* 值可反映果汁的颜色品质，因此选择可溶性固形物和颜色 L^* 值作为核心评价指标，代表理化与营养指标和感官指标。总酚是影响苹果加工产品色泽的重要因素，总酚含量越高，产品褐变越严重，因此选择总酚作为核心评价指标，代表理化与营养指标。单果体积越大，其可食部分相对含量越高，损失率越小；总酚是影响苹果加工产品色泽的重要因素，总酚含量越高，产品褐变越严重。因此在苹果汁加工时，宜选择总酚含量较低，单果体积较大的果实。尽管有研究表明消费者倾向于选择较高酸度和较低甜度的苹果汁产品，有学者通过国内与国际市场的对比，发现苹果汁以高酸度产品更受欢迎，因此苹果加工宜选择酸含量较高的果实。所以，最终筛选出总酚、可溶性固形物、可滴定酸、果皮 a^*/b^*、单果重和含水量作为苹果等外果制汁适宜性的评价指标。

2.4.2.6　综合评价模型的建立

（1）权重赋予

层次分析法先把问题层次化，根据问题的性质和欲达到的总目标，将其分解为不同组成因素，并按照因素间的相互关联以及隶属关系形成不同层次聚集组合，从而构成一个多层次的分析结构模型。

利用层次分析法中的 1～9（表 2-14）标度法，对筛选出的 6 个核心指标赋予不同的权重。即用 $CI=(\lambda_{max}-n)/(n-1)$，式中：$\lambda_{max}$ 为判断矩阵最大特征根；n 为判断矩阵阶数；RI 为与 n 对应的平均随机一致性取值（$n=3$，$RI=0.52$）。一致性比率 $CR=CI/RI$，判断矩阵、最大特征根和一致性比率结果见表 2-15，CR 分别为 0.0516 和 0.1304，认为判断矩阵具有良好的一致性。得到各指标的权重值（表 2-16），可溶性固形物、单果重、果皮 a^*/b^*、含水量、总酚、可滴定酸的权重值分别是 0.0500、0.0779、0.1074、0.1481、0.2383 和 0.3783。

表 2-14　元素重要程度比例标度

标度	定义	说明
1	同等重要	两元素具有同样重要性
3	稍微重要	一个元素比另一个元素稍微重要
5	明显重要	一个元素比另一个元素明显重要
7	重要得多	一个元素占主导地位
9	绝对重要	一个元素的主导地位得到绝对强化与确认
2、4、6、8	介于上述相邻判断之间	介于上述重要性之间

表 2-15　判断矩阵及最大特征值、一致性比率值

判断矩阵				最大特征值	一致性比率 CR
理化与营养指标	总酚	可溶性固形物	可滴定酸		
总酚	1	6	1/2		
可溶性固形物	1/6	1	1/6	3.0536	0.0516
可滴定酸	6	2	1		
感官指标	单果重	含水量	果皮 a^*/b^*		
单果重	1	1/3	1		
含水量	3	1	1	3.1040	0.1304
果皮 a^*/b^*	1	1	1		

（2）灰色关联度分析

① 构造理想品种

根据灰色系统理论，需构造一个参考品种即参考数列进行比较。依据苹果

表 2-16　各指标相对权重和二级指标权重值

同级同类指标内指标相对权重				二级指标权重
一级指标	一级指标组内权重	二级指标	二级指标组内权重	
理化与营养指标	0.6667	可滴定酸	0.5675	0.3783
		可溶性固形物	0.0751	0.0500
		总酚	0.3575	0.2383
感官指标	0.3333	单果重	0.2337	0.0779
		含水量	0.4442	0.1481
		果皮 a^*/b^*	0.3222	0.1074

（等外果）汁制汁性能和试验结果确定理想品种各性状比较理想的值，作为参考序列 X_0，以各参试品种的各性状指标构成比较数列 X_i。可滴定酸、单果重和含水量属于越大越好的指标，总酚、可溶性固形物和果皮 a^*/b^* 属于越小越好的指标，因此分别取前三个指标的测量值中的最大值和后三个指标的测量值中的最小值作为理想品种的参考值。即可滴定酸 1.06%、单果重 366.78g、含水量 0.882、总酚 296.54μg GAE/g、可溶性固形物 9.37°Bx 和果皮 a^*/b^* −0.44。将数据进行无量纲化处理，对于指标值越大越好的，用 X_i 数值除以相应的 X_0 数值；对于指标值越小越好的指标，用 X_0 数值除以相应的 X_i 数值，得到一个无单位的新数列。

② 灰色关联度的计算和品种的评价

根据公式（2-1）计算出各品种相应指标的关联系数，其中 $\max_i \max_k \Delta i(k)$ 为 0.476，$\min_i \min_k \Delta i(k)$ 为 0，分辨系数 ρ 取 0.5。根据层次分析法得到各指标的权重，由公式（2-2）计算出各品种的加权关联度（表 2-17），按照关联分析的原则，加权关联度越大，与"理想品种"越接近。由表 2-17 可以看出，加权关联度最大的为"澳洲青苹"，即较适宜制汁的品种，"澳洲青苹"是主要用于苹果汁加工业的优良加工品种，本研究的结论也证明了其优良的制汁品质。

表 2-17　各试验品种的加权关联度

产地	品种	加权关联度	综合排名
山西省运城市	澳洲青苹	0.6674	1
甘肃省白银市	新红星	0.5586	2
内蒙古自治区	沙果	0.5547	3
山西省运城市	富士	0.5448	4
辽宁省葫芦岛市	乔纳金	0.5406	5
宁夏中卫市	秦冠	0.5357	6

产地	品种	加权关联度	综合排名
云南省昭通市	富士	0.5300	7
山西省运城市	秦冠	0.5258	8
江苏省徐州市	秦冠	0.5256	9
云南省昭通市	金帅	0.5198	10
北京市	乔纳金	0.5167	11
甘肃省白银市	黄元帅	0.5140	12
辽宁省葫芦岛市	黄元帅	0.5103	13
北京市	黄元帅	0.5079	14
辽宁省葫芦岛市	北斗	0.5050	15
山西省运城市	秦冠	0.5013	16
甘肃省白银市	国光	0.4998	17
山东省威海市	乔纳金	0.4997	18
甘肃省白银市	红元帅	0.4970	19
山西省运城市	富士	0.4966	20
江苏省徐州市	富士	0.4963	21
甘肃省白银市	青香蕉	0.4938	22
陕西省渭南市	富士	0.4930	23
辽宁省葫芦岛市	国光	0.4909	24
辽宁省葫芦岛市	寒富	0.4897	25
辽宁省葫芦岛市	华金	0.4890	26
山西省运城市	富士	0.4887	27
辽宁省葫芦岛市	红王将	0.4854	28
宁夏中卫市	乔纳金	0.4820	29
北京市	国光	0.4814	30
山西省运城市	秦冠	0.4809	31
河南省三门峡市	秦冠	0.4806	32
辽宁省葫芦岛市	津轻	0.4783	33
宁夏中卫市	富士	0.4774	34
辽宁省葫芦岛市	秋锦	0.4737	35
北京市	富士	0.4735	36
辽宁省葫芦岛市	摩力斯	0.4730	37
河北省石家庄市	富士	0.4727	38
辽宁省葫芦岛市	新红星	0.4718	39
河北省石家庄市	红星	0.4714	40
山西省运城市	花冠	0.4714	41
山东省威海市	国光	0.4710	42

产地	品种	加权关联度	综合排名
甘肃省白银市	秦冠	0.4708	43
甘肃省白银市	富士	0.4705	44
辽宁省葫芦岛市	华富	0.4681	45
山西省运城市	黄元帅	0.4680	46
山东省威海市	富士	0.4654	47
辽宁省葫芦岛市	华月	0.4634	48
辽宁省葫芦岛市	长富 2 号	0.4561	49
辽宁省葫芦岛市	斗南	0.4551	50
新疆阿克苏市	富士	0.4535	51
辽宁省葫芦岛市	华红	0.4530	52
河南省三门峡市	富士	0.4523	53
陕西省渭南市	秦冠	0.4472	54
山东省威海市	红将军	0.4417	55

描述性分析结果显示，多数指标变异程度较大，品种间差异较大。经相关性分析，多项品质指标间均表现出不同程度的相关性，说明存在信息重叠。通过层次分析法确定适合苹果（等外果）汁的指标权重，采用灰色关联度法建立起苹果（等外果）汁品质评价模型。结果表明，应用层次分析法与灰色关联度法相结合的方法，可以有效地对苹果（等外果）制汁品质进行综合评价。

2.5　基于线性回归的品质评价模型研究

多元线性回归模型是指有多个解释变量的线性回归模型，用于解释因变量与其他多个自变量之间的关系。逐步线性回归的基本思想是，按照全部自变量对因变量贡献的大小进行比较，并通过 F 检验法，选择偏回归平方和显著的变量引入方程，每次引入一个变量，并对原已引入回归方程的变量，逐个检验其偏回归平方和，如新引入的变量使原有变量变为不显著时，则剔除此变量。重复此过程，直至无法剔除已引入的变量，也无法再引入新的变量时，逐步回归过程结束。鉴于苹果（等外果）制汁适宜性评价模型的实际应用意义，建立评价指标与加权关联度的回归模型是必要的。

本节研究以苹果（等外果）汁品质评价加权关联度为因变量，可滴定酸、总酚、原始浊度、黏度、可溶性固形物、颜色 L^* 和褐变度等核心指标为自变量，采用逐步线性回归建立多元线性回归模型，并以苹果（等外果）制汁适宜性加权关联度为因变量，总酚、可溶性固形物、可滴定酸、果皮 a^*/b^*、单果重和含水量等核心指标为自变量，采用逐步线性回归建立多元线性回归模型。最终采用线性回归法对苹果（等外果）制汁适宜性评价模型与苹果（等外果）汁品质评价模型的相关性进行分析。

品质评价线性回归模型的建立过程如下。

2.5.1 苹果（等外果）汁品质评价线性回归模型的建立

以苹果（等外果）汁品质评价模型的加权关联度为因变量 Y_1，苹果（等外果）汁品质评价模型的核心指标可滴定酸、总酚、褐变度、黏度、可溶性固形物、浊度和颜色经标准化的数值为自变量，分别用 Z（可滴定酸）、Z（总酚）、Z（褐变度）、Z（黏度）、Z（可溶性固形物）、Z（浊度）和 Z（颜色 L^*）表示，经过逐步线性回归分析，得出线性回归模型。由表 2-18 可知，因变量和自变量的复相关系数 R 为 1.000，判定系数 1.000，调整判定系数 1.000，回归方程的估计标准差 0.0000881。由于调整判定系数为 1.000，因此认为拟合程度较高，因变量可全部被模型解释，无未被解释的部分。

表 2-18　苹果（等外果）汁品质评价回归模型汇总

模型	复相关系数 R	判定系数 R^2	调整判定系数 R^2	估计标准差
数值	1.000	1.000	1.000	0.0000881

注：预测量，常量，Z（可滴定酸）、Z（总酚）、Z（褐变度）、Z（黏度）、Z（可溶性固形物）、Z（浊度）、Z（颜色 L^*）。

表 2-19 显示因变量的总离差平方和为 0.081，回归平方和为 0.081，均方为 0.012，F 检验统计量的观测值为 1497029.413，对应的概率 p 值近似为 0。由于概率 p 值小于显著性水平 0.05，因此拒绝回归模型显著性检验的零假设，因变量与自变量全体的线性关系是显著的，可建立线性模型。

表 2-19　苹果（等外果）汁品质评价回归模型方差分析

模型	平方和	df	均方	F	Sig.
回归	0.081	7	0.012	1497029.413	0.000
残差	0.000	47	0.000		
总计	0.081	54			

注：预测量，常量，Z（可滴定酸）、Z（总酚）、Z（褐变度）、Z（黏度）、Z（可溶性固形物）、Z（浊度）、Z（颜色 L^*）。

表 2-20 中显示了非标准化偏回归系数 B、偏回归系数的标准误差、标准化偏回归系数和回归系数显著性检验。7 个变量的回归系数显著性水平 t 检验的概率水平 p 值都小于显著性水平 0.05，因此拒绝零假设，认为其与因变量的线性关系是显著的，应保留在方程中。可得线性回归模型 $Y_1 = 0.466 + 0.033Z$（可滴定酸）$+ 0.022Z$（总酚）$+ 0.017Z$（褐变度）$+ 0.008Z$（黏度）$+ 0.005Z$（可溶性固形物）$+ 0.005Z$（浊度）$+ 0.005Z$（颜色 L^*）。

表 2-20　苹果（等外果）汁品质评价回归模型系数

模型	非标准化系数		标准化系数	t	Sig.
	偏回归系数 B	标准误差	偏回归系数 B		
常量	0.466	0.000		39206.075	0.000
Z（可滴定酸）	0.033	0.000	0.854	2673.584	0.000
Z（总酚）	0.022	0.000	0.554	1593.953	0.000
Z（褐变度）	0.017	0.000	0.428	1318.446	0.000
Z（黏度）	0.008	0.000	0.197	491.908	0.000
Z（可溶性固形物）	0.005	0.000	0.123	325.931	0.000
Z（浊度）	0.005	0.000	0.130	317.474	0.000
Z（颜色 L^*）	0.005	0.000	0.121	266.406	0.000

2.5.2　苹果（等外果）制汁适宜性线性回归模型的建立

以苹果等外果制汁适宜性评价的加权关联度为因变量 Y_2，苹果（等外果）制汁适宜性模型的核心指标可滴定酸、总酚、可溶性固形物、含水量、单果重、果皮 a^*/b^* 经标准化的数值为自变量，分别用 Z（可滴定酸）、Z（总酚）、Z（可溶性固形物）、Z（含水量）、Z（单果重）和 Z（果皮 a^*/b^*）表示，经过逐步线性回归分析，得出线性回归模型（表 2-21），因变量和自变量的复相关系数 R 为 0.929，判定系数 0.855，调整判定系数 0.827，回归方程的估计标准差 0.0291018。由于调整判定系数为 0.827，因此认为拟合程度较高，因变量大部分被模型解释，未被解释的部分较少。

表 2-21　苹果（等外果）制汁适宜性回归模型汇总

模型	复相关系数 R	判定系数 R^2	调整判定系数 R^2	估计标准差
数值	0.929	0.855	0.827	0.0291018

注：预测量，常量、Z（可滴定酸）、Z（可溶性固形物）、Z（含水量）、Z（单果重）。

因变量的总离差平方和为 0.123，回归平方和为 0.080，均方为 0.020，F 检验统计量的观测值为 23.685，对应的概率 p 值近似为 0（表 2-22）。由于概率 p 值小于显著性水平 0.05，因此拒绝回归模型显著性检验的零假设，因变量与自变量全体的线性关系是显著的，可建立线性模型。

表 2-22　苹果（等外果）制汁适宜性回归模型方差分析

模型	平方和	df	均方	F	Sig.
回归	0.080	4	0.020	23.685	0.000
残差	0.042	50	0.001		
总计	0.123	54			

注：预测量，常量、Z（可滴定酸）、Z（可溶性固形物）、Z（含水量）、Z（单果重）。

表 2-23 中显示了非标准化偏回归系数 B、偏回归系数的标准误差、标准化偏回归系数和回归系数显著性检验。4 个变量的回归系数显著性水平 t 检验的概

率水平 p 值都小于显著性水平 0.05，因此拒绝零假设，认为其与因变量的线性关系是显著的，应保留在方程中。可得线性回归模型 $Y_2 = 0.498 + 0.036Z$（可滴定酸）$-0.013Z$（可溶性固形物）$+0.013Z$（含水量）$+0.009Z$（单果重）。

表 2-23　苹果等外果制汁适宜性回归模型系数

模型	非标准化系数		标准化系数	t	Sig.
	偏回归系数 B	标准误差	偏回归系数 B		
常量	0.498	0.004		126.837	0.000
Z（可滴定酸）	0.036	0.004	0.751	8.421	0.000
Z（可溶性固形物）	−0.013	0.005	−0.275	−2.586	0.013
Z（含水量）	0.013	0.005	0.263	2.402	0.020
Z（单果重）	0.009	0.004	0.181	2.075	0.043

2.5.3　模型验证

以苹果（等外果）果实加权关联度得分为横坐标（X），以苹果（等外果）汁加权关联度得分为纵坐标（Y），采用线性回归法对苹果（等外果）制汁适宜性评价模型与苹果（等外果）汁品质评价模型的相关性进行分析。绘制的线性曲线如图 2-5 所示，得到公式 $y = 0.6966x + 0.1193$（$R^2 = 0.7306$），由公式可见其拟合系数大于 0.7，显著性分析结果显示两个模型的结果显著相关，因此苹果（等外果）制汁适宜性评价模型可以用于苹果（等外果）制汁适宜性的预测，本研究的结果表明苹果（等外果）制汁适宜性评价模型的可行性，但苹果（等外果）汁品质评价模型中包含了更全面的苹果汁品质内容。

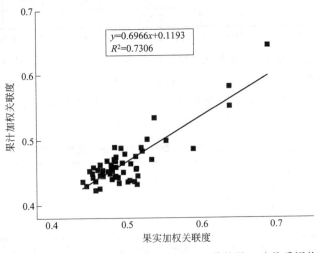

图 2-5　苹果（等外果）制汁适宜性评价模型与苹果（等外果）汁品质评价模型的相关性

第3章
苹果皮渣营养成分分析
及膳食纤维改性研究

3.1 膳食纤维的研究概况

3.1.1 膳食纤维的定义及特征

膳食纤维最早由 Hipsley 提出，它是指难以被哺乳动物细胞内酶分解的植物成分的总称。目前，国际上对膳食纤维仍没有统一的定义。美国谷物化学家协会（AACC）定义膳食纤维是来源于植物的可食用部分或类似的碳水化合物，这些化合物在人体小肠中不能被消化和吸收，在大肠中能被部分或完全发酵代谢。它包括植物细胞壁中不能被人体消化的多糖、低聚糖、木质素以及各种人工制备的非消化性低分子量碳水化合物、抗性淀粉。人们普遍认为功能性低聚糖和抗性淀粉也属于膳食纤维。

膳食纤维根据其溶解性分为可溶性膳食纤维和不溶性膳食纤维。可溶性膳食纤维主要包括果胶、瓜尔豆胶、β-葡聚糖、半纤维素、抗性淀粉和低聚糖等。不溶性膳食纤维主要包括纤维素、半纤维素、木质素等（Chawla et al.，2010）。Larrauri（1999）提出，理想的膳食纤维应具有以下特征：无不良营养成分；以最小的剂量发挥最大的生理功能；口感、颜色、质构和气味要适宜；可溶性膳食纤维和不溶性膳食纤维含量平衡，并且含有一定量的生物活性物质；具有良好的货架期，加入食品中不会对食品产生不良影响；适合食品加工；加工原料的来源和健康性等在消费者心中有良好的印象；具有期望的生理功能；价格合理。

3.1.2 膳食纤维的理化性质

膳食纤维的生理功能特性与其理化性质密切相关。膳食纤维的理化性质主要有持水溶胀性、吸附作用、阳离子交换能力、溶解性及黏度、抗氧化性等。

3.1.2.1　持水溶胀性

　　膳食纤维结构中含有许多亲水性基团，因此具有较强的吸水性、持水性和膨胀性。膳食纤维的水合性质与其多糖类物质的化学组成、粒度、孔隙度、pH、温度等具有关系。不同来源的膳食纤维持水力显著不同，通常海藻类高于果蔬类，果蔬类高于谷物类（Elleuch et al.，2011）。通常使用粪便重量和食糜通过肠道的时间这两大指标衡量肠道健康与否，膳食纤维可以吸附住自身重量 1.5～25.0 倍的水，这对于增加粪便重量和体积、加快人体排便速度具有重要意义，同时还能减轻泌尿系统的压力，缓解如膀胱炎等疾病。膳食纤维因在胃中溶胀，延长胃的排空时间，使人产生饱腹感，因此减少了人体对能量的摄入。高持水力的膳食纤维用于食品，能降低食品的脱水收缩作用，防止食品老化或干裂，并使食品具有一定的外观构型等。

3.1.2.2　吸附作用

　　膳食纤维具有较大的空间网络结构，可通过不溶性膳食纤维及纤维间的网络结构，对部分物质进行截留，阻碍机体对有害物质的吸收。膳食纤维可以束缚住一定量的油脂，持油力的大小与膳食纤维颗粒的表面性质、电荷强度及亲水基团有关。膳食纤维对葡萄糖、胆汁酸和胆固醇变异原等有机化合物也具有较好的吸附作用，阻滞葡萄糖的扩散，降低总胆固醇（TC）水平，抑制胆汁酸的吸收，阻断胆固醇的肠肝循环，进而预防糖尿病、心脑血管疾病、肥胖、胆结石等。

3.1.2.3　阳离子交换能力

　　膳食纤维的化学结构中包含一些羧基、羟基类侧链基团，因而具有弱的阳离子交换树脂作用。膳食纤维通过在水中离解出一些阳离子，与吸附溶液中的阳离子特别是有机阳离子进行可逆的离子交换，改变离子的瞬间浓度，对消化道的pH 值、渗透区以及氧化还原电位产生影响，呈现一种更缓冲的环境以利于消化吸收。膳食纤维的阳离子交换能力与其化学结构、颗粒粒度及其他物质如蛋白质和矿物质等相关。膳食纤维能与肠道中的 Na^+、K^+ 进行交换，促使 Na^+、K^+ 从尿液及粪便中排出，降低血液中的 Na/K，起到降低血压的作用。

3.1.2.4　溶解性及黏度

　　膳食纤维的溶解性与多糖结构、分子侧链等有关，COOH、SO_4^{2-} 等基团能增加溶解性，温度、离子强度也能影响膳食纤维的溶解性。可溶性膳食纤维与不溶性膳食纤维在生理功能上存在差异，可溶性膳食纤维（SDF）具有增加黏性、降低血糖反应和胆固醇的作用，而不溶性膳食纤维（IDF）主要发挥增加粪便体积、缩短粪便排出时间的作用。SDF 在预防糖尿病、心血管疾病，降低胆固醇和清除外源有害物质等方面具有比 IDF 更强的生理功能，且其具有更强的黏性和形成凝胶的能力，更容易应用于加工食品和饮料中（Elleuch et al.，2011）。

膳食纤维的黏度与其来源、化学结构、溶解性密切相关。瓜尔豆胶、琼脂、果胶等都具有良好的黏性，能形成高黏度的溶液，而纤维素、木质素等几乎没有黏性。分子量、甲氧基含量、侧链基团也会对膳食纤维的黏度造成影响。黏度会影响膳食纤维的胶凝性质，黏度较好的膳食纤维能延长胃排空时间，增加小肠内容物的黏度，影响胆固醇、葡萄糖等向肠黏膜的扩散速度，从而预防糖尿病、高脂血症等疾病。

3.1.2.5　抗氧化性

膳食纤维具有一定抗氧化性，能够清除 DPPH、·OH 等自由基，这主要与膳食纤维能结合吸附一些抗氧化物质有关，吸附的抗氧化物质主要为多酚类物质，包括黄酮、缩合单宁及酚酸等。膳食纤维的抗氧化性与多糖的化学组成、分子量、结构、糖苷键构型及结合物质等有关，膳食纤维侧链上的游离羧基、羟基和氨基等基团能作为供氢体与自由基反应，猝灭自由基（程安玮等，2009）。Saura-Calixto 等（2003）表明抗氧化膳食纤维需满足 3 个条件：一是膳食纤维的含量需高于干物质的 50%；二是每克抗氧化膳食纤维的抗氧化能力至少为 200mg 维生素 E 当量，或自由基清除能力至少为 50mg 维生素 E 当量；三是抗氧化能力必须是天然的，不能通过添加抗氧化剂等方法得到。

3.1.3　膳食纤维改性的研究进展

3.1.3.1　膳食纤维的改性

膳食纤维按其水溶解性可分为 SDF 和 IDF。SDF 与 IDF 两者的比例对膳食纤维生理功能、加工性能及感官品质均具有重要影响。SDF/IDF 接近 0.5 被认为是适合作为食品添加剂的膳食纤维（Jaime et al.，2002）。目前对于膳食纤维的研究主要集中于两方面，一方面是寻求本身生理功能比较好的膳食纤维原料，另一方面是对于某些特定品种的膳食纤维，通过高新技术对膳食纤维进行改性处理，强化它在人体健康方面的营养学功能。近年来很多学者针对膳食纤维改性问题进行了大量研究，目的在于使膳食纤维大分子组分连接键断裂，转变为小分子，使水不溶成分转变为水溶性成分，使致密的空间网络结构转变为疏松的空间网络结构，使膳食纤维持水力、结合水能力和吸水膨胀能力增大，更好地发挥膳食纤维的功能（肖安红，2008）。

3.1.3.2 改性技术研究进展

膳食纤维改性的技术主要包括物理改性技术（超高压技术、超微粉碎法、挤压蒸煮技术、瞬时高压技术等）、化学改性技术（酸法、碱法等）和生物改性技术（酶法和发酵法等）。

（1）物理改性技术

物理改性技术主要是利用机械作用改变膳食纤维的理化结构，使部分不溶性的半纤维素通过熔融、破碎等作用发生连接键的断裂，转变为水溶性的组分。陈雪峰等（2006，2013）以苹果皮渣为原料，采用挤压技术来提高苹果皮渣 SDF 的含量，苹果皮渣中 SDF 的含量从 3.47％提高到 16.96％，增量为 388.76％。并发现挤压改性能显著改善苹果膳食纤维膨胀力、持水性。Chau 等（2007）比较了球磨、喷射磨和高压微粉磨对胡萝卜不溶性膳食纤维性质和功能特性的影响，结果表明随着粒度的降低，膳食纤维粉末的堆积密度显著下降，不溶性膳食纤维向可溶性膳食纤维转化。吕金顺等（2007）采用蒸汽爆破法对马铃薯废渣进行处理，结果表明，马铃薯渣中的半乳聚糖由长链断成短链，超微结构转变为片状、无规则的空间网层结构，断链的半乳糖醛基在氧化作用下生成羧基，所得的改性马铃薯渣具有比表面积大、热力学稳定等特点，对胆固醇的吸附量为 1.4mg/g 左右。Mateos-Aparicio 等（2010）利用高流体静压处理豆渣膳食纤维后发现 SDF 含量显著增加并与压力呈显著正相关。瞬时高压处理可增加膳食纤维的持水力及膨胀力，对膳食纤维束没有明显的截断作用，但可以引起膳食纤维颗粒粒度减小，并使组织结构更加松散，流变学性质出现剪切变稀的现象。

（2）化学改性技术

化学改性技术主要利用酸、碱对糖苷键的降解作用，增加膳食纤维中的 SDF 含量。碱法改性莜麦麸皮不溶性膳食纤维的条件为 pH 14、碱解温度 90℃、碱解时间 120min、料液比 1∶60，改性后的莜麦麸皮 SDF 得率可达 51.17％。田成等（2010）研究了磷酸盐改性豆渣不溶性膳食纤维，在优化的改性条件下，膳食纤维持水力达 11.95g/g，且改性膳食纤维的结构变化为疏松、褶皱的片状结构，改性后不溶性膳食纤维的结晶度为 30.57％。

（3）生物改性技术

应用于膳食纤维改性的酶主要有纤维素酶及木聚糖酶。Chau 等（2006）使用木聚糖酶处理植物细胞壁，发现酶法可以提高可溶性膳食纤维的含量，从而改变可溶性和不溶性膳食纤维的比例。微生物在发酵过程中可分泌胞外酶及有机酸，促使膳食纤维的糖苷键断裂，从而提高膳食纤维中 SDF 含量。涂宗财等（2005）以豆渣为原料，采用混合菌曲发酵制备高活性大豆膳食纤维，所得产品的可溶性膳食纤维含量提高，持水力增强，风味得到改善，制得的膳食纤维为淡黄色粉末，有淡淡的特殊香味。卫娜（2012）研究以绿色木霉和米根霉为发酵菌种制备脐橙皮膳食纤维，确定了最佳制备工艺条件，所得的发酵产物中 SDF 得率为 32.93％，持水力和溶胀性分别为 6.12g/g、15.29mL/g。陈晓凤等（2011）研究混合发酵法制备龙须菜膳食纤维，最佳制备工艺条件下膳食纤维的得率为71.36％，膨胀力为 14.5mL/g，持水力为 6.23g/g。

3.1.4　膳食纤维的功能性质

随着经济的发展和人民生活水平的不断提高，人们的膳食结构发生了重大变化，高热量、低纤维的饮食习惯所导致的肥胖症、动脉硬化、冠心病等现代"文明病"的发病率逐年上升。大量研究表明，"文明病"的发生与膳食纤维摄入量的不足有重大关系。近些年，膳食纤维的生理功能已经被越来越多的临床试验、动物实验及流行病学资料证实，膳食纤维的摄入有助于降低肥胖、心脑血管疾病、癌症、糖尿病、高血压等的患病风险。

3.1.4.1　改善肠道健康

膳食纤维摄入人体后，可以在肠道中被肠道益生菌部分或完全发酵，产生如乙酸、丙酸、丁酸、异丁酸、乳酸等短链脂肪酸，这些脂肪酸通过影响肠道 pH，改善肠道菌群环境，进而对肠道健康产生作用。吴占威等（2013）用低剂量和高剂量的豆渣 SDF、IDF，超微粉碎豆渣（SPO）和螺杆挤压超微粉碎豆渣（ESPO）灌胃 BALB/c 小鼠，通过检测小鼠粪便中的乳酸杆菌、双歧杆菌、肠杆菌和肠球菌的数量，表明这几种膳食纤维对小鼠肠道菌群的调节均有影响，其中高剂量 IDF、低剂量 SDF 和低剂量的 ESPO 对小鼠肠道菌群调理作用明显，在增加乳酸杆菌和双歧杆菌的同时，一定程度上抑制了肠球菌和肠杆菌的增长。连晓蔚（2011）分别对去淀粉麦麸、马铃薯抗性淀粉、低聚异麦芽糖和果胶进行体外发酵，结果表明这 4 种碳源的膳食纤维均可被人体肠道菌群发酵产生短链脂肪酸，其中果胶发酵程度最高，产生的短链脂肪酸的量也最多。

3.1.4.2　降血脂

高血脂容易诱发冠心病、脑梗死、脑中风、肥胖等，严重威胁人体健康。研究表明膳食纤维具有降低血脂的功能。Brown 等（1999）对 24 名健康的受试者进行了为期 12 周的试验，结果表明，每天吃含有果胶的饼干（15g/d）的受试者血清总胆固醇下降了 5％，且不同的 SDF 均可降低受试者血液中总胆固醇和低密度脂蛋白含量。以纯化的黑木耳多糖饲喂大鼠，结果发现各剂量的 APE I 多糖对大鼠体重无显著影响，但是当使用 100mg/kg 以上剂量时，可显著降低大鼠的总甘油三酯（TG）、总胆固醇（TC）、低密度脂蛋白胆固醇（LDL-C）含量，并且可以提高高密度脂蛋白胆固醇（HDL-C）含量。张春霞等（2013）以超微粉碎后的山楂不溶性膳食纤维饲喂高脂小鼠，表明经超微粉碎后的山楂不溶性膳食纤维在降低小鼠血清中 TC、TG、LDL-C 和肝脏中 TC、TG 水平均高于未经超微粉碎的不溶性膳食纤维。

3.1.4.3 降血糖

大量研究表明摄入高水平的膳食纤维与患糖尿病风险呈显著负相关，相对风险指数为 0.81。动物实验也发现膳食纤维具有降血糖的功能。从黑木耳中提取出两种多糖，每天给糖尿病小鼠灌胃小鼠体重 2% 的黑木耳多糖溶液，发现当溶液浓度在 200mg/kg 以上时，黑木耳多糖对糖尿病小鼠的血糖值有显著的降低作用，对正常小鼠的血糖值没有显著影响。肖美添等（2009）用江蓠藻膳食纤维灌胃糖尿病小鼠，结果表明中剂量的江蓠藻膳食纤维具有显著降低糖尿病小鼠的血糖值的作用，并且还可改善糖尿病小鼠的氧化应激水平、与氧化应激的相关指标，如丙二醛浓度降低、超氧化物歧化酶活性提高。Chau 等（2007）等研究了不同的粉碎方法对胡萝卜不溶性膳食纤维的影响，结果表明超微粉碎后的胡萝卜具有较高的葡萄糖吸收能力和淀粉酶抑制活性。欧仕益等（1998）的研究表明膳食纤维可通过 3 个方面发挥作用：一是增加肠液黏度阻碍葡萄糖扩散；二是吸附葡萄糖，降低肠液中葡萄糖的有效浓度；三是影响 α-淀粉酶对淀粉的降解作用，减缓葡萄糖释放速率来降低小肠对葡萄糖的被动吸收，抑制餐后血糖升高。

3.1.4.4 预防癌症

动物实验与流行病学资料表明，膳食纤维的摄入量与降低罹患结肠癌、乳腺癌的风险密切相关。对欧洲 10 个国家 50 多万人的一项研究表明，如果富含植物纤维食物的摄入量增加 1 倍，罹患肠癌的风险就会降低 40%（聂凌鸿，2008）。Reddy 等（1997）研究表明，低聚糖能在癌肿的起始阶段及促癌阶段抑制肿瘤的形成。低分子量苹果多糖可以有效地预防 ICR 小鼠肠炎癌变，有效率达 95%，未见明显毒性反应。

3.1.5　膳食纤维在食品领域的应用

近年来，一些国家非常重视膳食纤维的开发和应用。美国、英国、法国、丹麦、日本等国家已广泛将膳食纤维添加到面包、糕点、饼干、糖果等食品中加工制成各种功能食品，以增加人们对膳食纤维的摄入量。作为食品添加剂，膳食纤维具有很多优点：具有良好的持水性和持油性，防止产品脱水及油炸产品渗油；可以作为稳定剂改善食品的结构，强化面团筋力，稳定溶液体系；可作为增稠剂增加馅料的稠度，用于果酱、果冻等食品中可改善产品的胶凝特性，对于产品的货架期也有良好作用。

3.1.5.1 焙烤食品

英国花了近 20 年时间研究得知 SDF 添加到面包及早餐谷物中对糖尿病患者特别适用。麸皮、玉米膳食纤维具有特殊的香味，用于焙烤食品可增加食品的香味。挤压技术可增加麸皮中可溶性物质的含量，将麸皮膳食纤维添加在面粉中，通过和面、发酵、加麦麸纤维、压片、分割、成型、醒发、烘烤等工艺步骤，制备麸皮面包。此面包具有面包的内部品质和感官性状，可以被消费者接受。张艳荣等（2005）将玉米膳食纤维、高压蒸煮玉米膳食纤维、挤压处理玉米膳食纤维添加到面粉中，制备出了玉米膳食纤维饼干。结果表明，经过适当处理后的玉米膳食纤维，可以显著改善饼干的品质，生产的玉米膳食纤维饼干口感疏松，风味纯正，品质优良。付成程等（2011）通过将苹果皮渣粉加入面粉制得苹果皮渣膳食纤维面包，并对苹果皮渣膳食纤维面包进行感官评价和理化指标评定，结果表明当苹果皮渣粉添加量为 5％时，苹果皮渣膳食纤维面包品质最好。

3.1.5.2 肉制品

膳食纤维是一种优良的脂肪替代品，周亚军等（2004）将大豆纤维、苹果纤维、魔芋精粉添加到香肠制品中，同时添加一定量大豆蛋白，研制出一种高蛋白质、高膳食纤维、低热量的保健香肠，香肠的弹性和质地优于不添加膳食纤维的产品。在改性葡萄皮渣应用于低温香肠的制作中，葡萄皮渣纤维对香肠质构影响显著，硬度和咀嚼性显著降低；改性葡萄皮渣还是一种良好的天然抗氧化剂，能显著抑制熟肉制品在冷藏期间发生脂质氧化，且超微粉碎后抗氧化性更好。

3.1.5.3 饮料

在日本，11 种畅销的功能性饮品中 6 种含有膳食纤维。事实上，在总的功能性饮品销售中，超过 70％的饮品含有膳食纤维（张晨等，2005）。1988 年，日本市场推出一种饮料叫作"Fiber Mini"，其中含有聚葡萄糖可溶性膳食纤维，并成功地打开了日本年轻妇女的消费市场。在日本、韩国添加可溶性大豆多糖的清爽型含乳饮料已经流行多年，乳饮料一般需要添加稳定剂增加体系黏度来达到稳定蛋白质的效果，可溶性膳食纤维可作为很好的稳定剂。因此，从植物提取、制备性质优良的膳食纤维并添加到食品中，不仅应用广泛且对人体健康及食品工业的发展具有重要意义。

3.2 苹果皮渣营养成分分析研究

苹果皮渣是苹果榨汁后的副产物，果皮及残余果肉约占 96.2％，果籽约占

3.1%，果梗约占 0.7%。目前，国内外围绕着苹果皮渣副产物的综合利用已有诸多研究报道，如利用苹果皮渣发酵生产蛋白饲料（薛祝林等，2014）、发酵生产酒精（Joshi et al.，1996；宫可心等，2013；宋安东等，2004）、提取果胶（Wang et al.，2014；曲昊杨等，2014）、制备膳食纤维（王亚伟，2002；Sudha et al.，2007；Li et al.，2014）、提取多酚（崔春兰等，2013）、生产酶制剂等。苹果皮渣的综合利用与苹果皮渣中含有丰富的营养物质密切相关，如可溶性糖、纤维素、果胶、脂类、多酚及矿物质等。然而，因榨汁苹果品种、产地及加工工艺的不同，国内对苹果皮渣营养成分的报道和应用前景的探讨存在较大差异（杨福有等，2000），本节通过对我国苹果汁主产区的苹果皮渣营养成分系统地分析，以期为我国苹果皮渣资源合理开发提供理论基础和指导。

3.2.1　苹果皮渣营养成分的检测方法

3.2.1.1　基本成分分析

水分测定参照 GB 5009.3—2016《食品安全国家标准　食品中水分的测定》；灰分测定参照 GB 5009.4—2016《食品安全国家标准　食品中灰分的测定》；蛋白质测定参照 GB 5009.5—2016《食品安全国家标准　食品中蛋白质的测定》；脂肪测定参照 GB 5009.6—2016《食品安全国家标准　食品中脂肪的测定》。

3.2.1.2　皮渣中膳食纤维检测

总膳食纤维（TDF）、不溶性膳食纤维（IDF）测定：按照 Megazyme 膳食纤维检测试剂盒的方法操作，参照 AOAC 985.29。苹果皮渣经耐高温 α-淀粉酶、蛋白酶、淀粉葡萄糖苷酶酶解除去淀粉和蛋白质，酶解液经过乙醇沉淀、过滤、乙醇和丙酮洗涤残渣后干燥、称重，得到 TDF 残渣；酶解液经过直接过滤、热水洗涤残渣、干燥后称重，得到 IDF 残渣。TDF、IDF 的残渣扣除灰分、蛋白质和空白即得 TDF 和 IDF 含量。可溶性膳食纤维（SDF）：SDF＝TDF－IDF。

3.2.1.3　皮渣中淀粉与还原糖检测

淀粉测定：按照 Megazyme 总淀粉检测试剂盒的方法操作，参照 AOAC 996.11。苹果皮渣经 80% 乙醇溶解除去还原糖，再经耐高温 α-淀粉酶、淀粉葡萄糖苷酶水解淀粉，用蒸馏水稀释酶解液体积至合适浓度，吸取一定量稀释酶解液加入葡萄糖氧化酶孵育。相对于试剂空白在 510nm 处测定每一个样品和葡萄糖质控的吸光度，计算淀粉含量。

还原糖测定：分别取葡萄糖标准溶液（1mg/mL）0mL、0.2mL、0.4mL、0.6mL、0.8mL、1mL 于试管中，用蒸馏水补足至 1mL。加入 2mL 的 DNS 试剂，沸水浴加热 2min，流水冷却，加入蒸馏水 12mL，摇匀，于 540nm 处检测吸光度，绘制葡萄糖标准曲线。称取 100mg 苹果皮渣，用 10mL 80％的乙醇溶液在 80～85℃条件下提取还原糖 5min，离心，吸取 0.2～0.5mL 上清液，用蒸馏水补足至 1mL，按葡萄糖标准曲线制作方法测定吸光度，计算还原糖含量。

3.2.1.4　皮渣中多酚检测

参照李珍等（2013）的方法检测。分别取 0.5mL 没食子酸标准溶液 0μg/mL、10μg/mL、20μg/mL、30μg/mL、40μg/mL、50μg/mL 加入 1.0mL 福林酚试剂，5min 后加 2mL Na_2CO_3 溶液，50℃水浴 5min，于 740nm 处检测吸光度，绘制没食子酸标准曲线。称取 1.00g 苹果皮渣，加入 30mL 60％乙醇溶液，在功率为 500W、温度为 65℃条件下，超声提取苹果多酚 10min，离心，吸取 1mL 上清液，定容至 10mL。按照没食子酸标准曲线制作方法测定吸光度，计算多酚含量。

3.2.1.5　皮渣中氨基酸检测

称取适量苹果皮渣于水解管中，加入 10mL 6mol/L 盐酸，氮吹除氧后封口，于 110℃恒温箱内水解 24h，冷却至室温，过滤，滤液定容至 50mL。吸取 1mL 定容液氮气吹干，1mL 0.02mol/L 盐酸复溶，进样氨基酸自动分析仪检测。

3.2.1.6　皮渣中脂肪酸检测

苹果皮渣脂肪提取与脂肪酸甲酯化：采用索氏抽提法提取苹果皮渣中脂肪（Apple pomace fat，APF），石油醚回流提取 7～8h，获得苹果皮渣脂肪组分。称取约 0.05g 苹果皮渣脂肪，加入 500μL 异辛烷及 25μL 氢氧化钾甲醇溶液进行脂肪酸甲酯化，涡旋混匀 30s 后，4000r/min 离心 10min。吸取 20μL 上清液定容至 1mL。

气相色谱条件：采用李安（2013）的方法，进样温度 230℃；进样量 1μL；分流比 10：1；色谱柱升温程序，60℃（5min）→25℃/min→160℃（5min）→2℃/min→225℃（15min）；检测器温度 230℃。脂肪酸含量采用外标法定量。

3.2.1.7　数据统计方法

所有试验均重复 3 次，结果显示为 Mean±SD（平均数±标准偏差）。各检测指标进行均值统计和变异系数分析，变异系数(％)＝(SD/Mean)×100。

3.2.2　苹果皮渣营养成分分析

3.2.2.1　基本营养成分

14 家果汁厂苹果皮渣的水分、灰分、蛋白质、脂肪含量检测结果见表 3-1。结果表明，除来源于安徽砀山果汁厂的苹果皮渣水分含量为 14.21%，其余果汁厂苹果皮渣水分含量主要集中在 3.49%～8.99%，均值为 6.61%；苹果皮渣灰分含量在 1.20%～3.35% 之间，均值为 2.07%；苹果皮渣蛋白质含量在 4.93%～8.78% 之间，均值为 7.05%；苹果皮渣中脂肪含量在 3.73%～6.99% 之间，均值为 4.74%。由此可见，不同产地、品种及果汁厂的苹果皮渣基本成分含量有一定差异。变异系数反映数值的波动情况，变异系数越大表明营养成分受产地、品种、加工等因素的影响越大。通过变异系数分析可知，水分的变异系数较大，为 41.91%，其次是灰分、脂肪和蛋白质，变异系数分别为 28.50%、19.20% 和 15.89%。

表 3-1　苹果皮渣的基本成分分析

苹果皮渣来源地	水分/%	灰分/%	蛋白质/%	脂肪/%
陕西洛川	6.77±0.08e	1.81±0.07f	7.38±0.05cd	4.87±0.07de
陕西乾县	6.31±0.23f	1.71±0.07fgh	6.70±0.11f	5.14±0.08cd
陕西渭南	7.57±0.35d	1.80±0.03fg	5.75±0.01i	3.99±0.11jk
山西临猗	5.36±0.09g	2.26±0.05c	6.75±0.04f	6.99±0.25a
山西运城	4.31±0.03i	1.58±0.03h	5.91±0.03h	3.73±0.10k
宁夏吴忠	3.70±0.13j	2.80±0.08b	6.07±0.02g	4.16±0.02hij
河南灵宝	8.99±0.22b	2.92±0.11b	6.91±0.00e	4.31±0.06ghi
辽宁大连	4.46±0.08i	1.20±0.00i	8.78±0.16a	4.15±0.01hij
山东乳山	3.49±0.06j	1.86±0.04ef	8.22±0.11b	4.40±0.30gh
山东栖霞	7.37±0.44d	2.05±0.15de	8.23±0.01b	5.21±0.05c
山东青岛	8.00±0.16c	1.91±0.01ef	8.31±0.02b	4.73±0.12
安徽砀山	14.21±0.19a	2.12±0.00cd	7.24±0.04d	4.53±0.01fg
新疆阿克苏	4.92±0.16h	1.61±0.01gh	4.93±0.08j	6.21±0.03b
云南昭通	7.18±0.03de	3.35±0.21a	7.52±0.08c	4.01±0.14ijk
均值	6.61±2.77	2.07±0.59	7.05±1.12	4.74±0.91ef
变异系数/%	41.91	28.50	15.89	19.20

注：同一列中不同小写字母表示 $P<0.05$ 水平下差异显著。

鲜果渣含水量很高，一般为 70%～90%（李志西等，2002），其中含有一定量的霉菌、酵母菌、极少量的放线菌和较多的细菌（李志西，2007），如果处理不当，极易腐败变质，造成环境污染。目前果汁厂的苹果皮渣基本采用烘干法生产，解决了霉菌毒素超标的问题（王瑞花，2013）。Larrauri（1999）研究表明，果渣最高安全水分含量为 9%。本节检测结果表明，我国国内大部分果汁厂苹果皮渣水分含量低于 9%，而来源于多雨水省份的苹果皮渣水分含量相对较高，其中安徽砀山果汁厂的苹果皮渣水分含量为 14.21%，可以明显闻到酸败气味。水分含量对苹果皮渣贮存具有极大影响，因此，潮湿多雨地区的果汁厂应控制好苹果皮渣的水分含量，确保苹果皮渣的安全性及营养价值。

苹果中蛋白质和脂肪主要存在于果皮、果核和果籽中（马艳萍等，2004），由于果汁厂榨汁过程通常是整果压榨，因此果汁厂苹果皮渣中蛋白质及脂肪含量较高，分别在 4.93％～8.78％和 3.73％～6.99％之间。山东省苹果皮渣蛋白质含量高于 8％，接近玉米和小麦中蛋白质含量，且具有良好的营养价值更适合用作动物饲料。

3.2.2.2　膳食纤维组成及含量

来自 14 家果汁厂苹果皮渣的 TDF、IDF、SDF 含量检测结果和 SDF/IDF 比例分析见表 3-2。分析结果表明，不同来源的苹果皮渣 TDF 含量在 60.21％～69.59％之间，均值为 64.76％，其中，云南昭通果汁厂的苹果皮渣 TDF 含量最高，宁夏吴忠果汁厂的苹果皮渣 TDF 含量最低。IDF 是苹果皮渣膳食纤维主要的组成部分，含量在 49.24％～61.03％之间，均值为 54.89％，其中山西临猗果汁厂的苹果皮渣 IDF 含量最高，山东乳山果汁厂的苹果皮渣 IDF 含量最低。苹果皮渣 SDF 含量在 6.72％～13.58％之间，均值为 9.87％，其中，陕西洛川果汁厂的苹果皮渣 SDF 含量最高，安徽砀山果汁厂的苹果皮渣 SDF 含量最低。不同来源的苹果皮渣 SDF/IDF 比例存在一定差异，范围在 0.11～0.26 之间，均值为 0.18。变异系数分析结果表明，总膳食纤维的变异系数较低，为 4.89％，说明不同地区、品种和工厂的苹果皮渣膳食纤维含量的差异小。IDF、SDF 及 SDF/IDF 的变异系数分别为 7.07％、18.95％和 22.22％。

表 3-2　苹果皮渣的膳食纤维组成及含量分析

苹果皮渣来源地	总膳食纤维 TDF/％	不溶性膳食纤维 IDF/％	可溶性膳食纤维 SDF/％	可溶性膳食纤维/不溶性膳食纤维 SDF/IDF
陕西洛川	66.06±0.17c	52.47±0.43fg	13.58±0.61a	0.26
陕西乾县	68.71±0.00ab	59.10±1.04b	9.61±1.04bc	0.16
陕西渭南	60.98±0.60fg	49.75±0.43ij	11.23±1.03ab	0.23
山西临猗	68.94±0.60ab	61.03±1.25a	7.90±1.84cd	0.13
山西运城	65.62±0.41cd	55.33±0.71cd	10.29±1.13bc	0.19
宁夏吴忠	60.21±0.53g	50.82±0.35hi	9.39±0.88bc	0.18
河南灵宝	64.03±0.53de	54.21±0.60de	9.82±1.13bc	0.18
辽宁大连	64.30±0.60d	56.38±0.24c	7.92±0.84cd	0.14
山东乳山	61.30±0.72fg	49.24±0.78j	12.06±1.49ab	0.24
山东栖霞	61.35±2.03fg	53.63±0.42ef	7.72±2.45cd	0.14
山东青岛	62.48±0.09ef	51.80±0.82gh	10.69±0.91b	0.21
安徽砀山	67.30±0.26bc	60.57±0.16a	6.72±0.41d	0.11
新疆阿克苏	65.73±1.06cd	55.69±1.15c	10.04±2.22bc	0.18
云南昭通	69.59±0.94a	58.37±1.15b	11.22±2.09ab	0.19
均值	64.76±3.17	54.89±3.88	9.87±1.87	0.18±0.04
变异系数/％	4.89	7.07	18.95	22.22

注：同一列中小写字母不同表示 $P < 0.05$ 水平下差异显著。

膳食纤维主要由非淀粉多糖组成，包括纤维素、半纤维素、果胶、β-葡聚糖和木质素等（Figuerola et al.，2005）。膳食纤维在人体肠道健康中具有重要作用，还能够有效防治心血管疾病、糖尿病、结肠癌等疾病（Redondo-Cuenca et al.，2017）。本研究结果表明，苹果皮渣膳食纤维含量均高于60%，是苹果皮渣最主要的成分，其中陕西、山西、安徽、云南等地的苹果皮渣中膳食纤维含量较高。SDF与IDF的比例对膳食纤维生理功能、加工性能及感官品质均具有重要作用，SDF/IDF接近0.5被认为是适合作为食品添加剂的膳食纤维（Jaime et al.，2002）。Gorinstein等（2001）研究表明，苹果中膳食纤维具有良好的SDF与IDF比例，接近0.84。然而本节研究发现，苹果皮渣中SDF/IDF的数值较低，小于0.3，因此，在开发过程中可利用改性技术提高SDF与IDF的比例，进而改善苹果皮渣膳食纤维的品质。

3.2.2.3 还原糖与淀粉含量

来自14家果汁厂苹果皮渣样品的还原糖、淀粉与多酚含量检测结果见表3-3。检测结果表明，来源地不同的果汁厂苹果皮渣还原糖含量在1.20%～16.07%之间，均值为8.76%，以来源于宁夏吴忠果汁厂的苹果皮渣还原糖含量最高，陕西乾县果汁厂的苹果皮渣还原糖含量最低。不同来源地的果汁厂苹果皮渣淀粉含量在0.48%～5.29%之间，均值为1.84%，以陕西渭南果汁厂的苹果皮渣淀粉含量最高，辽宁大连果汁厂的苹果皮渣淀粉含量最低。还原糖与淀粉的变异系数均较大，分别为53.65%和78.26%。说明不同地区、品种和工厂的苹果皮渣还原糖含量及淀粉含量存在较大差异。其中，宁夏、山东、新疆及山西部分地区碳水化合物含量相对较高，更具开发为综合转化类产品的潜力。

碳水化合物是苹果皮渣最主要的营养成分，也是苹果皮渣综合利用研究中最主要的物质。目前，利用苹果皮渣发酵生产蛋白饲料、制备生物乙醇、提取果胶、发酵生产柠檬酸、制备低聚糖等，均依赖苹果皮渣中丰富的碳水化合物。本节实验结果表明，苹果皮渣中淀粉含量为0.48%～5.29%，还原糖含量为1.20%～16.07%。与其他主要成分相比，还原糖和淀粉的变异系数最大。这不仅与苹果采收时的成熟度、产地、品种等因素有关，还与苹果浓缩汁加工工艺有关。苹果在压榨过程中，先后经过破碎、加水、稀释果浆、挤压等步骤，分离果汁和果渣，有时为获取更多果汁，果渣会再次加水或者助溶剂进行二次挤压（杨福有等，2000），因此，不同工厂来源的苹果皮渣的还原糖和淀粉含量差异很大。

表 3-3　苹果皮渣的还原糖、淀粉及多酚分析

苹果皮渣来源地	还原糖/%	淀粉/%	多酚/(g/kg)
陕西洛川	8.79±0.14d	1.87±0.08d	6.28±0.15ab
陕西乾县	1.20±0.02i	4.81±0.07b	2.64±0.08f

苹果皮渣来源地	还原糖/%	淀粉/%	多酚/(g/kg)
陕西渭南	9.19±0.36d	5.29±0.17a	3.25±0.16e
山西临猗	5.05±0.12f	1.72±0.19d	4.59±0.25c
山西运城	13.89±1.23b	1.33±0.05e	4.47±0.11cd
宁夏吴忠	16.07±0.66a	1.26±0.01e	4.06±0.65d
河南灵宝	7.21±0.17e	1.24±0.05e	4.42±0.40cd
辽宁大连	5.81±0.26f	0.48±0.03g	6.14±0.26ab
山东乳山	13.62±0.40b	1.41±0.02e	6.28±0.12a
山东栖霞	14.37±0.28b	0.63±0.01g	4.86±0.10c
山东青岛	10.26±0.10c	1.35±0.04e	4.43±0.09cd
安徽砀山	2.21±0.07h	1.33±0.03e	2.07±0.21g
新疆阿克苏	10.83±0.42c	2.26±0.01c	2.92±0.44ef
云南昭通	4.13±0.21g	0.82±0.06f	5.73±0.09b
均值	8.76±4.70	1.84±1.44	4.44±1.37
变异系数/%	53.65	78.26	30.86

注：同一列小写字母不同表示 $P < 0.05$ 水平下差异显著。

3.2.2.4　苹果皮渣多酚含量

由表 3-3 知，不同来源的苹果皮渣中多酚含量在 2.07～6.28g/kg，均值为 4.44g/kg，以山东乳山、陕西洛川等果汁厂的苹果皮渣多酚含量较高，安徽砀山果汁厂的苹果皮渣多酚含量最低，变异系数为 30.86%。

苹果多酚是一类具有生物活性的天然产物，主要集中在果皮和果籽中，并在榨汁过程中随果皮进入果渣中（李珍等，2013）。与其他常见多酚相比，苹果多酚具有更强的功能特性，抗氧化性优于茶多酚、维生素 C 和 BHT（二丁基羟基甲苯）（徐颖等，2015）。目前苹果多酚的提取主要是以苹果为原料，普通鲜食苹果的多酚含量在 0.5～2g/kg（孙建霞等，2004a）。本节研究结果表明，苹果皮渣中多酚含量在 2.07～6.28g/kg 之间，高于鲜食苹果，这充分说明苹果皮渣非常适合作为苹果多酚的提取原料。不同果汁厂苹果皮渣多酚差异性较大，其中山东、陕西、辽宁等地苹果皮渣多酚含量相对较高，如要开发利用苹果皮渣多酚可优先考虑上述地区。提取后的多酚类化合物应用于食品、化妆品及天然添加剂等领域，可为苹果加工企业带来更大的经济效益及环境生态效益。

3.2.2.5　脂肪酸组成及含量

采用气相色谱法对来源于山东、山西、辽宁、新疆果汁厂苹果皮渣的脂肪酸进行检测分析，结果见表 3-4。检测结果表明，苹果皮渣中脂肪酸的组成主要有棕榈酸（$C_{16:0}$）、硬脂酸（$C_{18:0}$）、油酸（$C_{18:1-9c}$）、亚油酸（$C_{18:2-9c,12c}$）、花生酸（$C_{20:0}$）、二十碳一烯酸（$C_{20:1-11c}$）、亚麻酸（$C_{18:3-9c,12c,15c}$）、二十碳二烯酸（$C_{20:2-11c,14c}$），此外，来源于山东栖霞工厂的苹果皮渣中检测到肉蔻酸（$C_{14:0}$）和棕榈油酸（$C_{16:1-9c}$）。苹果皮渣中总脂肪酸（Total fatty acid，TFA）含量为32.50g/100g［以APF（苹果皮渣脂肪）计］，以不饱和脂肪酸（Unsaturated fatty acid，UFA）为主，UFA含量为27.22g/100g（以APF计），占TFA含量的83.75%。其中，亚油酸和油酸含量最高，含量分别为13.92g/100g（以APF计）和11.83g/100g（以APF计），占TFA的42.83%和36.40%。饱和脂肪酸（Saturated fatty acid，SFA）棕榈酸含量也相对较高，为3.28g/100g（以APF计），占TFA的10.09%。

由表3-4可知，不同果汁厂的苹果皮渣脂肪酸含量存在一定差异，脂肪酸含量在24.79～46.65g/100g（以APF计）之间，以山东栖霞的苹果皮渣脂肪酸含量最高，辽宁大连的苹果皮渣脂肪酸含量最低，均值为32.50g/100g。由于受产地、季节、品种及加工工艺的影响，不同果汁厂苹果皮渣脂肪酸含量的变异系数为31.63%。其中，亚麻酸的变异系数最大为71.85%，亚油酸的变异系数最小为27.07%。然而，不同果汁厂的苹果皮渣不饱和脂肪酸占总脂肪酸的比例（UFA/TFA）变化较小，变异系数仅为1.83%。

表3-4　不同果汁厂苹果皮渣脂肪酸的组成及含量

脂肪酸	结构缩写	含量/(g/100g)					变异系数/%
		山东栖霞	山西临猗	辽宁大连	新疆阿克苏	均值	
肉蔻酸	$C_{14:0}$	0.18	—	—	—	—	—
棕榈酸	$C_{16:0}$	4.74	2.44	2.38	3.54	3.28±1.11	33.98
棕榈油酸	$C_{16:1-9c}$	0.24	—	—	—	—	—
硬脂酸	$C_{18:0}$	1.46	0.88	0.70	1.30	1.09±0.35	32.45
油酸	$C_{18:1-9c}$	17.09	8.77	8.88	12.57	11.83±3.93	33.23
亚油酸	$C_{18:2-9c,12c}$	19.50	11.61	11.64	12.94	13.92±3.77	27.07
花生酸	$C_{20:0}$	0.95	0.64	0.46	1.20	0.81±0.33	40.52
二十碳一烯酸	$C_{20:1-11c}$	0.39	0.13	0.09	0.36	0.24±0.16	64.86
亚麻酸	$C_{18:3-9c,12c,15c}$	1.58	0.28	0.50	0.80	0.79±0.57	71.85
二十碳二烯酸	$C_{20:2-11c,14c}$	0.52	0.25	0.14	0.84	0.44±0.31	70.85
总量		46.65	24.99	24.79	33.56	32.50±10.28	31.63
UFA/TFA/%		84.29	84.16	85.69	81.98	83.75±1.53	1.83

注：UFA为不饱和脂肪酸，TFA为总脂肪酸。—为未检出。

在前期研究报道中，研究学者主要以苹果籽为研究对象进行脂肪酸成分分析。Lu等（1998）用GC-MS检测了新西兰皇家嘎啦苹果籽的化学组成，共检测出46种组分，其中大多数是脂肪酸。于修烛（2004）对苹果籽油进行了研究，结果表明苹果籽油中多不饱和脂肪酸高达89.33%，是一种以不饱和脂肪酸油酸和亚油酸为主的油脂。目前，葡萄籽油以其不饱和脂肪酸高含量的特性已经被开发应用于保健食品及化妆品等领域，而以苹果为原料进行保健油脂开发的研究较少。本节研究结果表明，苹果皮渣油脂与苹果籽油脂脂肪酸组分接近，均以亚油酸、油酸及棕榈酸含量较高，不饱和脂肪酸占总脂肪酸的80%以上，可作为一种理想的保健食品进行开发。

3.2.2.6 氨基酸组成及含量

采用氨基酸分析仪对山东、山西、辽宁、新疆果汁厂苹果皮渣的氨基酸组成及含量进行分析，结果见表3-5。不同果汁厂苹果皮渣氨基酸的含量在4.72~5.73g/100g之间，以辽宁大连的苹果皮渣氨基酸含量最高，新疆阿克苏的苹果皮渣氨基酸含量最低，均值为5.15g/100g。除色氨酸会在酸性条件下完全水解无法检出外，苹果皮渣中其余17种基本氨基酸种类齐全，其中谷氨酸、天冬氨酸含量较高，含量分别为1.11g/100g及0.61g/100g，占总氨基酸比例的21.55%及11.84%，蛋氨酸、半胱氨酸含量较低，两者含量均为0.02g/100g，共占总氨基酸比例的0.78%。不同产地的苹果皮渣氨基酸的组成及比例较接近，总氨基酸变异系数为11.24%，各种氨基酸的变异系数为8.94%~28.35%，赖氨酸变异系数最小，蛋氨酸变异系数最大。

氨基酸是食物中的呈味物质和营养物质，对苹果皮渣氨基酸组分进行分析，可为其风味呈现及营养价值提供理论依据。不同果汁厂苹果皮渣的呈味氨基酸含量存在一定差异，其中鲜味氨基酸（天冬氨酸、谷氨酸）含量为1.52%~1.93%，甜味氨基酸（丝氨酸、甘氨酸、丙氨酸、脯氨酸）含量为1.03%~1.20%，苦味氨基酸（异亮氨酸、亮氨酸、酪氨酸、苯丙氨酸）含量为0.90%~1.09%。其中，天冬氨酸、谷氨酸及亮氨酸是苹果皮渣中主要的风味氨基酸。

苏氨酸、缬氨酸、蛋氨酸、异亮氨酸、亮氨酸、苯丙氨酸、赖氨酸及色氨酸为人体必需氨基酸，不能被人体合成或合成速度无法适应机体需要，只能从膳食中获取。联合国粮农组织/世界卫生组织（FAO/WHO）提出理想蛋白质为人体必需氨基酸占总氨基酸含量（E/T）的40%。姜宏（2014）检测了烟台地区苹果中氨基酸含量，结果表明苹果中必需氨基酸占总氨基酸含量的6.6%~29.5%。本研究结果表明，不同产地苹果皮渣中必需氨基酸（除色氨酸外）占总氨基酸（E/T）含量的33.12%~34.53%，说明苹果皮渣蛋白质营养价值较高，且各产地的E/T变异系数较小，仅为2.01。苹果皮渣中第一限制氨基酸为蛋氨酸和半胱氨酸，因此可以将苹果皮渣添加到谷物食品中进行蛋白质互补，以增强其营养价值。

表 3-5   不同果汁厂苹果皮渣氨基酸的组成及含量

氨基酸	含量/(g/100g)					变异系数/%
	山东栖霞	山西临猗	辽宁大连	新疆阿克苏	均值	
天冬氨酸 Asp	0.74	0.52	0.63	0.53	0.61±0.10	17.17
苏氨酸 Thr	0.23	0.21	0.26	0.19	0.22±0.03	13.40
丝氨酸 Ser	0.28	0.25	0.31	0.23	0.27±0.04	13.31
谷氨酸 Glu	1.19	1.00	1.23	1.04	1.11±0.11	10.01
甘氨酸 Gly	0.30	0.28	0.35	0.27	0.30±0.04	12.04
丙氨酸 Ala	0.30	0.28	0.34	0.25	0.29±0.04	12.50
半胱氨酸 Cys	0.02	0.01	0.02	0.02	0.02±0.00	24.16
缬氨酸 Val	0.29	0.26	0.33	0.24	0.28±0.04	13.80
蛋氨酸 Met	0.02	0.02	0.02	0.01	0.02±0.00	28.35
异亮氨酸 Ile	0.24	0.21	0.27	0.20	0.23±0.03	14.64
亮氨酸 Leu	0.45	0.39	0.49	0.38	0.43±0.05	12.41
酪氨酸 Tyr	0.12	0.10	0.11	0.09	0.10±0.01	14.22
苯丙氨酸 Phe	0.28	0.23	0.30	0.23	0.26±0.03	12.87
赖氨酸 Lys	0.33	0.30	0.28	0.27	0.29±0.03	8.94
组氨酸 His	0.13	0.12	0.15	0.11	0.13±0.02	14.01
精氨酸 Arg	0.33	0.26	0.30	0.26	0.29±0.03	11.36
脯氨酸 Pro	0.31	0.30	0.35	0.28	0.31±0.03	10.58
总量	5.57	4.72	5.73	4.59	5.15±0.58	11.24
E/T/%	33.21	34.53	34.03	33.12	33.72±0.68	2.01

注：E 表示必需氨基酸；T 表示总氨基酸。

3.3   苹果皮渣膳食纤维过氧化氢改性技术研究

苹果皮渣是苹果浓缩汁加工副产物，研究表明其中膳食纤维含量可达干物质的 60% 以上，是一种良好的膳食纤维来源（Figuerola et al.，2005）。膳食纤维具有降低便秘、肥胖、心血管疾病、结肠癌、糖尿病等的风险（Redondo-Cuenca et al.，2017），被誉为"第七大营养素"。苹果膳食纤维的功能性质与可溶性膳食纤维（SDF）含量、持水力、持油力、膨胀力、黏性等理化性质密切相关（Marín et al.，2007）。因此，研究苹果皮渣膳食纤维改性技术，提高 SDF 含量、改善膳食纤维理化性质，对增强苹果皮渣膳食纤维功能性质、提高苹果皮渣的附加值具有重要意义。

膳食纤维改性技术主要有物理改性技术（挤压技术、超高压技术、超微粉碎技术）、化学改性技术（酸法、碱法）、生物改性技术（酶法、发酵法）和结合改性技术。彭章普等（2007）、刘素稳等（2010）优化了酸法、碱法及微波辅助法提取苹果皮渣 SDF 的工艺条件，SDF 得率集中在 15%～20% 之间。付成程等（2013）采用木聚糖酶法改性，改性后苹果皮渣 SDF 提取率为 19.58%，所得 SDF 溶解性提高，滤渣的持水力与膨胀力均提升，超微结构变化较大。尽管苹果皮渣膳食纤维改性研究已多见报道，但其物理改性需要特殊设备，化学改性效果较差，酶法改性价格昂贵，故简单高效的苹果膳食纤维改性方法仍需进一步探索。

过氧化氢是一种清洁高效的氧化剂，价格低廉，常被用于苹果皮渣的漂白脱色（陈雪峰等，2010；Renard et al.，1997）。过氧化氢在降解多糖、脱除木质素、促进半纤维素溶解、改善纤维素水合性质等方面也有良好的作用。有学者采用过氧化氢氧化降解壳聚糖，制备出了特定分子量的壳聚糖。姚秀琼等（2011）采用过氧化氢水溶液对大豆多糖进行降解，降解后大豆多糖的平均分子量由 115200 下降至 10200，溶解度由 8g/L 增加至 40g/L。Sangnark 等（2003）采用碱性过氧化氢法制备甘蔗渣膳食纤维，研究发现甘蔗渣膳食纤维具有良好的物理性质。有学者采用碱性过氧化氢溶液从玉米纤维中提取半纤维素（阿拉伯木聚糖），研究发现过氧化氢有助于半纤维素溶出。Rabetafika 等（2014）研究表明碱性过氧化氢法具有生产富含木糖的半纤维素的潜力。尽管国内外的研究表明，过氧化氢具有提高苹果皮渣 SDF 含量、改善苹果皮渣理化性质的作用，但将过氧化氢应用于苹果皮渣膳食纤维改性领域的研究几乎未见报道。本研究采用过氧化氢法改性苹果皮渣膳食纤维，研究过氧化氢 pH 和浓度对膳食纤维化学组成和理化性质的影响，以期为过氧化氢改性苹果皮渣膳食纤维技术的应用提供理论依据。

3.3.1　过氧化氢改性苹果皮渣膳食纤维技术方法

3.3.1.1　材料

苹果干渣（嘎啦、富士、红星混果榨汁后废弃物），由山东栖霞海升果业有限责任公司提供。旋风磨粉碎，过 60 目筛，密封常温保存备用。

3.3.1.2　改性苹果皮渣膳食纤维的制备

配制一定浓度的过氧化氢溶液，用氢氧化钠溶液调节过氧化氢溶液的 pH。称取一定量苹果皮渣于烧杯中，按照 1g : 20mL 料液比加入已配制好的过氧化氢溶液，于 40℃ 水浴加热处理 2h。冷却至室温后，用 HCl、NaOH 溶液调节样品溶液的 pH 至中性。加入 4 倍体积 95% 乙醇沉淀 2h 后，过滤除去乙醇，沉淀物于 60℃ 烘箱内干燥 12h。旋风磨粉碎，过 60 目筛，即得过氧化氢改性苹果皮渣膳食纤维。

3.3.1.3 过氧化氢溶液 pH 及浓度的影响

固定过氧化氢溶液浓度为 1%，料液比 1g：20mL，溶液 pH 分别为 3.8（A）、7（B）、11.5（E）条件下进行改性，研究过氧化氢溶液 pH 对苹果皮渣膳食纤维及理化性质的影响。固定过氧化氢溶液 pH 为 11.5，料液比 1g：20mL，过氧化氢溶液浓度分别为 0%（C）、0.5%（D）、1%（E）、2%（F）条件下进行改性，研究过氧化氢浓度对苹果皮渣膳食纤维及理化性质的影响。

3.3.1.4 苹果皮渣膳食纤维得率测定

称取 2g（精确至 1mg）苹果皮渣，质量记为 W_1，加入 40mL 过氧化氢溶液。按照上述的方法制得改性苹果皮渣膳食纤维，记录干燥后膳食纤维的质量 W_2。

$$膳食纤维得率(\%) = \frac{W_2}{W_1} \times 100 \qquad (3\text{-}1)$$

3.3.1.5 苹果皮渣膳食纤维（TDF、IDF、SDF）测定

根据 AOAC 993.21 非酶重量法检测膳食纤维并加以改进。称取三份样品各 0.5g（精确至 0.1mg）于三角瓶中，加入 20mL 蒸馏水，于 60℃水浴振荡 2h。对于 TDF，水浴振荡处理后，向样液中加入 4 倍体积 95% 乙醇沉淀 2h，将沉淀物全部转移至盛有酸洗硅藻土的 G_2 砂芯坩埚内，抽滤，得 TDF 残渣。对于 IDF，水浴振荡处理后，将样液倒入盛有酸洗硅藻土的 G_2 砂芯坩埚内，抽滤，分离 IDF 和 SDF，再用 10mL 蒸馏水洗涤残渣，抽滤，得 IDF 残渣，合并两次滤液留待测 SDF。对于 SDF，往滤液中加入 4 倍体积 95% 乙醇沉淀 2h，将沉淀全部转移至盛有酸洗硅藻土的 G_2 砂芯坩埚内，抽滤，得 SDF 残渣。抽滤所得 TDF、IDF、SDF 残渣均分别用 15mL 78% 乙醇、95% 乙醇、丙酮各洗涤两次，130℃烘至恒重。取一份样品测定蛋白质，取另一份样品测定灰分。膳食纤维含量（%）计算公式为：

$$SDF(\%) = \frac{\dfrac{R_1 + R_2 + R_3}{3} - P - A}{\dfrac{S_1 + S_2 + S_3}{3}} \times 100 \qquad (3\text{-}2)$$

式中，R_1、R_2、R_3 分别为三份样品残渣质量，mg；S_1、S_2、S_3 分别为三份样品质量，mg；P 为残渣中蛋白质质量，mg；A 为残渣中灰分质量，mg。

3.3.1.6 理化性质测定

持水力测定：称取约 0.5g（精确至 1mg）样品，质量记为 W_3，于 50mL 离

心管中，加入 30mL 蒸馏水。涡旋振荡混匀，保证样品不结块。室温下静置 18h 后，9000r/min 离心 15min，弃去上清液，沉淀质量记为 W_4。持水力（g/g）$=$ $(W_4-W_3)/W_3$。

持油力测定：称取约 0.2g（精确至 1mg）样品，质量记为 W_5，于 10mL 离心管中，加入约 1.5g 玉米油。涡旋振荡混匀，保证样品不结块。室温下静置 18h 后，8000r/min 离心 10min，弃去未结合的油脂，沉淀质量记为 W_6。持油力（g/g）$=(W_6-W_5)/W_5$。

膨胀力测定：采用床体积法。称取约 0.2mL 样品，体积记为 V_1，于 10mL 刻度离心管中，记录样品质量 W_7（g），加水至 10mL。涡旋振荡混匀，保证样品不结块。室温下静置 18h 后，记录膨胀体积 V_2。膨胀力（mL/g）$=(V_2-V_1)/W_7$。

3.3.1.7 颜色测定

按照 El-Kadiri 等（2013）方法，用色差仪测定样品颜色。根据 CIE $L^*a^*b^*$ 表色系统，L^* 值表示亮度（0＝黑色；100＝白色），a^* 值表示红色（$a^*>0$）和绿色（$a^*<0$），b^* 值表示黄色（$b^*>0$）和蓝色（$b^*<0$）。色度 $=(a^{*2}+b^{*2})^{1/2}$，表示颜色亮度或者饱和度，色度值越大，颜色越浓。色差 $=[(L_0^*-L^*)^2+(a_0^*-a^*)^2+(b_0^*-b^*)^2]^{1/2}$，表示颜色的变化程度，色差值越大，颜色与对照组差异越大。以未经处理的苹果皮渣颜色 L_0^*、a_0^*、b_0^* 为对照组。

3.3.1.8 过氧化氢残留量检测

参照 GB 5009.226—2016《食品安全国家标准 食品中过氧化氢残留量的测定》对改性苹果皮渣膳食纤维过氧化氢残留量进行检测，检出限为 0.5mg/kg。

3.3.2 过氧化氢改性对膳食纤维理化性质的影响

3.3.2.1 改性处理对苹果皮渣膳食纤维得率的影响

膳食纤维得率是评价改性方法的重要指标，改性苹果皮渣膳食纤维得率见表 3-6。经过氧化氢改性处理后，苹果皮渣膳食纤维得率在 75.11%～79.15% 之间，所得干物质主要是苹果皮渣中不溶性物质，膳食纤维尤其是 SDF 被极大保留，而溶于乙醇的小分子糖、脂类、酸及多酚等物质有所损失，损失率在 20.85%～24.89% 之间。苹果皮渣经不同 pH 过氧化氢处理后，膳食纤维 A、B、E 得率为 75.87%～77.70%。苹果皮渣经不同浓度碱性过氧化氢处理后，膳食纤维 D、E、F 得率为 75.11%～79.15%。过氧化氢浓度对改性苹果皮渣膳食纤维得率有显著性影响（$P<0.05$），得率随着过氧化氢浓度升高而下降，说明高

浓度的碱性过氧化氢可能使膳食纤维等大分子物质分解成单糖及低聚糖等小分子物质，溶于乙醇后被去除。

表 3-6　不同改性条件下苹果皮渣膳食纤维的得率

样品	改性条件		膳食纤维得率/%
	pH	H_2O_2 浓度/%	
苹果皮渣	—	—	100.00±0.00a
A	3.8	1	75.87±0.68de
B	7	1	77.70±0.62c
C	11.5	0	77.97±0.45c
D	11.5	0.5	79.15±1.11b
E	11.5	1	76.29±0.27d
F	11.5	2	75.11±0.56e

注：同一列中不同小写字母表示 $P<0.05$ 水平下差异显著。

3.3.2.2　改性处理对苹果皮渣膳食纤维含量的影响

由表 3-7 知，苹果皮渣经过氧化氢处理后，TDF 含量显著提高（$P<0.05$），由 64.08% 增加到 73.14%～81.79% 之间，提高 12.39%～27.14%，这是由于乙醇沉淀等步骤，去除了苹果皮渣中小分子糖类及其他醇溶性物质，从而提高了 TDF 含量。pH 和过氧化氢浓度对 TDF 含量均有显著性影响（$P<0.05$）。经酸性、中性过氧化氢处理后，苹果皮渣 A、B 的 TDF 含量较高，而经碱性过氧化氢处理后 TDF 含量相对较低。在碱性条件下，TDF 含量随着过氧化氢浓度升高而降低，这可能与处理过程中添加氢氧化钠增加了过氧化氢体系中盐含量有关，导致 TDF 含量相对降低。

SDF 在预防糖尿病、心血管疾病，降低胆固醇和清除外源有害物质等方面具有比 IDF 更强的生理功能，且其具有更强的黏性和形成凝胶的能力，更易应用于加工食品和饮料中，因此，增加 SDF 含量成为膳食纤维改性的主要方向。由表 3-7 可知，经酸性、中性过氧化氢及碱溶液处理后，苹果皮渣 A、B、C 的 SDF 含量并未增加，表明在该条件下过氧化氢对苹果皮渣几乎没有改性作用。经碱性过氧化氢处理后，苹果皮渣 D、E、F 的 SDF 含量显著增加（$P<0.05$），由 3.30% 增加到 19.02%～28.32%，提高 476%～758%。随着碱性过氧化氢浓度升高，苹果皮渣 SDF 含量逐渐增加，IDF 含量逐渐下降，说明越来越多 IDF 向 SDF 转化。

SDF/IDF 分析结果表明，经过酸性、中性过氧化氢及碱溶液处理后，苹果皮渣 SDF/IDF 没有提高，反而有所下降；经过碱性过氧化氢处理后，SDF/IDF 显著提高，由 0.05 提高至 0.33～0.64，这表明改性苹果皮渣膳食纤维可达到优质膳食纤维的标准。

表 3-7　不同改性条件苹果皮渣膳食纤维 TDF、IDF、SDF 含量及 SDF/IDF

样品	改性条件		TDF 含量/%	IDF 含量/%	SDF 含量/%	SDF/IDF
	pH	H_2O_2 浓度/%				
苹果皮渣	—	—	64.08±0.99e	61.70±0.32c	3.30±0.05d	0.05
A	3.8	1	79.25±0.51b	71.83±0.82b	3.46±0.68d	0.05
B	7	1	79.50±0.61b	72.37±0.55b	2.38±0.50e	0.03
C	11.5	0	81.79±0.88a	75.12±0.67a	1.62±0.50e	0.02
D	11.5	0.5	78.23±0.83b	57.35±0.27d	19.02±0.52c	0.33
E	11.5	1	75.92±0.67c	52.58±0.46e	22.32±0.39b	0.42
F	11.5	2	73.14±0.61d	44.39±1.09f	28.32±0.68a	0.64

注：同一列中小写字母不同表示 $P < 0.05$ 水平下差异显著。

3.3.2.3　改性处理对苹果皮渣其他成分的影响

由表 3-8 可知，苹果皮渣经过氧化氢处理后，所得改性苹果皮渣膳食纤维水分含量为 7.02%～8.30%，与处理前相比无明显变化；灰分含量显著升高，为 3.32%～14.06%，且在碱性过氧化氢处理条件下表现得更为明显，这是处理过程中加碱所致；脂肪含量为 2.16%～3.19%，脂肪部分溶于乙醇后被去除，在碱的作用下也会发生水解，因此脂肪含量降低；经过酸性、中性过氧化氢及碱溶液处理后，改性苹果皮渣膳食纤维中蛋白质含量为 8.81%～9.74%，比处理前蛋白质含量还高，这可能是由于乙醇沉淀去除了部分其他物质引起蛋白质含量相对提高；然而，随着碱性过氧化氢浓度升高，改性苹果皮渣膳食纤维中蛋白质含量逐渐降低，为 6.76%～8.60%，这可能是碱性过氧化氢能引起苹果皮渣中蛋白质水解破坏，导致苹果皮渣蛋白质含量逐渐降低（El-Kadiri et al.，2013）。

表 3-8　不同改性苹果皮渣样品的基本成分

样品	改性条件		水分/%	灰分/%	脂肪/%	蛋白质/%
	pH	H_2O_2 浓度/%				
苹果皮渣	—	—	7.37±0.44bc	2.05±0.15e	5.21±0.05a	8.23±0.01e
A	3.8	1	7.02±0.63c	3.32±0.10d	3.19±0.22b	9.74±0.15a
B	7	1	7.90±0.73abc	3.33±0.14d	2.83±0.10b	9.35±0.02b
C	11.5	0	7.95±0.07ab	3.92±0.05c	2.36±0.40c	8.81±0.03c
D	11.5	0.5	7.65±0.19abc	7.34±0.11b	2.16±0.18c	8.60±0.04d
E	11.5	1	7.87±0.30abc	13.94±0.21a	2.27±0.18c	7.93±0.07f
F	11.5	2	8.30±0.34a	14.06±0.64a	2.31±0.24c	6.76±0.04g

注：同一列中小写字母不同表示 $P < 0.05$ 水平下差异显著。

3.3.2.4　改性处理对持水力、持油力、膨胀力的影响

持水力、膨胀力、持油力能反映膳食纤维的生理功能和加工性质。改性苹果皮渣膳食纤维持水力、膨胀力及持油力的检测结果见表 3-9。苹果皮渣经过氧化氢改性处理后，持水力、膨胀力得到改善（$P<0.05$），持水力由 5.67g/g 提高到 6.33～8.16g/g，提高了 11.64%～43.92%，膨胀力由 4.86mL/g 提高到 5.96～10.16mL/g，提高了 22.63%～109.05%。由样品 A、B、E 知，相比酸性、中性过氧化氢处理，碱性过氧化氢处理显著地改善了苹果皮渣膳食纤维的持水力及膨胀力（$P<0.05$）。由样品 C～F 可知，随着过氧化氢浓度升高，苹果皮渣膳食纤维膨胀力逐渐升高，持水力先升高后下降，说明较高浓度碱性过氧化氢不利于膳食纤维持水力的改善，这可能与膳食纤维结构被过度破坏有关。与苹果皮渣相比，碱性过氧化氢改性后，苹果皮渣膳食纤维的持水力、膨胀力得到改善，这与 Sangnark 等（2003）研究结果一致。Gould 等（1984）研究表明，过氧化氢剧烈分解，能破坏纤维素链之间的氢键，使得更多自由羟基暴露出来，更有利于结合水分子，从而改善了膳食纤维的水合性质。然而，本节研究发现，酸性、中性过氧化氢及碱溶液处理也可改善膳食纤维的水合性质，这可能与处理过程中去除包裹在纤维表面的脂类等物质有关。

酸性、中性过氧化氢及碱溶液处理后，样品 A、B、C 的持油力提高了 17.14%～31.43%，而碱性过氧化氢处理后，样品 D、E、F 的持油力下降至 0.78g/g 左右，降低了 25.71%，且过氧化氢浓度对苹果皮渣持油力降低无显著性影响（$P>0.05$）。碱性过氧化氢处理后，苹果皮渣持油力下降，此结果与 Sangnark 等（2003）关于碱性过氧化氢处理能改善稻草膳食纤维持油力的研究结果不同。这可能是碱性过氧化氢处理后极性基团暴露不利于结合油脂所致。

表 3-9　不同改性苹果皮渣膳食纤维的物理性质

样品	改性条件		持水力/(g/g)	膨胀力/(mL/g)	持油力/(g/g)
	pH	H_2O_2 浓度/%			
苹果皮渣	—	—	5.67±0.05f	4.86±0.26d	1.05±0.03b
A	3.8	1	7.28±0.05c	7.04±0.63c	1.33±0.05d
B	7	1	6.90±0.24d	6.08±1.06c	1.23±0.02c
C	11.5	0	7.53±0.011bc	5.96±0.35c	1.38±0.04d
D	11.5	0.5	7.71±0.22b	8.99±0.42b	0.78±0.01a
E	11.5	1	8.16±0.19a	9.60±0.62ab	0.78±0.01a
F	11.5	2	6.33±0.12e	10.16±0.65a	0.77±0.01a

注：同一列中小写字母不同表示 $P<0.05$ 水平下差异显著。

3.3.2.5 改性处理对苹果皮渣膳食纤维色泽的影响

色泽是苹果皮渣膳食纤维感官品质的重要参数。苹果榨汁后果渣易发生褐变，需要对其漂白脱色，过氧化氢是常用苹果皮渣脱色剂。苹果皮渣及改性苹果皮渣膳食纤维色泽的检测结果见表 3-10。L^* 值常作为评价过氧化氢脱色效果的指标，它直接反映膳食纤维的白度。过氧化氢溶液 pH 对苹果皮渣色泽有显著（$P<0.05$）影响。与原苹果皮渣 L_0^* 值相比，经酸性、中性过氧化氢处理后，苹果皮渣 A、B 的 L^* 值显著降低，而经碱性过氧化氢处理后，苹果皮渣 D、E、F 的 L^* 值升高，苹果皮渣的颜色变白。过氧化氢在碱性介质中转变成过氧化氢离子（HO_2^-），HO_2^- 是活性漂白离子，能与共轭羰基反应破坏其发色基团达到消色的目的（EI-Kadiri et al.，2013；许志忠等，2006）。过氧化氢浓度对苹果皮渣色泽也有显著（$P<0.05$）的影响。当使用过氧化氢浓度为 0% 的碱溶液处理时，苹果皮渣 C 的 L^* 值显著降低，色泽变深，表明碱对苹果皮渣色泽有不利影响，且可能产生了新的生色基团，如羰基等。当使用浓度为 0.5%、1%、2% 碱性过氧化氢处理后，苹果皮渣 D、E、F 的 L^* 值、a^* 值逐渐上升，b^* 降低，色度逐渐降低，色差逐渐升高，表明苹果皮渣的白度增加，黄色减弱，饱和度降低，苹果皮渣色泽更白。这与过氧化氢浓度升高产生的 HO_2^- 含量增多有关。

表 3-10 不同改性苹果皮渣膳食纤维的色泽

样品	改性条件		L^*	a^*	b^*	色度	色差
	pH	H_2O_2 浓度/%					
苹果皮渣	—	—	68.08±0.01d	2.90±0.00b	21.14±0.01a	21.34±0.01a	0±00g
A	3.8	1	61.86±0.02e	2.67±0.02c	16.53±0.02f	16.75±0.01g	7.75±0.00b
B	7	1	61.67±0.02f	2.86±0.06b	17.18±0.03d	17.42±0.02d	7.53±0.04c
C	11.5	0	57.72±0.02g	3.94±0.02a	16.88±0.01e	17.33±0.01e	11.25±0.01a
D	11.5	0.5	68.54±0.01c	−0.14±0.04f	19.38±0.02b	19.38±0.02b	3.54±0.03f
E	11.5	1	71.79±0.01b	0.55±0.01e	18.01±0.01c	18.07±0.01c	5.36±0.01e
F	11.5	2	73.50±0.02a	1.45±0.05d	16.86±0.03e	16.92±0.03f	7.06±0.02d

注：同一列中小写字母不同表示 $P<0.05$ 水平下差异显著。

3.3.2.6 改性苹果皮渣膳食纤维过氧化氢残留量分析

过氧化氢是一种清洁高效的氧化剂，可以分解为氧气和水，无残留（Rabelo et al.，2008）。然而，过氧化氢的安全性曾引起广泛关注，学者未对过氧化氢残留量进行评估，因此有必要对改性苹果皮渣中过氧化氢残留量进行检测。研究结果表明，经不同 pH 和浓度的过氧化氢处理后，改性苹果皮渣膳食纤维中残留的过氧化氢均无法检出，检出限为 0.5mg/kg。

联合国粮农组织/世界卫生组织食品添加剂专家委员会（JECFA）第 63 届会议将过氧化氢认定为一般安全性物质，认为"过氧化物（如过氧化氢、过氧化乙酸、过氧化辛酸）均在体内能够降解，其降解产物在食物可食用期间的残留量不足以引起安全性的关注，因此，未对残留量做具体的限定"。目前，国际癌症研究中心、美国食品药品监督管理局（FDA）癌症评估委员会均不认为过氧化氢具有致癌性，国际化学安全毒性信息专论称，3%浓度的双氧水对癌症发生率没有影响。截至目前我国还没有过氧化氢残留量的安全范围相关标准。

3.4 过氧化氢改性苹果皮渣膳食纤维的结构性质

研究表明膳食纤维的理化性质与结构性质密切相关，不同改性技术会对膳食纤维的结构产生不同影响。付成程等（2013）采用木聚糖酶酶解改性苹果皮渣膳食纤维，改性后 SDF 含量提高，表观黏度降低，超微结构发生明显变化。李凤（2008）使用超高压技术改性大豆膳食纤维后黏度略有下降，膳食纤维的结构变得更加疏松，空隙也增多增大。陈雪峰等（2005）采用挤压技术改性苹果皮渣膳食纤维，改性能增加苹果皮渣中 SDF 含量，改善苹果皮渣膳食纤维的持水力、膨胀力，并能引起纤维素结晶区的破坏。本研究已表明，过氧化氢处理能有效地提高苹果皮渣 SDF 含量并改善苹果皮渣膳食纤维的理化性质，这与过氧化氢处理改变了苹果皮渣膳食纤维的结构性质有关，因此，有必要对改性苹果皮渣膳食纤维结构作进一步研究。通过扫描电镜、热重分析、红外光谱、多角度激光光散射仪与体积排阻凝胶色谱联用等技术，研究过氧化氢改性后膳食纤维的结构性质，并探讨改性条件对膳食纤维宏观结构与微观结构的影响，以期为过氧化氢改性苹果皮渣膳食纤维的过程及反应条件控制提供理论依据。

3.4.1 过氧化氢改性苹果皮渣膳食纤维的结构分析

3.4.1.1 堆积密度检测

采用 Chau 等（2007）的方法，在 10mL 刻度离心管中加入一定量的样品，轻轻地将底部在实验台上敲击数次，直到样品水平线没有下降为止，记录样品质量 m 与体积 V。堆积密度(g/mL)＝m/V。

3.4.1.2 超微结构分析

参照梅新等（2014）的方法，样品经过粘台、喷金等步骤后，于扫描电子显微镜高真空 6kV 工作电压下观察，获取 1000 倍显微照片。

3.4.1.3　热稳定性分析

参照 Rabetafika 等（2014）的方法，使用热重-差热综合分析仪（TG/DTA）对样品的热失重过程进行分析。测试条件：升温速率，15℃/min；测试温度范围，40～550℃；样品质量，1～2mg；氮气氛围，流量 25mL/min；铝坩埚。

3.4.1.4　红外光谱分析

参考李珍（2014）的方法，样品与干燥的溴化钾研磨混匀，用 8t 左右的压力对混合均匀的粉末进行压片，室温下以溴化钾片作参比，并采集样品的近红外光谱，扫描范围 4000～400cm^{-1}，扫描 32 次。

3.4.1.5　SDF 分子量检测

可溶性膳食纤维的提取：称取一定量改性苹果皮渣膳食纤维，按照 1：20g/mL 加入蒸馏水，在 60℃ 水浴振荡提取 2h，过滤，滤液经浓缩后用 4 倍体积 95％乙醇溶液沉淀 2h，过滤，冷冻干燥，即得 SDF 固体。分子量检测：制备 1mg/mL 的 SDF 溶液，过 0.22μm 滤膜，进样多角度激光光散射仪与体积排阻凝胶色谱联用仪。流动相为 0.1mol/L 硝酸钠溶液（含叠氮化钠）。流速：0.5mL/min。激光波长：658nm。

3.4.2　改性处理对苹果皮渣膳食纤维结构特性的影响

3.4.2.1　改性处理对堆积密度的影响

Sangnark 等（2003）的研究表明，膳食纤维的颗粒大小及堆积密度与膳食纤维持水力、持油力有重要关系，粒度较小的膳食纤维具备更好的持水力和持油力。Chau 等（2007）的研究表明，膳食纤维粒度减小能促使 IDF 向 SDF 转化，堆积密度减小有助于膳食纤维理化性质的改善。由表 3-11 可知，经酸性、中性过氧化氢及碱溶液处理后，改性苹果皮渣膳食纤维 A、B、C 的堆积密度与对照相比无显著性差异（$P > 0.05$），约为 0.57g/mL。而经碱性过氧化氢改性处理后，改性苹果皮渣膳食纤维 D、E、F 堆积密度显著上升，升高约 39.29％，且随着过氧化氢浓度的增加而升高。苹果皮渣膳食纤维粉末堆积密度升高，表明膳食纤维粉末的粒度可能减小。3.3.2.4 的研究表明，苹果皮渣经碱性过氧化氢改性处理后，持油力下降，这可能与碱性过氧化氢处理后膳食纤维的堆积密度增加有关。堆积密度增加，膳食纤维孔隙度和毛细管引力降低，因而对油脂的物理截留作用减弱（Chau et al.，2007）。

表 3-11　不同改性苹果皮渣膳食纤维的堆积密度

样品	改性条件		堆积密度/(g/mL)
	pH	H_2O_2 浓度/%	
苹果皮渣	—	—	0.56±0.01c
A	3.8	1	0.56±0.01c
B	7	1	0.58±0.01c
C	11.5	0	0.58±0.01c
D	11.5	0.5	0.76±0.01b
E	11.5	1	0.78±0.01ab
F	11.5	2	0.81±0.01a

注：同一列中不同小写字母表示 $P < 0.05$ 水平下差异显著。

3.4.2.2　改性处理对超微结构的影响

膳食纤维的超微结构能较好地反映膳食纤维的吸附性质。胡叶碧（2008）采用木聚糖酶改性玉米皮膳食纤维，通过 X 射线衍射和扫描电镜观察到木聚糖改性玉米皮膳食纤维的无定形区发生了一定程度的降解，改性后的玉米皮膳食纤维具有更多较大的空腔和空隙，在理化性质上表现为能吸附更多胆酸盐、油和水。

本研究使用场发射环境扫描电子显微镜获得了苹果皮渣及改性苹果皮渣膳食纤维（A~F）1000 倍扫描电镜图，以分析过氧化氢改性对苹果皮渣膳食纤维超微结构的影响，结果见图 3-1。由扫描电镜图可以看出，未改性的苹果皮渣 CK 显示出瓣膜状空间网络结构且颗粒较大。经过酸性、中性过氧化氢及碱溶液处理后，改性苹果皮渣膳食纤维 A、B、C 表面与未经处理的苹果皮渣 CK 表面相比没有显著变化，颗粒表面多褶皱，具有空腔结构，隐约可见纤维状及片层结构。经碱性过氧化氢处理后，苹果皮渣的结构发生显著变化。改性苹果皮渣膳食纤维 D、E、F 原瓣膜状褶皱区消失，颗粒表面多为紧密的平滑结构，表面有裂纹且有鳞状片层剥落。随着过氧化氢浓度的升高，颗粒结构疏松，颗粒更加细碎。

研究结果表明，经过碱性过氧化氢处理后，苹果皮渣的空间网络结构消失，结构变得紧密平滑，这也可能是碱性过氧化氢改性后苹果皮渣膳食纤维持油力下降的原因。随着碱性过氧化氢浓度增加，苹果皮渣的超微结构变得更加细碎，这可能是持水力下降的原因。

3.4.2.3　改性处理对热稳定性的影响

热重分析能反映膳食纤维结构与性能之间的关系。本研究使用微商热重法

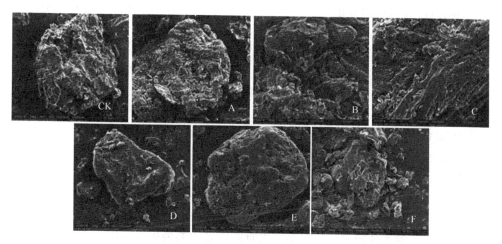

图 3-1　不同改性苹果皮渣样品扫描电镜图（×1000）

A（pH 3.8，1%）；B（pH 7，1%）；C（pH 11.5，0%）；D（pH 11.5，0.5%）；

E（pH 11.5，1%）；F（pH 11.5，2%）；CK，未改性

（DTG）分析了温度在 40～550℃范围内，苹果皮渣及改性苹果皮渣膳食纤维的热稳定性和热分解过程，并探讨过氧化氢改性对苹果皮渣膳食纤维热稳定性的影响，结果见图 3-2。

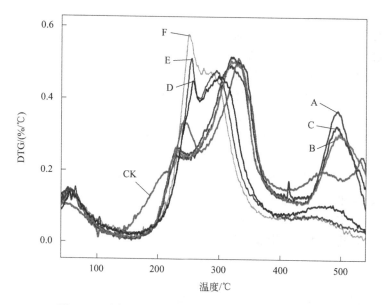

图 3-2　不同改性苹果皮渣膳食纤维的微商热重曲线

CK—苹果皮渣；A～F—改性苹果皮渣　A，pH 3.8、1%；B，pH 7、1%；C，pH 11.5、0%；

D，pH 11.5、0.5%；E，pH 11.5、1%；F，pH 11.5、2%

由 DTG 曲线可以看出，苹果皮渣及改性苹果皮渣膳食纤维热失重主要分三个阶段：苹果皮渣第一失重阶段为 40～130℃，失重率为 6.62%，第二失重阶段为 130～410℃，失重率为 65.77%，第三失重阶段为 410～550℃，失重率为 23.74%；改性苹果皮渣膳食纤维 A、B、C 的 DTG 曲线重合度高，第一失重阶段在 40～155℃，失重率约为 8.11%，第二失重阶段在 155～410℃，失重率约为 59.54%，第三失重阶段在 420～550℃，失重率约为 26.18%；改性苹果皮渣膳食纤维 D、E、F 的 DTG 曲线重合度也较高，第一失重阶段为 40～158℃，失重率约为 9.41%，第二失重阶段为 158～400℃，失重率约为 52.55%，第三失重阶段 400～550℃，失重率约为 8.78%。

其中，第一失重阶段主要是失去游离水和结晶水引起的，样品之间无较大差异，经碱性过氧化氢改性的苹果皮渣膳食纤维失重率稍高，可能是其自由羟基含量较高、结合的水分较多所致。第二失重阶段是主要的失重阶段，样品的失重率均较高，是样品产生区别的主要阶段。这一阶段发生了碳链、氢键和糖苷键的断裂和强烈的热裂解反应（Rabetafika et al.，2014；王新等，2009；张黎明等，2009）。由图 3-2 可以看出，改性苹果皮渣膳食纤维 A、B、C 在第二失重阶段形成两个快速失重峰，峰顶分别位于 231℃、321℃处，且曲线重合度高，表明经酸性、中性过氧化氢及碱溶液改性后的苹果皮渣膳食纤维组成和结构较相似。改性苹果皮渣膳食纤维 D、E、F 在第二失重阶段也形成两个快速失重峰，第一个峰顶分别位于 257℃、253℃、249℃处，第二个峰峰顶分别位于 301℃、294℃、285℃，与改性苹果皮渣膳食纤维 A、B、C 相比，最大速率失重峰的位置前移，说明经碱性过氧化氢处理后，膳食纤维的组成结构及分子量发生了变化，键断裂时所需能量更少。用高浓度过氧化氢处理后，峰位置前移，表明其分子量可能降低。在第三失重阶段中，苹果皮渣及改性苹果皮渣膳食纤维 A、B、C 有较高的失重率，改性苹果皮渣膳食纤维 A、B、C 在 490℃左右处有快速失重峰，可能是大分子物质二次降解为气体产物所致（王树荣等，2006）。改性苹果皮渣膳食纤维 D、E、F 失重率较低，失重峰也不明显。

综上所述，经酸性、中性过氧化氢及碱溶液改性后的苹果皮渣膳食纤维的热稳定性与原苹果皮渣相比无较大变化，经碱性过氧化氢改性处理后，苹果皮渣膳食纤维的热稳定性下降，开始分解的温度为 155℃，在 249～257℃分解速率达到最大。因此，建议膳食纤维加工过程中温度应尽量不超过 250℃，以减少膳食纤维的热分解。

3.4.2.4　改性对苹果皮渣膳食纤维红外光谱的影响

红外光谱是分子振动能级的吸收光谱，能够反映样品的化学成分及基团性质，确定样品的主体成分与官能团信息（刘海静，2013）。本研究采用红外光谱分析了苹果皮渣及改性苹果皮渣膳食纤维的官能团信息，并探讨过氧化氢改性对苹果皮渣膳食纤维化学结构的影响。

由图 3-3 红外图谱可知，苹果皮渣及改性苹果皮渣膳食纤维在 3600～3000cm^{-1} 均出现一个宽峰，此峰为分子羟基 O—H 的伸缩振动峰，由于形成分子间氢键而使吸收峰变宽；在 2918cm^{-1}、2852cm^{-1} 处出现的两个峰为亚甲基 C—H 的两个伸缩振动峰，主要归样品中碳水化合物和脂肪所属。图谱中具有典型的糖类特征吸收峰，在 1200～1000cm^{-1} 间出现全图谱最强吸收峰，为 C—O 键的伸缩振动，主要是由 C—O—H 和 C—O—C 糖环振动引起，此吸收峰表明糖类物质是样品的主要成分；在 1110～1010cm^{-1} 范围内有三个吸收峰，表明样品主要是由吡喃型糖构成，893cm^{-1} 处的吸收峰表明苹果皮渣和改性苹果皮渣膳食纤维主要是由 β-糖苷键构成。

由图 3-3 可知，过氧化氢改性苹果皮渣膳食纤维在 3730cm^{-1} 左右处均出现了较弱的吸收峰，该峰为自由羟基 O—H 的吸收峰，表明经过氧化改性处理后，苹果皮渣的游离羟基暴露，更易与水分子结合，此结果可以解释 3.3.2.4 中持水力升高的原因。酸性、中性过氧化氢及碱溶液改性后的苹果皮渣膳食纤维 A、B、C 的红外光谱与 CK 的红外光谱很相似，这进一步说明两者碳链的基本结构的一致，只是分子量、单糖组成及被取代的情况可能有所不同。未改性的苹果皮渣在 1740cm^{-1}、1320cm^{-1} 和 1246cm^{-1} 处有酯键的特征吸收峰，分别是 C═O 和—C—O—的伸缩振动，其中 1740cm^{-1} 是半纤维素的特征吸收峰，这可能是半纤维素与木质素羟基乙酰化的结果（陈晓浪等，2010）。然而，碱性过氧化氢改性处理后，苹果皮渣膳食纤维 D、E、F 在 1740cm^{-1}、1320cm^{-1} 处的酯键吸收峰几乎消失，表明碱性过氧化氢能使连接半纤维素和木质素的酯键断裂。此前也有研究表明，碱性过氧化氢是脱除木质素、溶解半纤维素很强的试剂，可显著地使连接在木质素和半纤维素之间的酯键断裂。

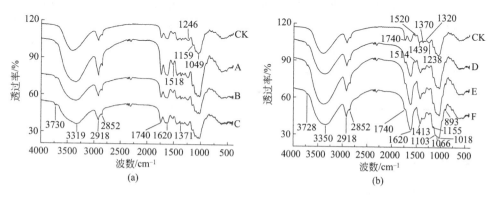

图 3-3　不同改性苹果皮渣样品的红外光谱图

CK—苹果皮渣；A～F—改性苹果皮渣　A，pH 3.8、1％；B，pH 7、1％；C，pH 11.5、0％；
D，pH 11.5、0.5％；E，pH 11.5、1％；F，pH 11.5、2％

3.4.2.5 改性对苹果皮渣 SDF 分子量的影响

SDF 分子量大小与 SDF 的黏性、胶凝性质密切相关。分子量较大的 SDF 具有较好的黏性及胶凝性质（Dikeman et al.，2006），且可以通过增加肠内容物的黏度，延长胃排空时间，影响胆固醇、葡萄糖等向肠黏膜的扩散速度，从而预防糖尿病、高脂血症等症状。然而分子量较低的苹果 SDF 也被证明具有预防结肠炎癌变的作用。本研究通过用凝胶渗透色谱（GPC）分析了过氧化氢改性对苹果皮渣 SDF 分子量的影响，结果见表 3-12。

由表 3-12 可知，未改性苹果皮渣 SDF 出现了三个峰，说明主要有三个分子量组分，其重均分子量（M_w）分别为 958300、82370、34480，其中，M_w 为 958300 的组分含量较高，相对含量为 41.30%，说明未改性的苹果皮渣 SDF 有较高的分子量。

经酸性、中性过氧化氢及碱溶液改性后的苹果皮渣膳食纤维 A、B、C 的 SDF 主要含有两个分子量组分，且出峰位置接近，第一个峰的 M_w 主要集中在 123400～160800，相对含量为 50% 左右，第二个峰的 M_w 主要集中在 37740～41250，相对含量也为 50% 左右。改性苹果皮渣膳食纤维 A、B、C 的 SDF 分子量低于未改性苹果皮渣的 SDF 分子量，这说明酸性、中性过氧化氢及碱溶液会促使 SDF 降解。

经碱性过氧化氢改性后，苹果皮渣膳食纤维 D、E 的 SDF 出现了分子量较大的峰，分别为 604400 和 253200，这说明碱性过氧化氢处理有可能增加了大分子物质的溶解度或将苹果皮渣 IDF 降解为分子量较大的 SDF。然而，苹果皮渣膳食纤维 D、E 的第一个峰相对含量只有 1.52% 和 2.85%，不是主要的分子量组分。在苹果皮渣 D、E、F 中，有 97% 以上的分子量组分集中在 66320～79270，且 M_w 随着过氧化氢浓度升高而降低，这说明碱性过氧化氢处理使苹果皮渣 SDF 发生了显著降解，且随着过氧化氢处理浓度的升高降解程度增加。由表 3-12 可知，碱性过氧化氢改性的苹果皮渣 D、E、F 的出峰时间较宽，这说明改性苹果皮渣膳食纤维 SDF 的分子量分布较宽。

表 3-12 不同改性苹果皮渣 SDF 分子量

样品	峰号	出峰时间/min	分子量（M_w）	峰面积比例/%
苹果皮渣	1	8.49～13.76	958300	41.30
	2	13.36～16.68	82370	30.97
	3	16.68～20.30	34480	27.73
A	1	9.58～14.35	123400	46.80
	2	14.35～18.88	37840	53.20
B	1	9.11～14.25	157600	54.26
	2	14.25～18.61	37740	45.74

样品	峰号	出峰时间/min	分子量(M_w)	峰面积比例/%
C	1	9.25～14.23	160800	53.02
	2	14.23～18.40	41250	46.98
D	1	9.31～11.88	604400	1.52
	2	11.88～18.08	79270	98.48
E	1	9.21～11.45	253200	2.85
	2	11.25～18.45	66590	97.15
F	1	9.23～17.98	66320	100.00

3.5　过氧化氢改性苹果皮渣膳食纤维的工艺优化

过氧化氢在脱除木质素、提取半纤维素、预处理木质纤维素发酵生产乙醇等方面中具有良好的作用。有学者采用碱性过氧化氢溶液从玉米纤维中提取半纤维素（阿拉伯木聚糖），发现过氧化氢有助于半纤维素的溶出，如没有过氧化氢，在相同的提取时间、温度和 pH 条件下，半纤维素提取率不到其 1/3。有学者采用碱性过氧化氢脱去小麦麸中的木质素，提取非淀粉多糖，结果表明，在提取时间 4h、温度 60℃、pH11.5、过氧化氢浓度 2.0%、小麦麸 2%的条件下，提取的非淀粉多糖含 77%阿拉伯糖、65%木糖、86%非纤维素葡萄糖。有学者采用碱性过氧化氢预处理蔗渣提高酶解效率，以用作生物乙醇的发酵原料。有学者研究了碱性过氧化氢提取玉米皮戊聚糖的条件，并对戊聚糖的氧化交联性质进行了研究，结果表明氧化交联性与氧化剂的用量有关，用量过多或过少均会影响戊聚糖氧化交联程度。

过氧化氢改性作用与过氧化氢分解过程中形成的自由基密切相关。过氧化氢分解为高活性氧自由基，包括超氧自由基（$O_2^- \cdot$）和羟基自由基（$\cdot OH$），这两种自由基攻击木质素、半纤维素及纤维素分子侧链，促进其降解为低分子量的化合物（Selig et al.，2009）。影响过氧化氢分解的因素主要有 pH、浓度、温度、时间、金属离子等。过氧化氢在碱性条件下不稳定，容易形成过氧化氢离子（HO_2^-），碱性条件能使平衡向 HO_2^- 离子的方向移动，引发过氧化氢分解（许志忠等，2006），反应如下：$H_2O_2 \longrightarrow H^+ + HO_2^-$；$H_2O_2 + HO_2^- \longrightarrow HO_2 \cdot + HO \cdot + HO^-$；$H_2O_2 \longrightarrow 2HO \cdot$。Gould 等（1984）发现碱性过氧化氢的 pH 为 11.5 时，是最适合过氧化氢分解的 pH。研究表明，苹果皮渣 SDF 含量随着过氧化氢浓度升高而增加，但过高浓度的碱性过氧化氢导致苹果皮渣膳食纤维的得率下降，且过高的 pH 导致苹果皮渣膳食纤维中盐含量增加，对膳食纤维的纯度造成影响，因此，需对苹果皮渣膳食纤维的改性条件进一步优化。

通过研究 pH、H_2O_2 浓度、处理时间、处理温度对苹果皮渣膳食纤维得率及 SDF 含量的影响，利用响应面法优化过氧化氢改性苹果皮渣膳食纤维的工艺条件，以期获得得率和 SDF 含量均较高的改性苹果皮渣膳食纤维。

3.5.1　改性苹果皮渣膳食纤维的制备

配制一定浓度过氧化氢溶液，用氢氧化钠溶液调节过氧化氢溶液 pH。称取一定量苹果皮渣于烧杯中，按照 1∶20g/mL 固液比加入已配制好的过氧化氢溶液，于一定温度水浴加热处理一段时间。冷却至室温后，用 HCl、NaOH 溶液调节样品溶液的 pH 至中性。加入 4 倍体积 95% 乙醇沉淀 2h 后，过滤，沉淀物于 60℃ 烘箱内干燥 12h。旋风磨粉碎，过 60 目筛，即得改性苹果皮渣膳食纤维。

3.5.2　改性苹果皮渣膳食纤维 SDF 含量测定

采用 AOAC 993.21 非酶重量法并改进。称取三份样品各 0.5g（三份质量差 <0.005g，精确至 1mg）于 50mL 离心管中，加入 20mL 蒸馏水，于 60℃ 水浴振荡加热 2h。冷却后，8000r/min 离心 15min。将上清液倒入 100mL 三角瓶中，加入 4 倍体积 95% 乙醇沉淀 2h。将沉淀全部转移至盛有酸洗硅藻土并已干燥至恒重的坩埚内，抽滤。再分别用 15mL 78% 乙醇、95% 乙醇、丙酮各洗涤残渣两次。130℃ 烘至恒重。取一份样品测定蛋白质，取一份样品测定灰分。蛋白测定采用 GB 5009.5—2016 方法检测，灰分采用 GB 5009.4—2016 方法检测。

3.5.3　单因素试验

固定过氧化氢溶液浓度为 1.67%，处理温度 60℃，处理时间 1.5h，过氧化氢溶液 pH 分别为 10、10.5、11、11.5、12、12.5，考察过氧化氢溶液 pH 对苹果皮渣膳食纤维得率、SDF 含量的影响。固定过氧化氢溶液 pH 为 11，处理温度 60℃，处理时间 1.5h，过氧化氢溶液质量分数分别为 0.33%、1%、1.67%、2.33%、3%、3.33%，探讨过氧化氢溶液浓度对苹果皮渣膳食纤维得率、SDF 含量的影响。固定过氧化氢溶液 pH 为 11，过氧化氢溶液质量分数 1.5%，处理时间 1.5h，处理温度分别为 30℃、40℃、50℃、60℃、70℃、80℃，探讨处理温度对苹果皮渣膳食纤维得率、SDF 含量的影响。固定过氧化氢溶液 pH 为 11，过氧化氢溶液质量分数 1.5%，处理温度 70℃，处理时间分别为 0.5h、1h、1.5h、2h、3h、4h，探讨处理时间对苹果皮渣膳食纤维得率、SDF 含量的影响。

3.5.4　响应面试验设计

采用响应面法优化制备改性苹果皮渣膳食纤维的工艺条件，在单因素实验的基础上，根据响应面 Box-Behnken 设计原理，选取 pH（X_1）、过氧化氢浓度（X_2）、处理温度（X_3）、处理时间（X_4）4 个对苹果皮渣膳食纤维改性效果影响显著的因子，以改性苹果皮渣膳食纤维得率（Y_1）、SDF 含量（Y_2）为响应值，设计了 4 因素 3 水平的 28 组试验，试验设计见表 3-13，其中包括 24 组因素试验和 4 组中心试验点，试验均为随机顺序以降低不可控因素造成的系统误差。试验结果使用以下二次多项式进行拟合：

$$Y = \beta_0 + \sum_{i=1}^{4} \beta_i X_i + \sum_{i=1}^{4} \beta_{ii} X_i^2 + \sum_{i=1}^{3} \sum_{j=i+1}^{4} \beta_{ij} X_i Y_j \qquad (3\text{-}3)$$

式中，Y 为响应值，β_0、β_i、β_{ii} 和 β_{ij} 分别为变量回归系数常数项、线性项、二次项和交互项。X_i、X_j 为自变量。使用方差分析（ANOVA）验证回归模型的显著性、失拟性和回归系数的显著性，计算 R^2 值、Adjusted R^2 值（Adj R^2）、残差、纯误差及变异系数（CV）。使用 Design-Expert 8.05b 软件进行试验设计及响应面分析。

3.5.5　优化制备改性苹果皮渣膳食纤维工艺参数分析

3.5.5.1　pH 对苹果皮渣膳食纤维得率及 SDF 含量的影响

由图 3-4 可知，当 H_2O_2 浓度为 1.67%，处理温度为 60℃，处理时间为 1.5h 时，随着过氧化氢溶液 pH 的升高，改性苹果皮渣膳食纤维得率呈下降趋势。当 pH 为 10～11.5 时，苹果皮渣膳食纤维得率下降并不显著，当 pH 大于 11.5 时，苹果皮渣膳食纤维得率显著下降。El-Kadiri 等（2013）研究也表明，

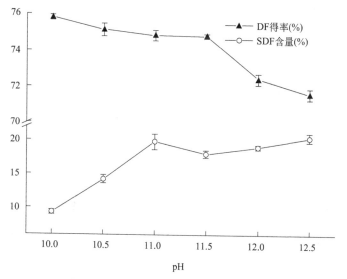

图 3-4　pH 对苹果皮渣膳食纤维得率及 SDF 含量的影响

过氧化氢 pH 对菜籽粕的干物质得率有影响，菜籽粕的干物质得率存在 pH 依赖模式，增加 pH 会促进菜籽粕干物质的溶解。pH 对 SDF 含量有显著影响。

当 pH 为 10～11 时，SDF 含量显著升高，当 pH 大于 11 时，SDF 含量增加较慢，并且逐渐趋于平缓。考虑到 pH 较高，添加的碱也较多，对产物的纯度有影响，因此选择 pH 11 作为最适 pH。

3.5.5.2　H_2O_2 浓度对苹果皮渣膳食纤维得率及 SDF 含量的影响

过氧化氢在分解过程中产生了大量自由基，自由基产量随着 H_2O_2 浓度的增加而增加（Hou，2012）。有学者研究发现，增加 H_2O_2 浓度可提高对稻草半纤维素的提取率。由图 3-5 可知，当 H_2O_2 浓度在 0.33%～3% 时，随着 H_2O_2 浓度的增加，膳食纤维得率变化较为平缓，当 H_2O_2 浓度高于 3% 时，膳食纤维得率显著下降。SDF 含量随着 H_2O_2 浓度的增加而增加，当 H_2O_2 浓度在 0.33%～1.67% 时，苹果皮渣 SDF 含量增加较快，当 H_2O_2 浓度高于 1.67% 时，SDF 含量增加趋于平缓。考虑到 H_2O_2 浓度较高可能存在残留，因此选择 1.67% 作为最佳浓度。

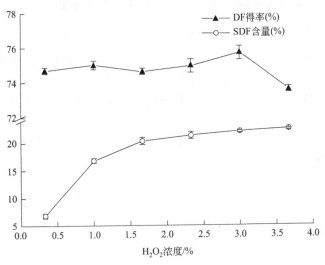

图 3-5　H_2O_2 浓度对苹果皮渣膳食纤维得率及 SDF 含量的影响

3.5.5.3　温度对苹果皮渣膳食纤维得率及 SDF 含量的影响

提高温度可缩短半纤维素的提取时间。有研究指出，使用碱性过氧化氢提取玉米纤维中的半纤维素，水溶性半纤维素 B 在 25℃ 提取 24h 后得率为 35%，当温度提高到 60℃ 时提取 2h 后水溶性半纤维素 B 得率增加到 42%。由图 3-6 可知，随着处理温度的升高，苹果皮渣膳食纤维得率逐渐下降，当处理温度高于

70℃时，苹果皮渣膳食纤维得率下降较快。SDF 含量随着处理温度的升高逐渐增加，当处理温度升高到 70℃时趋于平缓。升高温度可以加快 H_2O_2 的分解速率，增加提取物的溶解度和扩散系数（Al-Farsi et al.，2008），有利于 SDF 的溶出，然而温度过高将导致苹果皮渣膳食纤维被过度分解，不利于膳食纤维得率，因此选择 70℃作为最佳处理温度。

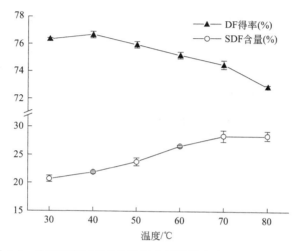

图 3-6　处理温度对苹果皮渣膳食纤维得率及 SDF 含量的影响

3.5.5.4　处理时间对苹果皮渣膳食纤维得率及 SDF 含量的影响

由图 3-7 可知，随着处理时间的延长，苹果皮渣膳食纤维得率逐渐下降。当处理时间小于 1h 时，SDF 含量几乎没有改变，当处理时间为 1～2h 时，SDF 含

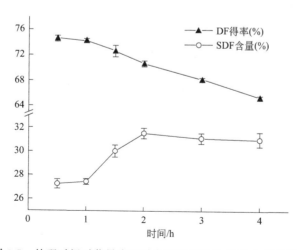

图 3-7　处理时间对苹果皮渣膳食纤维得率及 SDF 含量的影响

量增加较快，当处理时间大于 2h，SDF 含量趋于平缓。随着处理时间的延长，越来越多的苹果皮渣 IDF 可以被自由基攻击降解，转变为较小的分子片段（El-Kadiri et al.，2013）。然而，随着处理时间的延长，部分干物质组分可能被降解为更小的分子片段，无法被乙醇沉淀，导致膳食纤维得率下降。因此，选择 2h 作为最佳处理时间。

3.5.5.5 响应面法优化制备改性苹果皮渣膳食纤维的最佳工艺

采用响应面法优化过氧化氢改性苹果皮渣膳食纤维的工艺条件，以期获得得率和 SDF 含量均较高的改性苹果皮渣膳食纤维。苹果皮渣膳食纤维得率（Y_1）及 SDF 含量（Y_2）的检测结果见表 3-13。

表 3-13 响应面试验设计方法与结果

序号	X_1 pH	X_2 H$_2$O$_2$ 浓度/%	X_3 处理温度/℃	X_4 处理时间/h	Y_1 DF 得率/%	Y_2 SDF 含量/%
1	10.5(−1)	1(−1)	70(0)	2(0)	75.22±0.60	19.01±0.64
2	11.5(1)	1(−1)	70(0)	2(0)	74.35±0.36	27.25±0.37
3	10.5(−1)	2.33(1)	70(0)	2(0)	69.60±0.75	23.82±0.19
4	11.5(1)	2.33(1)	70(0)	2(0)	74.85±0.33	28.30±0.23
5	11(0)	1.67(0)	60(−1)	1(−1)	78.47±0.30	24.41±0.37
6	11(0)	1.67(0)	80(1)	1(−1)	74.68±1.10	27.26±0.95
7	11(0)	1.67(0)	60(−1)	3(1)	74.73±0.92	26.08±0.13
8	11(0)	1.67(0)	80(1)	3(1)	70.24±1.18	27.88±0.03
9	10.5(−1)	1.67(0)	70(0)	1(−1)	76.48±1.08	20.62±0.36
10	11.5(1)	1.67(0)	70(0)	1(−1)	75.67±0.85	29.06±0.45
11	10.5(−1)	1.67(0)	70(0)	3(1)	66.53±0.59	24.14±0.85
12	11.5(1)	1.67(0)	70(0)	3(1)	74.69±0.56	26.09±0.62
13	11(0)	1(−1)	60(−1)	2(0)	77.47±0.61	23.95±0.23
14	11(0)	2.33(1)	60(−1)	2(0)	77.40±0.33	26.07±0.13
15	11(0)	1(−1)	80(1)	2(0)	73.13±0.93	27.49±0.77
16	11(0)	2.33(1)	80(1)	2(0)	71.79±0.22	27.00±0.21
17	10.5(−1)	1.67(0)	60(−1)	2(0)	76.50±0.68	20.45±0.29
18	11.5(1)	1.67(0)	60(−1)	2(0)	76.65±0.90	26.80±0.57
19	10.5(−1)	1.67(0)	80(1)	2(0)	66.36±0.96	21.69±0.15
20	11.5(1)	1.67(0)	80(1)	2(0)	73.57±1.18	29.26±0.38
21	11(0)	1(−1)	70(0)	1(−1)	77.51±1.48	25.13±0.20
22	11(0)	2.33(1)	70(0)	1(−1)	75.35±0.82	26.82±0.77
23	11(0)	1(−1)	70(0)	3(1)	72.44±1.42	25.98±0.57
24	11(0)	2.33(1)	70(0)	3(1)	74.75±1.59	26.31±0.51
25	11(0)	1.67(0)	70(0)	2(0)	73.61±1.72	27.15±0.59
26	11(0)	1.67(0)	70(0)	2(0)	74.68±0.03	26.79±0.17
27	11(0)	1.67(0)	70(0)	2(0)	73.50±2.00	27.80±0.40
28	11(0)	1.67(0)	70(0)	2(0)	72.61±1.12	27.92±0.57

3.5.5.6 模型拟合

由表 3-13 知,在响应面试验设计的条件下,苹果皮渣膳食纤维得率在 66.36%～78.47%之间,SDF 含量在 19.01%～29.06%之间。使用 Design-Expert 8.05b 软件对试验数据进行多元回归分析,得到以下二次多项响应面回归模型:

$$Y_1 = 73.60 + 1.59X_1 - 0.53X_2 - 2.62X_3 - 2.06X_4 + 1.53X_1X_2$$
$$+ 1.77X_1X_3 + 2.24X_1X_4 - 0.32X_2X_3 + 1.12X_2X_4$$
$$- 0.17X_3X_4 - 0.84X_1^2 + 0.83X_2^2 + 0.47X_3^2 + 0.54X_4^2 \tag{3-4}$$

$$Y_2 = 27.41 + 3.09X_1 + 0.79X_2 + 1.07X_3 + 0.27X_4 - 0.94X_1X_2$$
$$+ 0.31X_1X_3 - 1.62X_1X_4 - 0.65X_2X_3 - 0.34X_2X_4$$
$$- 0.26X_3X_4 - 2.10X_1^2 - 0.77X_2^2 - 0.62X_3^2 - 0.44X_4^2 \tag{3-5}$$

式中,Y_1 是苹果皮渣膳食纤维得率,%;Y_2 是 SDF 含量,%;X_1、X_2、X_3、X_4 分别为 pH、H_2O_2 浓度、处理温度、处理时间。

3.5.5.7 苹果皮渣膳食纤维得率的方差分析

方差分析可用于评价二次回归模型的显著性和准确性。表 3-14 为苹果皮渣膳食纤维得率方差分析结果,由表 3-14 知,二次多项式回归模型 (3-4) 极显著 ($P<0.0001$),方程决定系数 R^2 为 0.9423,表明该回归模型能够很好地解释自变量和苹果皮渣膳食纤维得率之间的关系。校正决定系数 Adj R^2 为 0.8802,也表明模型 (3-4) 具有良好的拟合性。模型的失拟性 $P=0.3748>0.05$,说明该模型的失拟性不显著。模型的变异系数 CV 为 1.40%,小于 5%,表明该二次多项式模型具有可重复性。因此,该方程可以较准确地预测过氧化氢改性后苹果皮渣膳食纤维得率。P 值通常用于反映各个回归系数的显著性,P 值越小表明回归系数越显著。方程各项回归系数方差分析表明,因子 X_1、X_3、X_4、X_1X_3、X_1X_4 对苹果皮渣膳食纤维得率有极显著的影响 ($P<0.01$),其中,处理温度对苹果皮渣膳食纤维得率的影响最大,其次是处理时间和 pH,H_2O_2 浓度对苹果皮渣膳食纤维得率无显著性影响。交互项 X_1X_2 的影响显著 ($P<0.05$),二次项和其他项的影响均不显著 ($P>0.05$)。

表 3-14 过氧化氢法改性苹果皮渣膳食纤维得率的方差分析

方差来源	平方和	自由度	均方	F 值	P 值	显著性
回归模型	228.84	14	16.35	15.18	<0.0001	＊＊
X_1	30.35	1	30.35	28.18	0.0001	＊＊
X_2	3.38	1	3.38	3.14	0.0999	NS
X_3	82.33	1	82.33	76.44	<0.0001	＊＊

续表

方差来源	平方和	自由度	均方	F 值	P 值	显著性
X_4	51.09	1	51.09	47.43	<0.0001	* *
$X_1 X_2$	9.35	1	9.35	8.68	0.0114	*
$X_1 X_3$	12.48	1	12.48	11.58	0.0047	* *
$X_1 X_4$	20.12	1	20.12	18.68	0.0008	* *
$X_2 X_3$	0.41	1	0.41	0.38	0.5502	NS
$X_2 X_4$	4.99	1	4.99	4.64	0.0506	NS
$X_3 X_4$	0.12	1	0.12	0.11	0.7428	NS
X_1^2	4.28	1	4.28	3.97	0.0676	NS
X_2^2	4.15	1	4.15	3.85	0.0715	NS
X_3^2	1.33	1	1.33	1.24	0.2862	NS
X_4^2	1.77	1	1.77	1.64	0.2229	NS
残差	14.00	13	1.08			
失拟性	11.84	10	1.18	1.65	0.3748	NS
纯误差	2.16	3	0.72			
总差	242.84	27				
R^2	0.9423					
Adj R^2	0.8802					
CV/%	1.40					

注：NS，无显著性作用；* 显著，$P<0.05$；* * 极显著，$P<0.01$。

3.5.5.8 苹果皮渣可溶性膳食纤维含量的方差分析

苹果皮渣 SDF 含量方差分析结果见表 3-15。由表 3-15 知，二次多项式回归模型（3-5）极显著（$P<0.0001$），失拟性不显著（$P=0.3331>0.05$），回归模型的决定系数 R^2 为 0.9669，表明 96.69% 的过氧化氢处理对苹果皮渣 SDF 含量影响的行为可以被该模型解释。Adj R^2 为 0.9313，CV 为 2.68%，说明回归模型对试验拟合较好，可以准确地预测过氧化氢改性苹果皮渣中 SDF 含量。方程各项回归系数方差分析表明，pH 是最显著的影响 SDF 含量的因子，其次是处理温度和 H_2O_2 浓度，处理时间的影响不显著。此外，交互项 $X_1 X_4$ 和二次项 X_1^2 对苹果皮渣 SDF 含量有极显著的影响（$P<0.01$），$X_1 X_2$、X_2^2、X_3^2 有显著性影响（$P<0.05$），其余因子的影响均不显著（$P>0.05$）。

表 3-15　过氧化氢法改性苹果皮渣可溶性膳食纤维含量的方差分析

方差来源	平方和	自由度	均方	F 值	P 值	显著性
回归模型	180.27	14	12.88	27.15	<0.0001	* *
X_1	114.31	1	114.31	241.03	<0.0001	* *
X_2	7.54	1	7.54	15.90	0.0015	* *

方差来源	平方和	自由度	均方	F 值	P 值	显著性
X_3	13.68	1	13.68	28.85	0.0001	＊＊
X_4	0.84	1	0.84	1.78	0.2053	NS
$X_1 X_2$	3.53	1	3.53	7.43	0.0173	＊
$X_1 X_3$	0.37	1	0.37	0.79	0.3914	NS
$X_1 X_4$	10.56	1	10.56	22.26	0.0004	＊＊
$X_2 X_3$	1.71	1	1.71	3.61	0.0797	NS
$X_2 X_4$	0.47	1	0.47	0.99	0.3381	NS
$X_3 X_4$	0.28	1	0.28	0.58	0.4597	NS
X_1^2	26.44	1	26.44	55.76	＜0.0001	＊＊
X_2^2	3.56	1	3.56	7.50	0.0169	＊
X_3^2	2.27	1	2.27	4.79	0.0475	＊
X_4^2	1.14	1	1.14	2.41	0.1449	NS
残差	6.17	13	0.47			
失拟性	5.31	10	0.53	1.86	0.3331	NS
纯误差	0.86	3	0.29			
总差	186.44	27				
R^2	0.9669					
Adj R^2	0.9313					
CV/%	2.68					

注：NS，无显著性作用；＊显著，$P＜0.05$；＊＊极显著，$P＜0.01$。

3.5.5.9　交互作用对苹果皮渣膳食纤维得率（Y_1）的影响

表 3-15 的方差分析结果表明，pH 和 H_2O_2 浓度、pH 和处理温度、pH 和处理时间的交互作用对苹果皮渣膳食纤维得率的影响均显著（$P＜0.05$），其响应面分别见图 3-8(a)、(b)、(c)。由图 3-8(a)、(b)、(c) 可知，当 pH 为 10.5 时，H_2O_2 浓度、处理温度、处理时间对膳食纤维得率的影响较大，膳食纤维得率随着 H_2O_2 浓度、处理温度、处理时间的升高而显著降低，分别由 75.22%、76.50%、76.48% 降低到 69.60%、66.36%、66.53%，这可能是随着反应条件的加剧，苹果皮渣部分干物质被分解，导致膳食纤维得率下降。当 pH 为 11.5 时，即反应条件更加剧烈时，H_2O_2 浓度、处理温度、处理时间在试验条件范围内对苹果皮渣膳食纤维得率的影响不显著，苹果皮渣膳食纤维得率随着 H_2O_2 浓度、处理温度、处理时间升高而略降低。当 H_2O_2 浓度、处理温度、处理时间均处于较高水平时，pH 从 10.5 升高到 11.5 时，苹果皮渣膳食纤维得率反而逐渐升高，这可能是 pH 升高会引起过氧化氢体系中盐含量增加，从而抵消一部分干物质的损失。

图 3-8(d)、(e)、(f) 分别为当 pH 为 11 时，H_2O_2 浓度和处理温度、H_2O_2 浓度和处理时间、处理温度和处理时间的交互作用对苹果皮渣膳食纤维得率影响的响应面图。苹果皮渣膳食纤维得率的最大值均出现在 (−1,−1)，即反应条件最弱处。当温度、时间、H_2O_2 浓度条件逐渐升高时，苹果皮渣膳食纤维得率逐渐降低。这三个变量的交互作用均不显著，处理温度和时间比 H_2O_2 浓度对膳食纤维得率的影响显著，这可能是因为过氧化氢浓度从 1% 到 2.33% 对过氧化氢体系影响不够大，并且添加的盐会抵消一部分干物质的损失。

3.5.5.10　交互作用对 SDF 含量（Y_2）的影响

当处理温度为 70℃，处理时间为 2h 时，pH 和 H_2O_2 浓度对苹果皮渣 SDF 含量的影响见图 3-9(a)。随着 pH 和 H_2O_2 浓度升高，SDF 含量逐渐增加。当 pH 为 10.5 时，H_2O_2 浓度从 1.0% 增加到 2.33% 时，SDF 含量从 19.01% 增加到 23.82%。然而，当 pH 和 H_2O_2 浓度继续增加到某一水平时，SDF 含量下降。这是反应条件更加剧烈导致膳食纤维被过度分解为小分子片段，无法被乙醇沉淀。图 3-9(b) 为 pH 和处理温度对苹果皮渣 SDF 含量影响，可以看出 SDF 含量随着处理温度的升高而增加，然而处理温度没有 pH 对 SDF 含量的影响显著。图 3-9(c) 为 pH 和处理时间对苹果皮渣 SDF 含量的影响，这两个变量的交互作用与图 3-9(a) 相似，当 pH 在较低水平，延长处理时间能促进 SDF 含量提高，而当 pH 升高到 11.5 时，延长加热时间会导致 SDF 分解。图 3-9(d)、(e)、(f) 分别为处理温度与 H_2O_2 浓度、处理时间与 H_2O_2 浓度、处理时间与处理温度在其余两个变量固定在零水平时的交互作用。SDF 含量均先随着 H_2O_2 浓度、处理温度、处理时间的增加而增加，当增加到某一水平时，SDF 含量下降。由此可见，较强的反应条件不利于 SDF 含量的增加。

3.5.5.11　最佳条件的预测及验证试验

为得到过氧化氢改性苹果皮渣膳食纤维的最佳条件，使苹果皮渣膳食纤维得率和 SDF 含量均达到最大，本研究采用了多元变量同时优化的方法。结果表明，过氧化氢改性的最优条件为 pH 11.34、H_2O_2 浓度 1%、处理温度 79.96℃、处理时间 1h。考虑到实际操作，将最优条件调整为 pH 11.30、H_2O_2 浓度 1%、处理温度 80℃、处理时间 1h 进行验证试验，理论预测苹果皮渣膳食纤维得率为 76.48%，SDF 含量为 28.97%。验证试验结果表明，苹果皮渣膳食纤维得率实际为 (76.00±0.33)%，SDF 含量为 (30.20±0.72)%，与预测的结果没有显著性差异（$P>0.05$），证实了拟合的响应面模型具有良好的预测性，可以用来预测苹果皮渣膳食纤维改性过程。

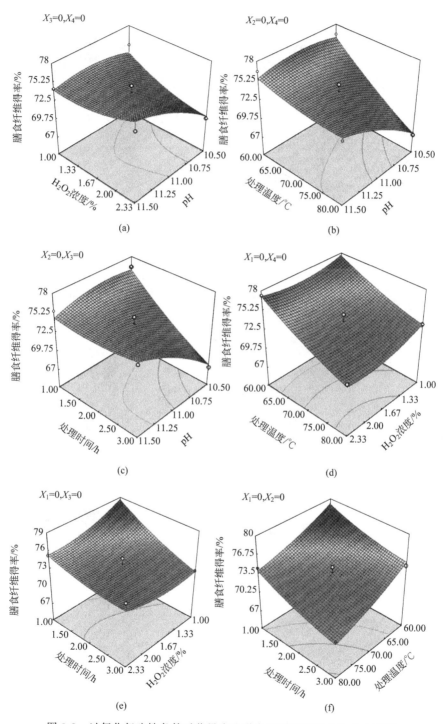

图 3-8　过氧化氢改性条件对苹果皮渣膳食纤维得率影响的响应面图

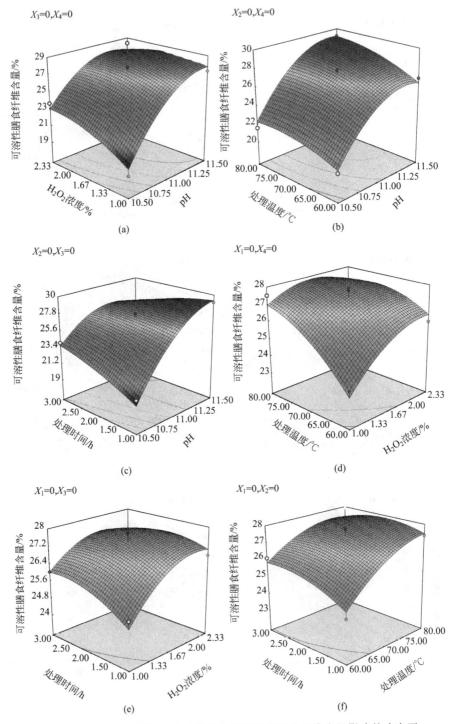

图 3-9　过氧化氢改性条件对苹果皮渣可溶性膳食纤维含量影响的响应面

第 4 章
苹果皮渣中多酚提取与分离纯化研究

4.1 苹果多酚研究概述

苹果多酚是苹果中具有苯环并结合有多个羟基化学结构物质的总称（李珍等，2013），主要包括黄烷-3-醇类、黄酮醇类、羟基苯甲酸类、二氢查耳酮、花色苷等，具有清除自由基、抗癌、抗氧化、抗动脉硬化、预防高血压、抗衰老等多种生理功能。与其他常见多酚相比，苹果多酚具有更强的功能特性，甚至比茶多酚的活性高 10 倍以上。苹果多酚具有突出的抗氧化功能以及良好的应用前景，其开发利用已成为近年来的研究热点。

4.1.1 苹果多酚的组成及理化性质

苹果多酚种类繁多，组成复杂。根据多酚的分子量大小主要可以分为多酚单体、糖苷类多酚和聚合体三类。其中单体主要有绿原酸、没食子酸、香豆酸、儿茶素、槲皮素、二氢查耳酮以及表儿茶素等，约占 40%；糖苷类多酚约占 10%，包括根皮苷、橙皮苷等；聚合体以原儿茶素为单体，根据聚合度的不同分为二聚体（原花色素 B1、B2）、三聚体以及 4～15 个单体聚合而成的缩和型单宁。按照酚类的酸碱性又可划分为中性酚和酸性酚，中性酚主要有根皮素、根皮苷、原花青素、儿茶素、表儿茶素等，约占总酚的 1/3，酸性酚主要有绿原酸、咖啡酸、阿魏酸、香豆酸等。苹果中分布最广、含量较多的多酚类化合物结构如图 4-1 所示。

苹果中多酚的组成及含量不仅因苹果品种、成熟度、组织部位的不同而存在很大差异，同时还受到地域、气候、栽培条件和贮藏时间等外界条件的影响。普通苹果中总酚的含量在 0.5～2mg/g（以样品鲜重计），Ćetković 等（2008）对

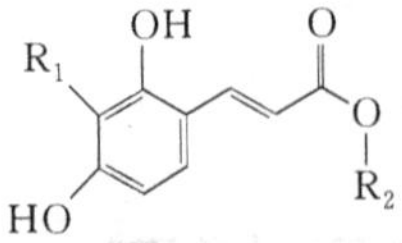

羟基肉桂酸类

R₁	R₂	名称
OH	奎尼酸	绿原酸
OH	H	咖啡酸
OCH₃	H	阿魏酸
H	H	对-香豆酸

黄酮醇类

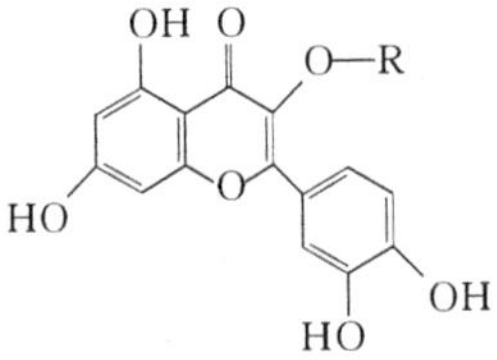

R	名称
H	槲皮素
鼠李糖基	槲皮苷
葡萄糖基	异槲皮苷
半乳糖基	金丝桃苷
鼠李糖-葡萄糖	芦丁
阿拉伯呋喃糖基	扁蓄苷

二氢查耳酮类

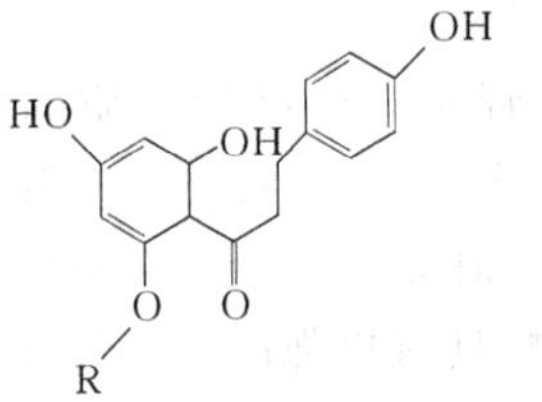

R	名称
H	根皮素
葡萄糖基	根皮苷
Xyl-Glc	根皮素-2′木糖葡萄糖苷

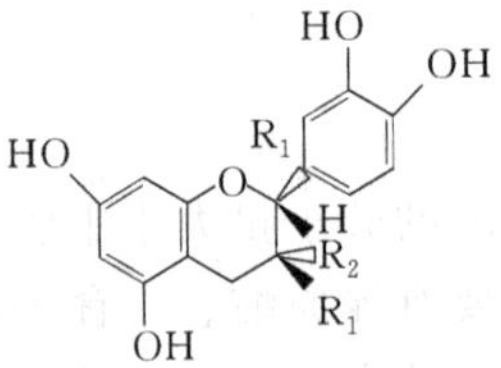

R₁	R₂	名称
H	OH	(−)−表儿茶素
OH	H	(+)−儿茶素

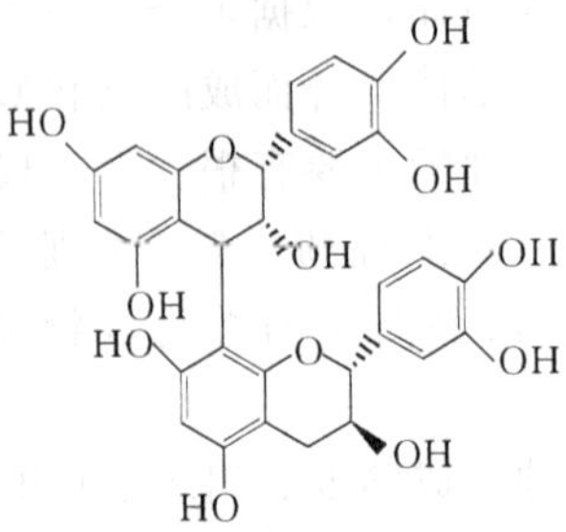

原花青素 B1 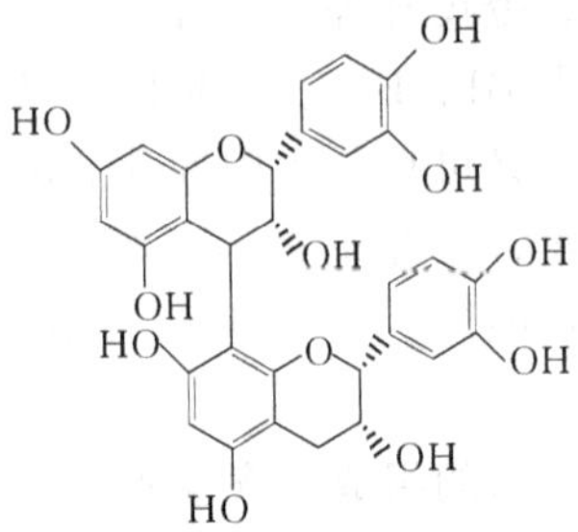   原花青素 B2

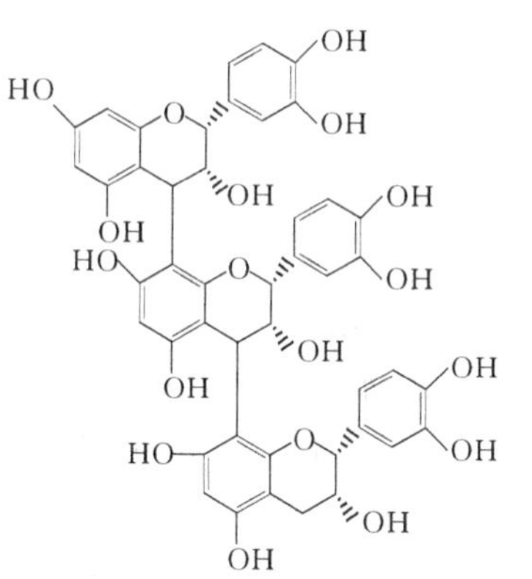

原花青素 C1 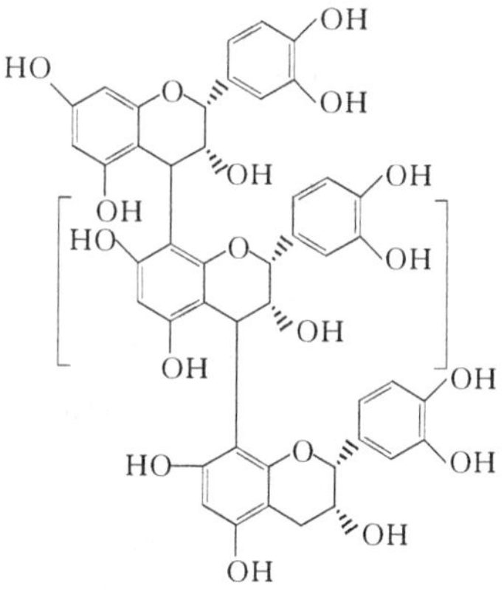 聚黄烷-3-醇

黄烷-3-醇类

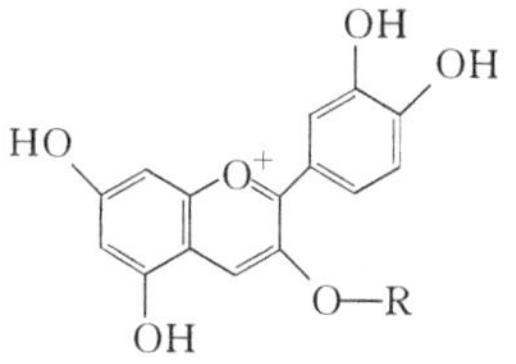

花色苷类

R	名称
H	花青素
半乳糖	花青素-3-O-半乳糖苷

图 4-1　苹果中常见酚类化合物种类与结构

Pinova、Reinders、Jonagold、Iduna、Braeburn 五个品种成熟苹果和工厂榨汁后果渣中的多酚组成的研究表明，苹果多酚的含量介于 4.22～8.67mg/g 之间，主要有咖啡酸、绿原酸、儿茶素、表儿茶素、槲皮素和根皮苷。Yue 等（2012）研究表明未成熟富士苹果中多酚含量高于成熟苹果，约为 13.26mg/g，种类主要为表儿茶素、原花青素 B2、绿原酸和原花青素 B1。有学者研究了 Oorin、富士和 Redfield 三种不同品种的苹果生长过程中多酚含量的变化，结果表明在成熟过程中果皮和果肉中总多酚、儿茶素和根皮苷的含量呈下降趋势，绿原酸的含量先上升后下降，且任何生长阶段，果皮中多酚含量高于果肉。

苹果多酚呈红棕色粉末状，具有苹果的风味，略带一点苦味，其苦涩程度仅为茶多酚的 1/5～1/3，添加到食品中对风味无明显影响；易溶于水，100％的苹果多酚在室温下溶解度为 30％，是茶多酚溶解性的 10 倍，加工适用性高；其粉末可于室温下保存 1 年，其性质和生物活性几乎不变；此外，苹果多酚具有较好的耐热性和耐酸性，在 pH 值 2～10 的范围内，其 0.1％～1％水溶液在 100℃下加热 30min，保存率达 80％以上。

4.1.2　苹果多酚的生物活性功能

"每天一个苹果，医生远离我。"人们早就意识到苹果具有预防疾病的作用。

随着研究的不断深入，揭示了苹果多酚具有清除自由基、抗氧化、抑制癌细胞生长等多种生物功能特性。

4.1.2.1 抗氧化功能

Lu 等（1998）研究表明，苹果皮渣多酚中的绿原酸、槲皮苷、根皮苷、表儿茶素以及其低聚体等在 β-胡萝卜素/亚油酸系统中表现出较强的抗氧化活性，对 DPPH 自由基和超氧阴离子的清除能力分别是维生素 C 的 2～3 倍和维生素 E 的 10～30 倍。Ćetković 等（2008）利用电子自旋共振法（ESR）证实了不同来源的苹果皮渣多酚对 DPPH 自由基和羟自由基均有良好的清除作用，其清除能力与多酚含量呈正相关。在苹果多酚对人血浆中自身抗氧化和脂类氧化的研究过程中，研究人员发现苹果多酚在体外添加于血液中可以延长尿酸和 α-生育酚的半衰期，延长脂类过氧化滞后时间，但体内实验未发现相应结果。

4.1.2.2 抑制癌细胞增殖

流行病学研究表明，通过膳食苹果可以预防大约 32% 的癌症发病。苹果多酚在一定程度上可以预防和延缓癌症的发生。苹果多酚对 HaCaT 癌细胞具有显著的抗增殖作用，通过触发上皮细胞的死亡受体通路和诱导细胞核固缩使细胞凋亡。苹果多酚可以抑制结肠癌和胰腺癌的发生，且总酚的含量与抑制细胞增殖的作用呈正相关。苹果果皮中多酚类物质的抗癌细胞增殖活性和抗氧化活性研究表明苹果多酚对肝癌和乳腺癌细胞具有显著的抗增殖活性，相对于抗坏血酸具有更高的抗氧化活性。

4.1.2.3 预防高血压和心脑血管疾病

流行病学研究发现，受试者在服用苹果多酚胶囊 12 周后，总胆固醇和低密度脂蛋白的含量显著下降，且没有副作用。苹果多酚可以降低金黄地鼠的胆固醇水平，并且能够从基因水平影响胆固醇调控酶。不同品种和成熟度的苹果多酚作用于血管紧张素转换酶（ACE），发现在浓度 $1～250\mu g/mL$ 范围内所有苹果多酚对 ACE 活性的抑制作用均逐渐增强，且未成熟苹果多酚的抑制作用最强。

4.1.2.4 抗衰老作用

根皮苷可显著延长酵母的寿命，在过氧化氢氧化应激条件下，根皮苷处理组酵母体内的活性氧显著降低，*SOD1*、*SOD2* 和 *Sir2* 基因表达上调。苹果提取物不仅提高了标准培养条件下秀丽线虫的寿命，而且可以提高线虫对热处理、胡桃醌氧化、紫外照射等环境应激条件下的抵抗能力，从而实现寿命的延长。在动物实验中，苹果多酚可以延缓小鼠衰老性学习记忆能力的减退并且提高了小鼠肝组织抗氧化酶的活性和总抗氧化能力。

4.1.2.5　其他生物活性

除以上生理功能之外，研究还发现苹果多酚具有抗龋齿、抑制炎症、抑菌、排铅、抗过敏等多种功能。苹果多酚可以抑制龋齿菌转葡萄糖基酶（GTase）的活性，防止牙垢的生成；苹果多酚具有较强的抑菌活性，尤其对革兰氏阳性菌有较好的抑制作用。染铅小鼠模型研究中，小鼠在饲喂苹果多酚后，小鼠血液、股骨和肝脏中的铅含量明显降低。苹果多酚能够进行免疫调节和抑制抗原生成；苹果多酚可抑制促炎基因的表达和炎症相关酶的活性，可以应用于特异性皮炎的预防和治疗。

4.1.3　苹果多酚的提取与纯化

随着苹果多酚高效功能活性的揭示，国内外学者不断地对其提取分离工艺进行实践摸索。目前主要的提取方法为浸提法，为了提高苹果多酚的提取率，多采用超声波、微波、生物酶解、超高压、超临界萃取等辅助方法。

苹果多酚易溶于水和乙醇、甲醇、丙酮等有机溶剂，故经常选用水或乙醇作为溶剂浸提。有学者利用乙醇回流的方法提取红富士多酚，确定了最佳工艺参数为：乙醇体积分数 30％、料液比 1:6、温度 70 ℃、提取时间 45min。此条件下苹果多酚的含量为 9.032mg/g，且此苹果多酚对 DPPH 自由基的清除率达94.6％，铁离子还原能力值（FRAP 值）为 546.4μmol/L。魏颖等（2012）采用微波辅助法优化了苹果皮渣多酚的提取工艺，并且理论证明了工艺的有效性，最佳条件下多酚的提取率为 2.14mg/g，黄酮提取率 0.83mg/g，原花青素提取率52.79mg/g，相比传统工艺优化目标更全面，工艺生产效率更高。超高压技术的应用也有利于提高多酚提取率，超高压条件下多酚提取率显著高于常压回流方法。纤维素酶处理也可促进多酚的提取，多酚提取率最大值为 3.43mg/g，比传统水提取方法高 27％。有学者在室温下用水提取苹果皮渣多酚，然后经甲醇和丙酮分级提取，从而大量降低生产成本，研究发现溶剂水中含有大量的绿原酸、表儿茶素和原花青素。

苹果多酚在经初步提取后需要进一步分离纯化才能得到较高纯度的产品，目前发展较快、应用较广的分离纯化方法是色谱技术。色谱技术是利用不同物质在固定相和流动相构成体系中具有不同分配系数，当两相作相对运动时，物质随流动相运动并反复多次分配，最终达到物质分离的技术。按照固定相类型和分离原理主要有吸附色谱、离子交换色谱、凝胶色谱和大孔吸附树脂等。有学者利用凝胶色谱 Sephadex LH20 从新西兰嘎啦苹果中分离出根皮素、槲皮素、金丝桃苷以及花青素的多聚体；Sephadex LH20 凝胶色谱柱分离纯化苹果多酚过程中，柱长径比和流速对多酚解吸率、绿原酸得率、表儿茶素得率有较大的影响，最佳柱长径比为 20cm×2.5cm，流速为 1.5mL/min。大孔树脂也常用于苹果多酚的纯化，苹果皮渣中提取出的多酚物质经 NKA-9 大孔树脂动态吸附解吸分离纯化，可得到纯度为 70% 的多酚粉末。经上述纯化步骤后，再利用半制备液相色谱进行二级纯化，可实现苹果中酚类物质包括绿原酸、儿茶素、表儿茶素、芦丁等的分离与制备。

目前国内大部分多酚产品是从未成熟苹果中提取的，所得产品的纯度比较高，在美国、日本和我国均有上市。从苹果皮渣中提取多酚物质的研究仍在继续，但生产条件不足以及成本很高使得苹果多酚产量低、价格高，尚未形成产业规模，市场占有率很低。

4.1.4 苹果多酚的应用前景

苹果多酚优良的生物活性使其在医药、食品、日用化工等领域具有良好的发展前景。多酚产品的开发利用也得到世界各国的广泛关注。目前已有苹果多酚产品问世，尼柯维斯基公司直接以"苹果酚"命名开发了苹果多酚产品，已广泛应用于糖果、胶姆糖、甜点、饮料等；日本协和发酵公司利用苹果多酚研制了促进头发生长的药剂，能够很好地治疗脱发并对新毛发细胞有增殖效果；美国某公司开发了含有苹果多酚提取物的防晒霜并申请了专利。但苹果多酚产品的开发还存在瓶颈，多酚利用率比较低，产品类型少，市场占有率低，还需投入大量的人力物力才有望开发出新型大众化的多酚产品。

4.1.4.1 苹果多酚的医学应用

（1）抑制高血压、高血脂和心血管疾病

研究表明，苹果多酚可以抑制血管紧张素转换酶（ACE）的活性，并且其抑制活性的效果要远远优于茶多酚中的儿茶素和表儿茶素，可以防止血管收缩和血压升高，具有显著的降压降脂效果（王艺璇等，2012）。因此苹果多酚可以作为天然成分加入到治疗高血压、高血脂以及心脑血管疾病的药物中，从而减少合成药物给患者带来的副作用。

（2）作为炎症治疗药物

炎症是机体对于某些物质如细菌、花粉、食物或药物的刺激会产生的防御反应，表现为红、肿、热、痛和功能障碍。一般情况下，炎症是有益的，是人体自动的防御反应，但有时也会导致身体的不适甚至引发人体对自身组织的攻击从而造成伤害。有学者报道苹果多酚可以通过抑制抗原的生成发挥免疫调节作用，而且能够抑制促炎基因的表达和相关酶的活性，有效地治疗特异性皮炎。

（3）开发抗衰老、抗癌保健品

自由基是引发衰老的重要因素之一，其含有未配对电子，具有极高的反应活性，容易引发链式自由基反应，导致 DNA、蛋白质和脂质等生物大分子物质的交联变性，损伤 DNA、生物膜以及重要的组织和功能蛋白，诱发多种疾病以及机体衰老。大量研究表明苹果多酚不仅具有良好的清除体外 DPPH 自由基、ABTS 自由基、羟基自由基以及超氧自由基等的能力，而且还能显著抑制结肠癌、胰腺癌、乳腺癌等癌细胞的增殖，清除线虫体内的活性氧，显著上调 *SOD1*、*SOD2* 和 *Sir2* 等基因的表达从而抵抗衰老（武航，2011；Veeriah et al.，2007；He et al.，2008）。因此可以利用苹果多酚来开发抗衰老抗癌症的医疗保健品。

（4）防龋齿、治脱发

苹果多酚具有抑制龋齿菌转葡萄糖基酶（GTase）的功效，可以有效防止牙垢的生成，其对 GTase 的抑制能力比茶多酚中儿茶素还要高 100 倍，将其作为添加剂应用于牙膏中，不仅具有防龋齿作用还有洁齿美白功效。此外，苹果多酚能促进毛囊细胞的增殖和再生，对治疗脱发有良好的效果，目前日本已开发出相关药剂，并得到了广泛认可（孙建霞等，2004b）。

4.1.4.2　苹果多酚在食品中的应用

（1）应用于口香糖

口腔中含硫氨基酸，因产生甲硫醇而引起口臭，消臭试验证明 $300\mu g/mL$ 的苹果多酚可以使甲硫醇的产生量减少 50％以上，$1200\mu g/mL$ 的苹果多酚甚至可以完全抑制甲硫醇的产生。在人体实验中，咀嚼含 0.25％苹果多酚胶质后，甲硫醇在 30min 后才开始增加，当苹果多酚含量达到 0.5％时，甲硫醇在 60min 后才增加，表明苹果多酚能有效地抑制口臭，可应用于口香糖生产中。

（2）肉制品中应用

肉制品在贮藏流通中往往因氧化分解而导致品质劣变，失去原有的营养价值及风味，此外还会产生危害人体健康的自由基。苹果多酚良好的抗氧化活性以及强有力的清除自由基的作用，能够较好地抑制不饱和脂肪酸的氧化。有研究表明，在不同种肉制品中添加苹果多酚后，均可以很好地抑制硫代巴比妥酸（TBARS）的上升以及胆固醇氧化衍生物含量的增加。同时苹果多酚还可以缓解肌红蛋白氧化为高铁肌红蛋白而导致鲜肉表面褐变的现象，通过抑菌作用来延长肉制品的贮藏期。因此，苹果多酚可以添加到肉制品中来延长货架期，从而降低亚硝酸盐的用量。

（3）水产品中应用

鱼类的腥臭味主要是由三甲胺引起的。有研究表明，三甲胺与苹果多酚混合后，其挥发性三甲胺的含量不断减少，且与苹果多酚的浓度呈剂量依赖模式，当苹果多酚含量为 $200\mu g/mL$ 时，挥发性三甲胺含量会减少 50％。此外，还有研究表明，苹果多酚可以使水产品在 10 天之后仍保持良好的色泽和鲜度。

（4）保健食品

随着健康饮食观念深入人心，食品健康化和功能化已成为世界食品制造行业的大势所趋。苹果多酚优良的生物活性、良好的理化特性以及广阔的来源使其成为最受欢迎的功能因子之一。国内外专家已竞相研制了苹果多酚蛋糕、多酚饮料、多酚曲奇饼干等产品（Sudha et al.，2007）。

4.1.4.3　苹果多酚在日用化工方面的应用

（1）应用于护肤品

皱纹产生的机理最主要是皮肤受到外界环境的刺激后，形成游离自由基，自由基进而破坏细胞组织内的胶原蛋白和活性物质，氧化细胞形成小细纹。苹果多酚具有较强的清除自由基的能力，它可以维护胶原蛋白的合成、抑制弹性蛋白酶的活性、协助机体保护胶原蛋白并改善皮肤弹性，从而减少了皱纹的产生。动物实验表明，苹果多酚可束缚幼兔皮内弹性纤维，抑制猪皮内胰蛋白酶水解弹性蛋白并重建弹性蛋白，具有美白防晒作用。同时还发现，苹果多酚具有较好的紫外线吸收作用，可使皮肤细胞免受紫外损伤；其分子中的亲水性酚基结构可与多糖、蛋白质、多肽等大分子形成复合物，达到收敛保湿的功效。近年来苹果多酚面膜广受消费者的喜爱，因此苹果多酚在护肤品产业的应用具有广阔的市场。

（2）应用于尿不湿

若将苹果多酚连接到聚合物分子中，从而使聚合物拥有多酚的性质，对于新材料的研制和产品开发都具有重要意义。研究表明将多酚接枝于吸水性树脂制成多酚抗菌过滤网材料，可有效改善尿不湿产品的性能。

4.2　响应面优化苹果皮渣多酚超声波提取工艺

苹果多酚的功能活性已经得到了充分的研究证实，但从皮渣中提取分离多酚、开发多酚产品以及揭示其功能作用机理还需进一步的研究。因此开发出一种经济可行、环保无害、提取率高的苹果皮渣多酚提取工艺和生产技术，对提高苹果深加工产品附加值具有实际意义和应用价值。

常规提取苹果多酚的方法为乙醇热回流浸提法。Rcis 等（2012）利用分级提取的方法依次用水、甲醇、丙酮在室温条件下提取苹果皮渣多酚，成本低、适用性强，但甲醇、丙酮对人体有害，不适合工业化生产。微波辅助提取也是苹果多酚常用的提取方法，微波功率、提取时间、乙醇体积分数和料液比等因素对提取效率有较大的影响。微波辅助提取法具有省时、选择性好、对环境无污染等优点，但提取率低，也不适用于工业化生产。超声波提取因操作简单快速，提取率高，无污染而显示出明显优势。提取过程中添加酸会促进多酚的提取，但如果使用的酸极性较强，易破坏酚类的结构。此外由于超声提取过程中提取时间、溶剂浓度、料液比以及超声功率等具体参数上差异很大，超声波辅助提取所采用的溶剂以及工艺参数尚不能达到工业化生产水平，需进一步优化。

本研究通过响应面进一步优化苹果皮渣中多酚的提取工艺。选用对人体和环境无毒无害且易回收利用的乙醇为溶剂，利用超声波辐射产生的空化和振动作用，缩短提取时间，减少提取溶剂用量和提取次数，降低生产成本，以期为苹果皮渣多酚提取的工业化生产和后续的功能性研究提供理论依据。

4.2.1　苹果皮渣多酚超声提取方法

4.2.1.1　材料与试剂

干燥苹果皮渣，国投中鲁果汁股份有限公司山西分公司提供；没食子酸标准品，阿拉丁试剂；Folin-Ciocalteu 显色剂（FC），北京市双翔达生化试剂公司；碳酸钠、无水乙醇，国药集团公司；以上化学试剂等均为分析纯。

4.2.1.2　主要仪器

T6 新世纪紫外可见分光光度计，北京普析通用仪器有限责任公司；THC 型数控超声波提取机，济宁天华超声电子仪器有限公司；CP 213 型电子天平，奥豪斯仪器（上海）有限公司；LK-S12 仪表恒温水浴锅，北京利康达圣科技发展有限公司；SHZ-D(Ⅲ) 型循环水式真空泵，巩义市予华仪器有限责任公司。

4.2.1.3　实验方法

（1）多酚提取

提取液：准确称取 5.00g 苹果皮渣，以一定的料液比加入 60% 乙醇水溶液。在一定温度、功率下超声提取一定时间后抽滤。滤液转入 200mL 容量瓶，定容，精密吸取样品液 2.5mL，置 25mL 容量瓶中定容，按标准曲线制作法测定吸光度，计算多酚含量。

（2）没食子酸标准曲线制作

Folin-Ciocalteu（FC）法：配制 $0\mu g/mL$、$10\mu g/mL$、$20\mu g/mL$、$30\mu g/mL$、$40\mu g/mL$、$50\mu g/mL$ 的没食子酸标准溶液，分别取上述不同浓度的没食子酸标准溶液 0.5mL 加入 1.0mL FC 试剂，5min 后加入 2mL Na_2CO_3（75g/L）溶液，50℃下水浴 5min，冷却，然后用分光光度计测定溶液在 740nm 处的吸光值。所得标准曲线为没食子酸浓度 C 和吸光度值 A 的关系，根据所得数据，得到线性回归方程为：$A = 0.018C + 0.0339$（$R^2 = 0.9943$）。

（3）提取率的计算

$$提取率(mg/g)=\frac{C \times V \times N}{W} \tag{4-1}$$

式中，C 为测量液总酚浓度，$\mu g/mL$；V 为粗提液体积，mL；N 为稀释倍数；W 为原料质量，g。

（4）单因素试验

以 60% 乙醇溶液为溶剂，料液比为 $1g：30mL$，超声功率 $500W$，提取温度 $60℃$，分别将提取时间设为 $1min$、$3min$、$5min$、$7min$、$10min$、$13min$，考察提取时间对多酚提取率的影响；提取时间设为 $10min$，料液比 $1g：30mL$，提取温度 $60℃$，设置超声功率为 $300W$、$400W$、$500W$、$600W$、$700W$，考察功率对多酚提取率的影响；提取时间 $10min$，料液比 $1g：30mL$，超声功率 $500W$，提取温度分别为 $30℃$、$40℃$、$50℃$、$60℃$、$70℃$、$80℃$，考察温度对多酚提取率的影响；提取时间 $10min$，超声功率 $500W$，提取温度 $60℃$，设置料液比分别为 $1g：15mL$、$1g：20mL$、$1g：25mL$、$1g：30mL$、$1g：35mL$、$1g：40mL$，考察料液比对多酚提取率的影响。每个处理重复 3 次。

4.2.1.4 响应曲面优化试验设计

在单因素试验的基础上，根据响应面 Box-Behnken 设计原理，选取提取时间 X_1、超声功率 X_2、提取温度 X_3、料液比 X_4 共 4 个对多酚提取影响显著的因子，以多酚提取率为响应值，采用 4 因子 3 水平的响应面分析法，得到二次回归方程，并找出最佳工艺参数。试验设计如表 4-1。

表 4-1　Box-Benhnken 响应面设计试验因子与水平

水平/因子	X_1 提取时间/min	X_2 超声功率/W	X_3 提取温度/℃	X_4 料液比/(g/mL)
-1	7	400	50	1：25
0	10	500	60	1：30
1	13	600	70	1：35

4.2.2　单因素对苹果皮渣总酚提取率的影响

4.2.2.1 超声提取时间对苹果皮渣总酚提取率的影响

由图 4-2 可知，苹果皮渣总酚提取率随着提取时间的延长而升高，当提取时间达到 $10min$ 时提取率达到最大值，此后随着时间的延长总酚提取率稍有下降。由菲克定律（Fick 定律）可知，总酚提取率与提取时间成正比，在一定范围内，超声时间越长提取率越高，但增高幅度有所下降。同时，由于超声的热效应，温度以 $0.25℃/min$ 的速率上升，长时间的超声处理导致热敏感组分的转化降解以及溶剂挥发导致乙醇体积分数降低，反而降低了提取率。因此，选择超声提取时间为 10min。

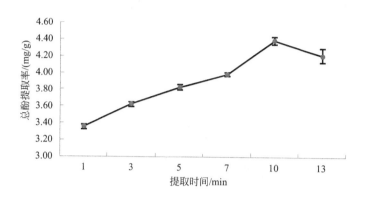

图 4-2　提取时间对苹果皮渣总酚提取率的影响

4.2.2.2　超声提取功率对苹果皮渣总酚提取率的影响

由图 4-3 可知，超声频率为 28kHz，功率变化范围在 300～700W 内，多酚提取率先增大，在 500W 时达到最大值，随后提取率下降。超声波在提取溶液中产生的空化效应和机械作用可有效破碎植物细胞壁，使有效成分呈游离状态并溶入提取溶剂，因此一定功率时可促进多酚的提取。当功率过高时，多酚会在超声的作用下分解，同时也会使更多的脂溶性物质溶入提取液中，影响总酚提取率。因此，选择超声提取功率为 500W。

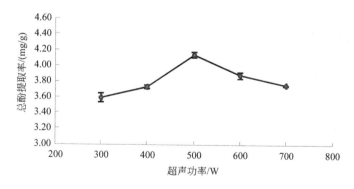

图 4-3　超声功率对苹果皮渣总酚提取率的影响

4.2.2.3　提取温度对苹果皮渣总酚提取率的影响

由图 4-4 可知，苹果皮渣多酚提取率随提取温度的升高先增加后趋于平稳，在温度达到 60℃时，继续升高温度多酚提取率变化不明显。这是由于高温细胞壁渗透性增强，同时增加提取物的溶解度和扩散系数，降低溶剂的黏度，从而提高提取率。然而，超声的热效应使提取温度随时间的延长而逐渐上升，温度过高会引起酚类化合物的降解、内部的氧化还原及聚合反应，同时容易造成溶剂挥发损失及苹果皮渣中其他成分的溶解度增大，从而影响总酚含量的测定。因此，选择 60℃作为超声提取温度。

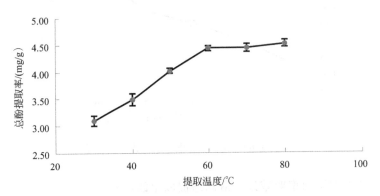

图 4-4　提取温度对苹果皮渣总酚提取率的影响

4.2.2.4　料液比对苹果皮渣总酚提取率的影响

由图 4-5 可知，在相同提取条件下，随着料液比的增大，从细胞内到溶剂之间扩散的浓度梯度增大，多酚提取率不断增加。当料液比达到 1g∶30mL 后，进一步增加溶剂量时，可能是因为苹果皮渣中一些其他物质如多糖溶解，妨碍了多酚的提取分离，导致提取率下降。料液比增大在一定程度上提高传质推动力，但从提取效果、减少溶剂用量、降低能耗等方面综合考虑，溶剂用量也不宜过大。因此，选取最佳料液比为 1g∶30mL。

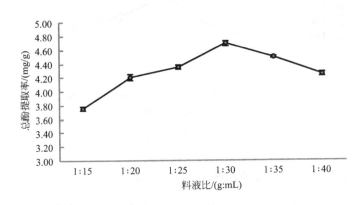

图 4-5　料液比对苹果皮渣总酚提取率的影响

4.2.3 苹果皮渣总酚提取率的响应面优化试验

4.2.3.1 二次响应面回归模型的建立与分析

响应面设计与结果见表 4-2，表中 1～24 号是析因试验，25～29 号是中心试验。29 个试验点为分析因点和零点，其中析因点为自变量取值在 X_1、X_2、X_3、X_4 所构成的三维顶点；零点为区域的中心点，零点试验重复 5 次，用以估计试验误差。

表 4-2 响应面试验设计与结果

序号	X_1 提取时间/min	X_2 超声功率/W	X_3 提取温度/℃	X_4 料液比/(g∶mL)	提取率/(mg/g)
1	0.00	1.00	0.00	−1.00	3.83
2	0.00	−1.00	0.00	−1.00	3.57
3	0.00	1.00	1.00	0.00	4.19
4	−1.00	0.00	1.00	0.00	4.26
5	1.00	1.00	0.00	0.00	3.79
6	−1.00	−1.00	0.00	0.00	3.82
7	−1.00	1.00	0.00	0.00	3.90
8	1.00	0.00	1.00	0.00	3.85
9	0.00	0.00	−1.00	1.00	3.49
10	0.00	1.00	−1.00	0.00	3.57
11	0.00	0.00	−1.00	−1.00	3.94
12	0.00	−1.00	−1.00	0.00	4.04
13	−1.00	0.00	0.00	1.00	3.54
14	0.00	−1.00	0.00	1.00	3.64
15	1.00	−1.00	0.00	0.00	4.02
16	0.00	1.00	0.00	1.00	3.45
17	0.00	0.00	1.00	1.00	3.91
18	0.00	−1.00	1.00	0.00	4.25
19	−1.00	0.00	0.00	−1.00	3.34
20	1.00	0.00	−1.00	0.00	3.72
21	0.00	0.00	1.00	−1.00	4.21
22	1.00	0.00	0.00	−1.00	4.22
23	1.00	0.00	0.00	1.00	3.32
24	−1.00	0.00	−1.00	0.00	3.54
25	0.00	0.00	0.00	0.00	4.35
26	0.00	0.00	0.00	0.00	4.62
27	0.00	0.00	0.00	0.00	4.45
28	0.00	0.00	0.00	0.00	4.49
29	0.00	0.00	0.00	0.00	4.56

应用 Design Expert 进行回归拟合分析，可得到提取条件与总酚提取率之间的二次多项式模型：

$$Y = 4.49 + 0.043X_1 - 0.053X_2 + 0.20X_3 - 0.14X_4 - 0.077X_1X_2 -$$

$$0.15X_1X_3 - 0.28X_1X_4 + 0.10X_2X_3 - 0.11X_2X_4 + 0.038X_3X_4 -$$
$$0.39X_1^2 - 0.30X_2^2 - 0.18X_3^2 - 0.50X_4^2 \tag{4-2}$$

式中，Y 为苹果皮渣总酚提取率的预测值；X_1、X_2、X_3、X_4 分别代表提取时间、超声功率、提取温度、料液比的编码值。

由表 4-3 可知，回归模型具有高度的显著性（$P<0.0001$），失拟性具有不显著性（$P=0.1872>0.05$），$R^2=0.9198$，Adj $R^2=0.8395$，说明方程对试验拟合较好。回归方程各项方差分析表明，因素 X_3、X_4、X_1X_4、X_2X_3、X_1^2、X_2^2、X_3^2、X_4^2 对苹果皮渣总酚提取率有极其显著的影响（$P<0.01$），因子 X_1X_2、X_1X_3、X_2X_4、X_3X_4 对苹果皮渣多酚提取率影响不显著（$P>0.05$）。各因子对苹果皮渣总酚提取率的影响依次是 X_3（提取温度）$>X_4$（料液比）$>X_2$（超声功率）$>X_1$（提取时间）。

表 4-3　回归方程系数显著性检验表

方差来源	自由度	平方和	均方	F 值	P 值	显著性
回归模型	14	3.66	0.26	11.46	<0.0001	***
X_1	1	0.023	0.023	0.99	0.3374	*
X_2	1	0.033	0.033	1.45	0.2487	*
X_3	1	0.47	0.47	20.50	0.0005	***
X_4	1	0.25	0.25	11.05	0.0050	***
X_1X_2	1	0.024	0.024	1.05	0.3224	*
X_1X_3	1	0.087	0.087	3.81	0.0712	*
X_1X_4	1	0.30	0.30	13.25	0.0027	***
X_2X_3	1	0.042	0.042	1.84	0.0019	***
X_2X_4	1	0.046	0.046	2.02	0.1767	*
X_3X_4	1	5.625×10^{-3}	5.625×10^{-3}	0.25	0.6274	*
X_1^2	1	0.99	0.99	43.19	<0.0001	***
X_2^2	1	0.58	0.58	25.34	0.0002	***
X_3^2	1	0.22	0.22	9.58	0.0079	***
X_4^2	1	1.62	1.62	70.99	<0.0001	***
残差	14	0.32	0.023			
失拟性	10	0.28	0.028	2.58	0.1872	
纯误差	4	0.043	0.011			
总差	28	3.98				
R^2	0.9198					
Adj R^2	0.8395					
S/N	11.653					

注：* 差异不显著（$P>0.05$），＊＊差异显著（$P<0.05$），＊＊＊差异极显著（$P<0.01$）。

4.2.3.2　两因子间交互作用分析

响应面分析图见图 4-6 至图 4-11。各图是由响应值和各试验因子构成的立体曲面图，显示了提取时间、超声功率、提取温度和料液比中任意两个变量取零水平时，其余两个变量对苹果皮渣总酚提取率的影响。

图 4-6 为料液比为 1g：30mL、提取温度为 60 ℃时，提取时间和超声功率对多酚提取率的交互作用。可知，当超声功率一定时，随着提取时间的延长，多酚提取率先增大，但时间超过一定值时，多酚提取率呈下降趋势。当提取时间一定时，随超声功率的增大，多酚提取率先增大后减小。由其等高线为圆形可知两者交互作用不显著。

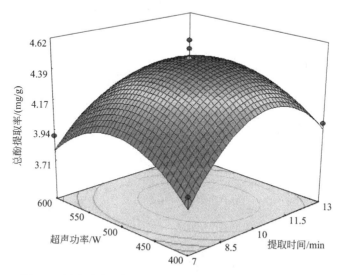

图 4-6 超声功率和提取时间对总酚提取率影响的响应面图

图 4-7 显示超声功率 500W、料液比 1g：30mL 时，提取时间和提取温度对

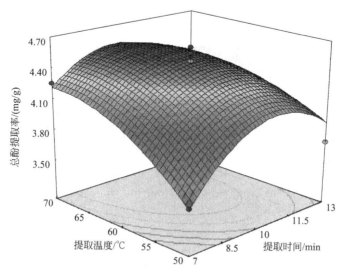

图 4-7 提取温度和提取时间对总酚提取率影响的响应面图

多酚提取率的交互作用。在低功率范围内，随着提取时间的延长，多酚提取率增大，当功率超过一定值时，提取率减小。当提取时间一定时，随温度的升高，多酚提取率不断增大，最终趋于平缓。

图 4-8 显示，在超声功率 500W、提取温度 60℃时，料液比和提取时间对多酚提取率的交互作用。料液比一定时，随着提取时间的延长，多酚提取率先增大后趋于平缓。当提取时间一定时，随料液比的增大，多酚提取率呈先增大后减小的趋势。

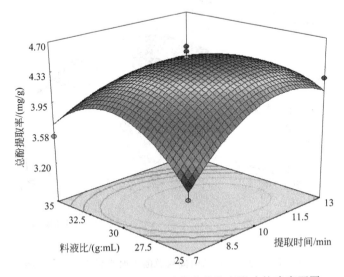

图 4-8　料液比和提取时间对总酚提取率影响的响应面图

图 4-9 显示，在提取时间为 10min、料液比 1g∶30mL 时，提取温度和

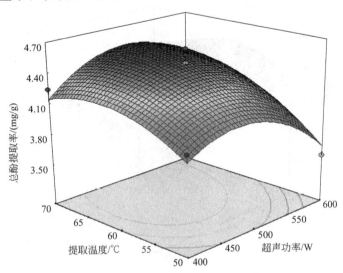

图 4-9　提取温度和超声功率对总酚提取率影响的响应面图

超声功率对多酚提取率的交互作用。可知，提取温度一定时，随着超声功率的增大，多酚提取率呈下降趋势。当超声功率一定时，多酚提取率随温度的升高而增大，而且响应面显示坡度较陡，表明提取温度和超声功率交互作用极显著。

图 4-10 显示提取时间 10min、提取温度为 60℃时，料液比和超声功率对多酚提取率的交互作用较弱。当料液比一定时，随着超声功率的增大，多酚提取率增大，超声功率继续增大，多酚提取率有下降趋势；当超声功率一定时，随料液比的增大，多酚提取率先增大后减小。

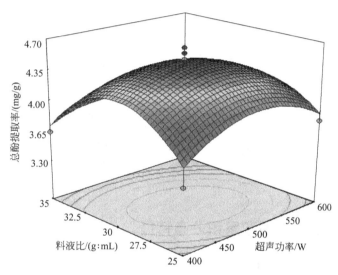

图 4-10　料液比和超声功率对总酚提取率影响的响应面图

图 4-11 显示，在提取时间 10min、超声功率 500W 时，料液比和提取温度对多酚提取率的交互作用。料液比一定时，随着提取温度的升高，多酚提取率逐渐升高，后趋于平缓。当提取温度一定时，随料液比的增大，多酚提取率先增大后降低。由回归方程和响应面可以看出，变化速率显示料液比的主效应大于温度，呈现二次曲线关系。

4.2.3.3　最佳提取工艺条件的预测及试验验证

通过回归模型的预测，得到超声波辅助乙醇提取苹果皮渣中多酚类物质的最佳提取工艺为：提取时间 9.99min、超声功率 502.71W、提取温度 60.33℃、料液比 1g：29.37mL。此时多酚类化合物的理论提取率最大为 4.55mg/g。结合生产实际，将各因素调整为：提取时间 10min、超声功率 500W、提取温度 60℃、料液比 1g：30mL。在此条件下进行验证，5 次平行试验多酚提取率分别为 4.50mg/g、4.56mg/g、4.49mg/g、4.58mg/g、4.52mg/g，其平均提取率为

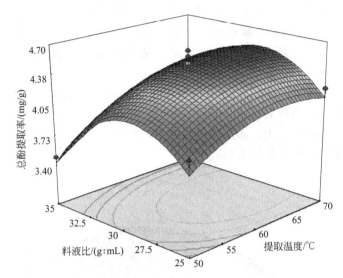

图 4-11　料液比和提取温度对总酚提取率影响的响应面图

4.53mg/g，与理论预测值 4.55mg/g 相比，误差率仅为 0.44%，证实了该模型的有效性。

4.3　苹果果实的多酚累积分布特征

4.3.1　苹果多酚功效研究

苹果多酚是苹果中酚类化合物的总称，包括多种酚酸、黄酮醇、黄烷三醇、二氢查耳酮、花青素等。不同品种苹果的多酚含量和组成与调控多酚代谢合成积累的基因表达水平及其所调控的酶的活力直接相关，同时受到种植方式、地域环境、成熟度、贮藏方式等一系列因素的影响而呈现较大范围的变异性，这对苹果多酚的高效制备及应用提出了挑战。在食品加工及贮藏过程中苹果多酚通过发生氧化聚合、催化裂解、参与美拉德反应干预呈色和呈味物质产生，并与大分子物质相互作用产生聚合或絮凝来影响体系的质构形成，进而影响加工制品的色、香、味、形以及包装、贮藏特性。在生理功效发挥方面，苹果多酚因其分子量小，结构多样，相对溶解性高而具有较强的生物可利用度，并通过在机体中直接发挥抗氧化性，或者间接作用于细胞抗氧化酶表达及活力水平提升，激活或抑制特定活性相关的细胞核因子，影响 DNA 翻译和相关蛋白质的转录，从而干预并调控相应的生理和病理症状。苹果多酚的生理活性研究是从体外化学模拟、细胞培养分析、病理模型动物研究，到临床干预、人群实验以及流行病学调查等多个层面得到初步的验证。

4.3.2　苹果多酚代谢和累积

苹果果实含有丰富的初级和次级代谢产物，包括糖、氨基酸、蛋白质、有机酸及酚类物质等，且其含量和组成与苹果果实发育阶段、过程、组织部位及基因型等众多因素有关。多酚是苹果中重要的次级代谢产物，尽管种类繁多，含量差别显著，但具有严格且专一的合成路径（图 4-12），且多酚合成的前体通常来源于基础代谢，包括糖酵解/合成、三羧酸循环、莽草酸途径。具体来说，糖合成产物赤藓糖-4-磷酸与磷酸烯醇式丙酮酸经脱氢酶等一系列酶催化生成莽草酸，然后以莽草酸为前体经一系列酶催化生成 L-苯丙氨酸。L-苯丙氨酸经植物中特有的苯丙氨酸脱氨酶催化生成肉桂酸，再经羟化酶、裂解酶、合成酶转化为查耳酮。查耳酮在黄酮合成酶和异构酶的作用下生成黄酮类化合物，在还原酶作用下生成黄烷酮，进一步在羟化酶和合成酶的作用下生成二氢黄酮醇和黄酮醇。二氢黄酮醇在还原酶作用下生成无色花青素，经还原生成儿茶素/表儿茶素，进一步缩合形成不同聚合度的原花青素。莽草酸经酶转化作用生成没食子酸盐，由葡萄糖转移酶引入糖苷，再由酰基转移酶和酚类氧化酶催化生成聚合程度不等的可水解单宁。多酚经合成，早期分布于植物细胞的内质网、质粒、液泡及细胞核，在

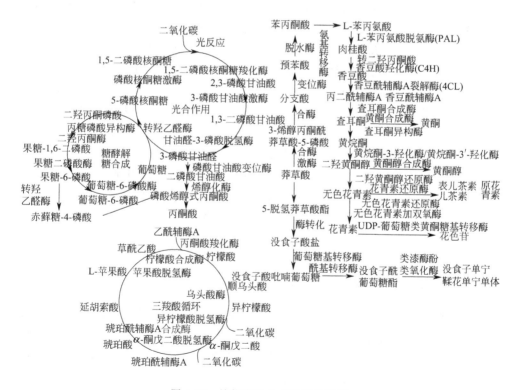

图 4-12　植物多酚合成途径示意图

细胞质中合成后向内运输至液泡，向外运输至细胞壁。大多数酚类具有较高极性，易溶于水，游离于细胞液泡中，液泡是儿茶素、槲皮素、根皮苷等酚类物质的最终聚集地。而多酚聚合物及缩合单宁类主要以与细胞液泡膜、质膜及细胞壁结合形式存在。

不同品种苹果多酚组成和含量决定于相关酶的含量和活力，而这又取决于不同植物基因组所编码的催化特定多酚合成的酶类的表达水平。解析苹果果实多酚积累的分子机制，对于选育功能营养苹果和加工苹果新品种具有重要的意义。目前已对调控类黄酮合成代谢的结构基因 *PAL*、*CHS*、*CHI*、*FHT*、*FLS*、*DFR*、*LAR*、*ANS*、*ANR* 和 *XCH*，以及这 10 个基因的表达进行了系统的研究，发现这些基因的表达与苹果果实的发育有关。研究表明，在所构建的苹果基因图谱中检测到 79 个数量性状基因位点（*QTL*），这些基因位点编码了 17 个苹果多酚化合物在苹果果实中的相对含量，包括黄烷醇、黄酮醇、花青素及羟基肉桂酸，其中白花青素还原酶（LAR1）与果实中儿茶素、表儿茶素、原花青素二聚体及 5 个未知原花青素寡聚体共定位于连锁群（LG16）顶部附近；而羟基肉桂酸和羟基奎尼酸转移酶（HCT/HQT）与绿原酸共定位于连锁群 LG17 底部附近。因此 LAR1 和 HCT/HQT 可能是影响苹果中这些酚类化合物浓度的关键点。具体来说，苹果果皮花色苷的代谢与合成是 *PAL*、*CHI*、*DFR* 和 *ANS* 4 个基因共同作用的结果，涉及苹果皮花青素合成的为基因组中 *MYB1*、2 个 *bHLH3*、3 个 *bHLH33* 和 4 个 *UFGT* 基因，且这些单一基因被干扰后使其他类黄酮物质的合成受阻。最新研究发现 WRKY 家族转录因子所对应的基因 *Md-WRKY11* 的过表达，可以促进 *F3H*、*FLS*、*DFR*、*ANS* 及 *UFGT* 的表达，同时提高了苹果中花青素和黄酮醇的积累。有学者研究指出苹果贮藏期间 *CHI*、*F3H*、*DFR*、*ANR* 基因的表达量升高与果皮着色及色差形成相关。而调控黄烷醇合成的基因 *MsMYB12L* 通过编码 MsMYB12L 蛋白的表达对其含量和组成进行调控。此外，苹果黄酮醇合成酶基因 *Md FLS1* 的表达明显受高盐、低温、干旱和脱落酸（ABA）诱导。苹果中主要二氢查耳酮类根皮素的合成，受根皮素糖基转移酶相关基因 *UGT71A15*、*UGT71K1* 和 *UGT88F1* 的调控，且其表达随着果实的生长发育呈现显著变化。

4.3.3　苹果多酚组成含量分布

苹果中多酚组成和含量因品类种属、栽培方式、地域环境、成熟度、贮藏条件等的不同存在很大差异。在苹果多酚定性分析方面，随着仪器分辨率和精密度水平的提高，越来越多多酚组分得以鉴定。苹果中多酚主要有 5 类，包括酚酸、黄烷醇、黄酮醇、二氢查耳酮类及花青素类。近年来，有学者采用高分辨质谱研究了美国加利福尼亚售 4 个品种苹果果肉、果皮中结合态和游离态酚类，鉴定了

25 种酚酸，包括 8 种羟基苯甲酸、11 种羟基肉桂酸、5 种羟基苯乙酸、1 种羟基苯丙酸。其中，除肉桂酰奎尼酸、原儿茶素、4-羟基苯甲酸、香草酸、阿魏酸以及绿原酸外，所有其他酚酸均以结合态存在。有学者采用超高压液相色谱耦联高分辨质谱研究了哥斯达黎加当地两个主要苹果品种果皮和果肉的多酚组成，共鉴定出 52 种化合物，其中包括 21 种原花青素类、15 种黄酮醇、9 种酚酸、5 种羟基查耳酮和 2 种类异戊二烯苷。原花青素类包括儿茶素和表儿茶素等黄烷三醇单体、5 种原花青素 B 型二聚体、2 种原花青素 A 型二聚体、5 种原花青素 B 型三聚体、2 种原花青素 A 型三聚体、1 种原花青素 B 型四聚体、2 种原花青素 B 型五聚体及 2 种没食子酰黄烷三醇；黄酮醇包括槲皮素、堪非醇、柚皮素及其衍生物；酚酸包括原儿茶素、咖啡酰奎尼酸、羟基肉桂酸及其衍生物；羟基查耳酮类包括根皮素及 3-羟基根皮素衍生物；而类异戊二烯苷主要为吐叶醇。有学者研究了中国 22 种苹果种质资源，鉴定出类黄酮 34 种，包括 5 种黄烷醇、6 种二氢查耳酮、15 种黄酮醇和 8 种花青苷。

4.3.3.1　基于苹果品种的多酚含量变异

苹果多酚各组分的定量分析显示了高度的变异性，然而，各组分相对含量在特定品种苹果中具有一致性。有学者综述了西欧苹果中总酚含量为 $0.662 \sim 2.119 \mathrm{mg/g}$，且苹果中 4 类多酚组分黄烷醇、羟基肉桂酸、黄酮醇、二氢查耳酮类所占比例分别为：71%～90%、4%～18%、1%～11%、2%～6%。有学者综述了苹果及苹果皮中各类多酚的含量，指出各类酚酸在苹果中的湿重含量最高可达 $1.37 \mathrm{mg/g}$；二氢查耳酮类的湿重含量为 $0.05 \sim 0.39 \mathrm{mg/g}$；黄酮醇类的湿重含量为 $0.15 \sim 0.69 \mathrm{mg/g}$；黄烷醇类湿重含量在 $0.22 \sim 1.01 \mathrm{mg/g}$。此外，多酚在苹果果实中呈现不均匀的分布，表现为绿原酸在果肉中的含量大于在果皮中的含量，而苹果皮中含有大部分的槲皮素配合物。有研究表明苹果汁中总酚含量可达 $86 \sim 305 \mathrm{mg/L}$，其中酚酸类含量 $0.02 \sim 414.0 \mathrm{mg/L}$，二氢查耳酮类含量 $0.05 \sim 196.0 \mathrm{mg/L}$，二氢黄酮醇含量 $0.01 \sim 33.0 \mathrm{mg/L}$。对苹果多酚总量及组分的定量分析数据众多，变异范围较大，从宏观上给出了苹果果实作为多酚来源的大概的含量水平，为进一步的功效分析提供依据。

4.3.3.2　基于地域的苹果多酚含量变异

苹果中多酚含量和组成的变异还受到地域、种植方式、生长季节及贮藏方式等多种因素的影响。有学者研究了来自不同国家同一种植地区的 145 个苹果品种连续两年果皮多酚含量和组成的变异，单酚和总酚浓度受收获年份影响差异显著，然而，多酚组成分布在不同年份表现出高度相似性。考虑其遗传物质的变异，多酚总量及其中 4 类单酚比例具有较大的变异范围，多酚及其组成并不能作为区分来自不同国家苹果品种的依据。另外，对中国、俄罗斯、北美的 20 个苹果野生及近缘种质资源果实多酚组成和含量差异的研究，得出 5 类 22 种多酚物质，主要成分为绿原酸和原花青素，其中北美苹果野生资源多酚含量特异性不强，中国和俄罗斯野生苹果资源各自聚类，呈现地域特异性和资源特异性。对意大利 4 个苹果品种多酚含量及组成分析显示：苹果品种、栽培方式、种植地域对多酚组成均存在显著的影响，且果皮多酚含量和组成的变异相对果肉更大。Anastasiadi 等（2017）首次尝试对英国包括鲜食、烹调、酿酒及观赏苹果在内的 66 个品种的果皮、果肉及果核 3 部分果实组织中化学组成进行分析，尝试采用多酚组成作为不同品种苹果的生物指纹标记物，采用数学学习算法进行苹果品种、产地、用途等预测。有学者研究了中国 22 种苹果种质资源，其多酚含量和组成呈现明显的差异性，这些研究对于改良苹果品种、提高类黄酮累积、培育新品种有较高的应用价值。在此基础上，有学者研究了河北省 12 个苹果地方品种，经多酚组分间的相关性分析得出同类物质或者具有相同代谢途径的多酚物质相关性较强，基本聚为一类。新疆伊犁 2 个野苹果种群的 30 个实生株系的总酚、原花青素、表儿茶素、根皮苷、绿原酸、儿茶素含量与栽培苹果呈极显著差异，具有明显的高酚性状，表明筛选具有不同多酚物质的特异性状单株潜力很大。陕西 6 个地区，5 个品种，58 个苹果汁样品的多酚含量和组成分析表明，4 类 23 个多酚组分，多酚含量的变异受栽培地域的不同呈现显著的种内和种间差别，表明品种、环境、成熟度、加工处理方式等，尤其是环境因素显著影响果汁的多酚组成和含量。有学者针对中国杨凌西北农林科技园艺实验站的 80 个种植苹果品种和 60 个野生品种，共 140 个品种苹果果肉和果皮中总酚、总黄酮、总抗氧化进行对比分析，着重研究了其中根皮素类的分布和含量，指出利用天然的苹果品种的高度多样性和广泛变异性，通过独立合成途径可以提高苹果中根皮素类化合物的水平。对陕西白水和河南郑州 35 个苹果品种多酚种类和含量进行主成分分析和聚类分析，综合评价不同苹果品种和多酚的关系，结果表明 35 个苹果品种的多酚组成和含量差异明显，各单体酚之间既相互独立又密切相关，不同品种苹果多酚的差异主要在于金丝桃苷、根皮苷、鞣花酸、绿原酸等含量的变化，金丝桃苷、原花青素 B2 和表儿茶素作为早熟和晚熟因子，根皮苷作为中熟因子，能够区分不同品种苹果的成熟时期。苹果多酚结构如表 4-4 所示。

4.3.3.3 不同品种苹果果皮、果肉、果芯多酚分布

（1）不同品种苹果果皮、果肉、果芯多酚含量

选取来自陕西、山东、辽宁三个地区的苹果试验基地共 20 个主栽的商品化品种（图 4-13）作为苹果干制加工的原料，以评价其干制色泽品质。在常见的

表 4-4　苹果多酚结构

分类	名称/结构		
酚酸	5-咖啡酰奎尼酸 	4-咖啡酰奎尼酸 	3-咖啡酰奎尼酸
	4-*p*-咖啡酰奎尼酸 	5-*p*-咖啡酰奎尼酸 	
黄烷醇	儿茶素 	表儿茶素 	原花青素 B1
	原花青素 B2 	原花青素 C1 	原花青素 D

分类	名称/结构		
黄酮醇	槲皮素-3-O-半乳糖苷	槲皮素-3-O-葡萄糖苷	槲皮素-3-D-木糖苷
	槲皮素-3-O-阿拉伯糖苷	槲皮素-3-O-鼠李糖苷	
二氢查耳酮类	根皮素	根皮苷	根皮素-2-O木糖苷
花青素	矢车菊-3-半乳糖苷	矢车菊-3-阿拉伯糖苷	矢车菊-3-木糖苷

五大苹果品系富士、黄元帅、国光、嘎啦、青萍的基础上，又选取了富士系的寒富、华富及新育品种华红、华月，与黄元帅相似的华金、金冠、金帅。此外，还有红盖露、红将军、新红星及昌红等红苹果品种。涵盖了商品果中具备干制加工特征并且产量大的苹果品种。

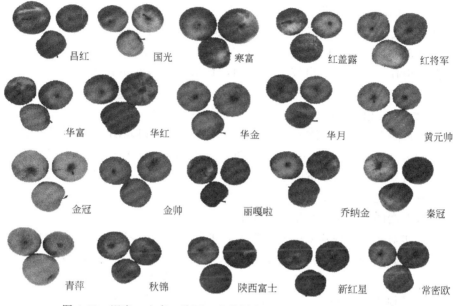

图 4-13　辽宁、山东、陕西三个苹果产区的二十个品种苹果原料

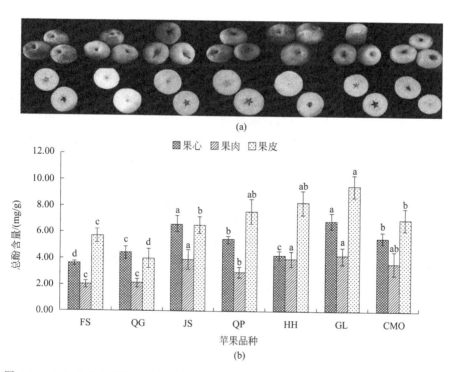

图 4-14　（a）七个品种苹果外观和切面图和（b）苹果果皮、肉、芯部位总酚含量对比
　　FS—富士；QG—秦冠；JS—金帅；GL—嘎啦；QP—青萍；HH—华红；CMO—常密欧

（2）不同品种苹果果皮、果肉、果芯多酚分布特征分析

所选的七个苹果品种富士、秦冠、金帅、嘎啦、青萍、常密欧和华红采集自中国东北部苹果产区的代表实验基地辽宁，除了品种差异，其各方面种植条件基本一致，但在外观上显示出较大的不同，且果肉横截面也存在一定的差异［图4-14(a)］。苹果不同部位多酚总量如图4-14(b)，果芯、果肉、果皮中总多酚的没食子酸当量值分别在 368.6～684.0μg/g、202.5～423.5μg/g、401.6～952.9μg/g 湿重范围内。这一结果与此前文献介绍的 145 个品种果皮中的总多酚含量范围为 363.9～2516.9μg/g 相接近。其中果皮中总酚是果肉中含量的近一半以上，且果皮中多酚总量的苹果品种间变异大于不同品种苹果果肉总酚含量的变异。其中嘎啦苹果果皮、肉、芯均具有最高的总酚含量，而富士和秦冠苹果果实三部分总酚的没食子酸当量值相对低。

进一步对 7 个品种苹果中的 4 类主要多酚的 15 个多酚组分进行靶向的含量对比分析。其中酚酸类包括没食子酸、原儿茶酸、咖啡酸、新绿原酸、绿原酸、对香豆素酸及阿魏酸（表 4-5）。黄烷醇类包括了儿茶素和表儿茶素，二氢查耳酮类涵盖了根皮素和根皮苷，黄酮醇类包括了槲皮素、槲皮素-3-O-鼠李糖苷、槲皮素-3-O-半乳糖苷、槲皮素-3-O-芸香糖苷。其在苹果皮、肉、芯中的水平如表 4-6。

绿原酸是主要的酚酸组分，在苹果芯中其湿重含量范围为 21.493～389.675μg/g。秦冠、金帅、常密欧、青萍、富士、嘎啦及华红果芯中绿原酸占总多酚含量分别为 33.94%、23.89%、45.46%、24.26%、24.14%、16.84% 和 3.08%。果肉中绿原酸含量范围为 25.367～215.055μg/g，占总酚含量的14.86%～75.47%，而果皮中其含量范围为 16.796～234.573μg/g，占总酚含量的 4.51%～50.08%。新绿原酸、咖啡酸、没食子酸、原儿茶酸、对香豆素酸、阿魏酸在苹果各部分中占比分别为 0.63%～5.00%、0.23%～10.97%、0.03%～1.52%、0.28%～1.83%、0～0.93%、0.08%～1.38%，且品种间存在显著差异。此外，七个品种鲜果果肉中酚酸水平大于其在果芯和果皮中的水平。

苹果中的代表性多酚儿茶素和表儿茶素在皮、肉、芯中分布也存在显著差异，儿茶素在皮、肉、芯中的含量范围分别为 10.67～70.95μg/g、7.64～31.31μg/g、11.48～37.20μg/g，分别占总多酚含量的 2.28%～9.51%、3.41%～12.56%、1.45%～6.88%。表儿茶素在苹果皮、肉 、芯中的水平范围分别为 18.979～197.228μg/g、5.796～80.697μg/g、1.272～99.285μg/g，占总多酚的 4.05%～32.96%、0.18%～13.68%、2.03%～35.52%。

根皮素及其根皮素-2-O-葡糖醛酸苷是苹果中主要的二氢查耳酮类。根皮素在苹果皮、肉、芯中的湿重含量分别占多酚总量的 0.19%～2.00%、0.27%～1.33%、0.19%～1.37%。根皮素-2-O-葡糖苷酸的含量显著大于根皮素（P<0.05），其在不同品种苹果皮、肉、芯中所占总酚的比例分别为 8.34%～28.90%、

表 4-5　七个品种苹果果芯、肉、皮中主要酚酸的组成和含量

单位：μg/g

品种	部位	没食子酸	原儿茶酸	咖啡酸	新绿原酸	绿原酸	对香豆素酸	阿魏酸
FS	果芯	3.153±0.013	1.781±0.011	2.657±0.06	4.031±0.037	153.295±21.2	0.540±0.090	0.524±0.004
	果肉	0.047±0.006	0.748±0.009	3.439±0.83	3.475±0.045	90.569±1.97	0.082±0.001	0.875±0.007
	果皮	4.173±0.021	3.457±0.057	15.167±0.92	9.677±0.096	76.873±1.11	3.046±0.087	4.670±0.089
QP	果芯	3.142±0.015	2.112±0.029	40.643±1.56	18.572±0.198	213.804±5.86	2.018±0.031	4.272±0.092
	果肉	1.944±0.008	3.545±0.053	19.929±0.87	8.304±0.087	36.377±1.00	0.779±0.062	1.139±0.074
	果皮	3.420±0.013	3.099±0.048	29.135±0.33	6.237±0.074	16.796±0.76	0.189±0.007	1.980±0.057
HH	果芯	3.752±0.021	1.240±0.029	6.197±0.95	11.425±0.154	21.493±0.92	LD	LD
	果肉	2.608±0.033	0.861±0.008	6.894±0.73	8.602±0.102	25.367±0.89	LD	1.054±0.039
	果皮	4.488±0.054	6.200±0.074	64.085±0.44	17.453±0.933	57.097±1.57	LD	8.795±0.078
QG	果芯	4.155±0.047	2.018±0.042	2.605±0.51	2.563±0.087	389.675±9.54	LD	3.380±0.067
	果肉	1.385±0.023	0.886±0.009	2.546±0.47	0.824±0.055	215.055±6.39	0.317±0.003	3.105±0.032
	果皮	4.364±0.055	1.654±0.015	7.150±0.88	1.379±0.099	234.573±11.91	LD	6.399±0.045
JS	果芯	4.426±0.037	2.635±0.017	25.295±1.01	9.495±0.201	364.027±13.65	0.696±0.004	1.747±0.029
	果肉	1.888±0.007	1.729±0.023	19.242±0.65	8.258±0.179	150.299±11.78	0.058±0.001	0.312±0.005
	果皮	3.674±0.031	2.093±0.044	39.338±1.34	13.247±0.327	135.727±13.88	1.413±0.002	4.722±0.062
CMO	果芯	4.860±0.056	4.196±0.063	19.054±0.94	20.568±0.584	233.094±12.94	3.15±0.034	3.976±0.043
	果肉	1.145±0.014	0.711±0.007	4.220±0.07	3.487±0.062	125.247±9.32	0.167±0.008	LD
	果皮	2.793±0.023	4.507±0.058	52.778±1.58	17.287±0.667	103.697±8.77	3.712±0.032	6.285±0.051
GL	果芯	4.789±0.072	1.235±0.009	29.023±0.457	17.104±0.932	133.438±3.421	1.844±0.033	2.441±0.808
	果肉	3.300±0.039	2.395±0.034	27.361±0.655	10.067±0.546	37.031±1.023	2.112±0.057	1.066±0.993
	果皮	6.412±0.078	6.031±0.088	55.240±1.533	28.873±0.894	61.689±1.967	6.937±0.101	9.005±0.976

注：数据表示为三个独立试验的平均值±SD，不同的字母表示差异显著性（$*P<0.05$）。
FS，富士；QG，秦冠；JS，金帅；GL，嘎啦；QP，青苹；HH，华红；CMO，常密欧；LD，低于检测限。

表4-6 七个品种苹果果芯、肉、皮中黄烷醇、二氢查耳酮和黄酮醇的含量和分布

单位：μg/g

品种	部位	儿茶素	表儿茶素	根皮素-2-O-葡萄糖苷	根皮素	槲皮素	槲皮素-3-O-鼠李糖苷	槲皮素-3-O-半乳糖苷	槲皮素-3-O-芸香糖苷
FS	果芯	11.476±0.057	24.164±1.12	328.260±3.457	2.407±0.087	13.152±1.211	18.001±1.053	71.476±2.331	LD
	果肉	8.885±0.044	28.191±0.93	12.451±0.786	0.626±0.002	1.715±0.033	6.826±0.443	12.236±1.327	LD
	果皮	35.044±1.233	139.266±5.67	61.064±1.003	3.591±0.232	10.576±0.089	18.712±0.321	37.161±0.854	LD
QP	果芯	37.201±1.768	91.672±3.82	234.08±3.221	1.707±0.095	5.305±0.096	31.266±0.965	195.532±3.676	LD
	果肉	12.478±C.775	58.840±1.77	11.699±0.078	0.518±0.008	2.077±0.921	12.427±0.883	23.779±1.031	LD
	果皮	15.016±0.853	73.534±2.95	107.643±2.191	3.477±0.021	11.610±0.997	38.852±1.110	61.444±1.221	LD
HH	果芯	20.822±0.929	1.272±0.06	481.541±3.889	5.298±0.011	5.770±0.893	23.249±1.091	115.748±2.973	LD
	果肉	17.693±0.893	61.041±1.75	14.876±0.989	1.184±0.006	1.651±0.076	6.669±0.988	23.340±0.965	LD
	果皮	55.486±2.678	193.71±6.89	98.484±2.001	2.785±0.004	8.058±0.93	21.116±1.212	97.106±2.3332	LD
QG	果芯	28.184±1.077	14.572±4.878	522.347±4.878	9.765±0.024	10.948±0.992	44.376±2.331	113.691±2.136	LD
	果肉	15.267±0.436	5.796±1.43	11.398±0.911	4.822±0.021	2.281±0.065	3.708±0.887	17.551±0.981	LD
	果皮	10.679±0.387	18.979±3.87	56.608±1.031	9.353±0.053	13.717±1.001	31.132±1.223	40.378±0.657	32.050±0.881
JS	果芯	22.144±0.975	99.285±2.21	749.750±8.997	6.455±0.005	8.417±0.884	23.786±0.999	202.443±2.334	3.145±0.765
	果肉	19.930±0.846	59.438±1.76	40.905±0.932	2.712±0.031	2.831±0.056	LD	30.200±1.001	LD
	果皮	32.774±1.773	126.095±2.10	96.038±1.005	5.754±0.064	18.236±0.108	27.091±1.001	114.035±5.342	4.549±0.876
CMO	果芯	35.267±1.652	70.162±1.98	11.433±0.945	7.03±0.057	7.063±0.230	16.199±0.922	71.770±2.537	4.927±0.342
	果肉	7.647±0.320	28.085±0.97	18.643±0.932	2.938±0.009	2.059±0.107	2.740±0.934	26.751±0.933	0.107±0.002
	果皮	58.701±2.351	165.489±3.54	71.681±1.034	4.874±0.085	31.669±1.336	LD	70.359±1.897	23.368±0.976
GL	果芯	26.555±1.112	97.293±2.336	303.421±3.425	7.22±0.032	9.216±0.887	19.572±0.988	136.996±2.365	2.074±0.331
	果肉	31.310±1.973	80.697±1.987	16.139±0.887	3.328±0.009	2.278±0.006	4.119±0.093	28.069±1.021	LD
	果皮	70.957±3.555	197.228±3.354	62.385±1.062	1.519±0.007	125.675±3.576	33.988±1.009	56.590±2.334	25.484±2.101

注：数据表示为三个独立试验的平均值±SD，不同的字母表示差异显著性（*$P<0.05$）。

FS，富士；QP，秦冠；GL，青萍；JS，金帅；HH，华红；CMO，嘎啦；QG，常密欧；LD，低于检测限。

4.00%～12.11%、2.23%～69.01%。说明苹果中的二氢查耳酮类主要以糖苷形式存在，并在果芯中的含量超过果皮含量的8倍之多。

苹果中的黄酮醇类主要有槲皮素、槲皮素-3-*O*-鼠李糖苷、槲皮素-3-*O*-半乳糖苷、槲皮素-3-*O*-芸香糖苷等。其中槲皮素-3-*O*-半乳糖苷是苹果中含量最高的黄酮醇类化合物，在苹果皮、肉、芯中的湿重分别为 37.161～114.035$\mu g/g$、12.236～30.200$\mu g/g$、71.476～202.443$\mu g/g$，占多酚总量范围分别为 7.56%～18.25%、6.15%～13.58%、9.90%～22.19%。

苹果中主要多酚在苹果各个空间部位含量有所差异，但并非特异性组分，因此还需要非靶向的筛选以确定特异性组分。

（3）苹果各部分多酚分布特征分析

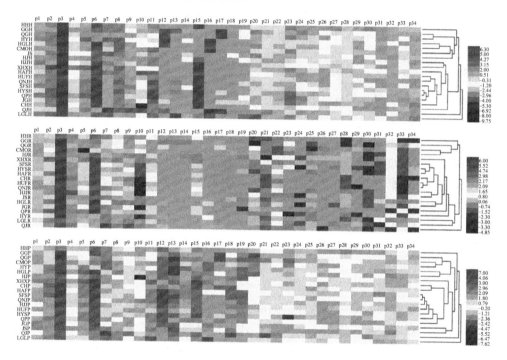

图 4-15　二十个品种苹果果皮、肉、芯中主要多酚组成热图分析

CH—昌红；GG—国光；HA—寒富；HGL—红盖露；HJJ—红将军；HUF—华富；HH—华红；HJ—华金；
HY—华月；HYS—黄元帅；JG—金冠；JS—金帅；LGL—丽嘎啦；QNJ—乔纳金；QG—秦冠；QP—青萍；
QJ—秋锦；SFS—陕西富士；XHX—新红星；CMO—常密欧；品种代号后附-H，-R，-P分
别代表苹果芯、苹果肉、苹果皮；p1～p34代表不同品种苹果全组分中多酚组分，
其中p3、p6、p13、p15分别表示绿原酸、表儿茶素、槲皮素-3-*O*芸香糖苷和根皮苷

多酚是苹果果实中重要的次级代谢产物，基于苹果果实不同部位的生理功能和代谢特征，其多酚的种类及其积累呈现显著的不同。本研究对苹果中的 34 种多酚进行了定量和定性分析（图 4-15），其中，绿原酸、儿茶素、根皮素和槲皮

苷分别是苹果芯、肉及皮部位中的主要多酚组分，但其含量在不同品种苹果芯、肉及皮中的水平呈现显著差异（$^*P < 0.05$）。绿原酸的湿重含量为 $15.22 \sim 196.85\mu g/g$ 在二十个品种苹果的芯、肉、皮中依次下降，这与此前报道的立陶宛苹果果肉和果皮中绿原酸的干重含量分别为 $2731.73\mu g/g$ 和 $2019.30\mu g/g$ 相一致。在本研究的二十个品种苹果中，绿原酸是果皮、果肉、果芯中主要多酚组成，这与此前的研究结果中儿茶素及原花青素是苹果不同部位多酚主要组成的结论有所不同。这与苹果的品种、种植环境、成熟度以及多酚提取制备方法的差异均有关，主要是多酚提取制备方法所引起的多酚化合物组成的差别。表儿茶素在苹果三部分的含量最高可达 $94.4\mu g/g$，且更多地累积在果芯和果皮部分，而其他黄烷醇类主要存在于苹果皮中。苹果槲皮苷衍生物的含量在 $3.02 \sim 284.52\mu g/g$ 湿重范围内，与前人的研究 $781 \sim 1899\mu g/g$ 干重范围内，具有一定的可比性，主要存在于果皮中，并且其含量是果肉的 10 倍之多。根皮苷被认为是苹果中的标记性化合物（Rong et al.，2003），但许多研究中均指出根皮苷主要是苹果皮中的特异性多酚化合物。但在本研究中根皮苷主要出现在苹果芯的部分，果皮次之，果肉中含量最低，依次为 $7.08 \sim 162.11\mu g/g$、$0.33 \sim 77.75\mu g/g$、$2.08 \sim 15.38\mu g/g$。

综上所述，苹果中的主要多酚，包括绿原酸、儿茶素、表儿茶素、根皮苷等化合物可以用来进行苹果制品品质分析中原料来源的初步鉴定，但是对苹果品种及种植环境的表征和指向并未明确。因此，对所选取的来自陕西、山东及辽宁地区的二十个品种苹果果皮、果肉及果芯的多酚组成进行多变量统计分析，采用主成分分析 PCA 中得分图、载荷图的双标图对多酚各变量与苹果部位及苹果品种的地域划分进行比对，拟获得可进行苹果品种区分的苹果皮、肉、芯不同部位的主要多酚或其组成。

（4）苹果果实中多酚的分布特征

以 34 种靶向的多酚化合物作为自变量，20 个品种苹果果皮、果肉和果芯样品的共 60 个观察变量，进行多元变量统计分析得到样品之间、多酚化合物之间及多酚化合物与样品之间的相互关系（图 4-16），PCA 分析确定了三个主成分，累积得分分别为 0.41、0.44 和 0.57，解释了 47% 的对象间的差异，并预测 36% 的变量间差异。其中 20 个品种苹果果皮、果肉及果芯主要多酚组成特征分布于明显不同的区域，果肉样品间的变异最小，果芯次之，果皮样品间变异最大。因此，果肉样品多酚组成和含量的变异水平低，用以区分不同苹果品种的区分度低；而果皮样品间的变异可以作为进行苹果品种区分的特征性指标。其中绿原酸、原儿茶酸及对香豆酰奎宁酸是苹果芯多酚的特征性成分；原花青素 B2、槲皮素、芦丁及原花青素 C2 是苹果皮中主要的特征性组分。原儿茶酸与金丝桃苷是苹果皮、肉、芯样品差异性分布的主要多酚组分。通过模型距离验证检验样品的模型拟合特性，其中秦冠果皮、国光果芯和果皮、丽嘎啦果皮、华月果皮及秋瑾果芯和果皮七个样品超出置信区间，其余全部符合模型要求。

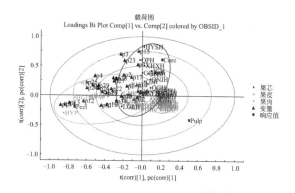

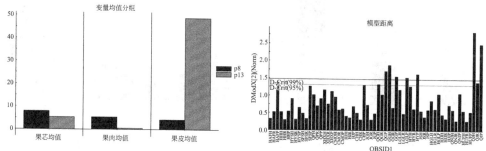

图 4-16　二十个品种苹果皮、肉、芯及其主要多酚分布的双标图

CH—昌红；GG—国光；HAF—寒富；HGL—红盖露；HJJ—红将军；HUF—华富；HH—华红；HJ—华金；

HY—华月；HYS—黄元帅；JG—金冠；JS—金帅；LGL—丽嘎啦；QNJ—乔纳金；QG—秦冠；QP—青萍；

QJ—秋锦；SFS—陕西富士；XHX—新红星；CMO—常密欧；

HAFH 等品种编号：-H 表示果实芯部位，-R 表示果实肉部位，-P 表示果实果皮部位样品。

p1～p34 代表不同品种苹果全组分中多酚组分，其中 p3、p6、p13、p15

分别表示绿原酸、表儿茶素、槲皮素-3-O-芸香糖苷和根皮苷

（5）苹果果肉中多酚分布的地域特征

苹果果肉中多酚组成的地域性分布特点如图 4-17 所示。PCA 分析确定了 2 个主成分，解释了样品间 35％的变异，除了红盖露和秋瑾，均符合模型条件。其中绿原酸和原花青素 B1 是苹果果肉多酚组成差异地域区分的主要多酚组分。

（6）苹果果芯多酚分布的地域特征

苹果果芯中多酚组成的地域性分布特点如图 4-18 所示。PCA 分析确定了 2 个主成分，解释了样品间 35％的变异，除了丽嘎啦和秋瑾，均符合模型条件。其中儿茶素、咖啡酸、表儿茶素、金丝桃苷、广寄生苷及根皮苷是苹果果芯多酚组成差异地域区分的主要多酚组分。

（7）苹果果皮多酚分布

苹果果皮中多酚组成的地域性分布特点如图 4-19 所示。PCA 分析确定了 2 个主成分，解释了样品间 30％的变异，除秋瑾外，均符合模型条件。其中绿原

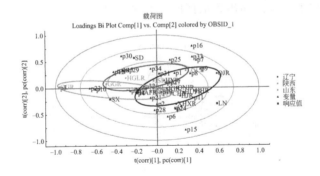

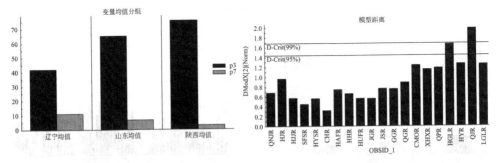

图 4-17　二十个品种苹果果肉主要多酚组成及其产地分布的双标图

CH—昌红；GG—国光；HAF—寒富；HGL—红盖露；HJJ—红将军；HUF—华富；HH—华红；HJ—华金；

HY—华月；HYS—黄元帅；JG—金冠；JS—金帅；LGL—丽嘎啦；QNJ—乔纳金；QG—秦冠；QP—青萍；

QJ—秋锦；SFS—陕西富士；XHX—新红星；CMO—常密欧；

HAFH 等品种编号；-H 表示果实芯部位，-R 表示果实果肉部位，-P 表示果实果皮部位样品。

p1～p34 代表不同品种苹果全组分中多酚组分，其中 p3、p6、p13、p15

分别表示绿原酸、表儿茶素、槲皮素-3-O-芸香糖苷和根皮苷

酸、槲皮素-3-O-芸香糖苷、槲皮素-3-O-鼠李糖苷和原花青素 C1 是苹果果皮多酚组成差异地域区分的主要多酚组分。

综合以上对苹果果皮、果肉、果芯主要多酚组成和含量分布特征的分析，苹果果肉品种间差异最小，果皮品种间差异最大，可作为品种区分的参考因素；而苹果三个部位多酚分布特征具有一定的区分度，但地域性差异并不明显。

4.3.4　全组分代谢组学及差异化分析

将超高压液相色谱飞行时间质谱仪（UPLC-ESI-QTOF-MS）采集的数据，直接导入 Progenesis QI 2.0 数据处理平台。对每个样品所采集的质谱数据文件，平台通过内置智能化自动工作流程进行数据处理。首先是数据文件的许可，通常 QI 数据分析需要；其次是数据检测和归一化；之后是数据分组和实验设计（数据文件分别按照苹果不同部位、不同品种和富士苹果不同贮藏时间进行分组）；

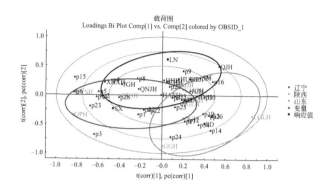

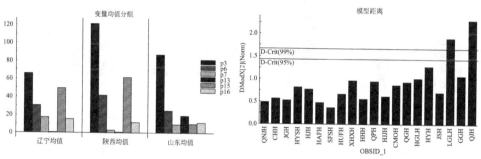

图 4-18　二十个品种苹果果芯主要多酚组成及其产地分布的双标图

CH—昌红；GG—国光；HAF—寒富；HGL—红盖露；HJJ—红将军；HUF—华富；HH—华红；HJ—华金；

HY—华月；HYS—黄元帅；JG—金冠；JS—金帅；LGL—丽嘎啦；QNJ—乔纳金；QG—秦冠；QP—青萍；

QJ—秋锦；SFS—陕西富士；XHX—新红星；CMO—常密欧；

HAFH 等品种编号；-H 表示果实芯部位，-R 表示果实肉部位，-P 表示果实果皮部位样品。

p1～p34 代表不同品种苹果全组分中多酚组分，其中 p3、p6、p13、p15

分别表示绿原酸、表儿茶素、槲皮素-3-O-芸香糖苷和根皮苷

设置化合物离子峰的筛选参数，建立数据归一化方法进行数据归一化；检查并编辑加合物和化合物形式，通过设置过滤条件 P 值$<=0.05$，VIP>1，Max fold change$>=20$，在 Progenesis 内附带数据库，MetaScope、NCBI、PUBMED 进行化合物的初步鉴定。

采用 Ezinfo.3.0（Umetrics、Umea、Sweden）软件对鉴定数据进行主成分分析（PCA）、偏最小二乘判别分析（PLS-DA）、正交偏最小二乘判别分析（OPLS-DA）多元数据统计分析，并在偏最小二乘算法（PLS）分析的基础上构建回归模型，检验代谢物组成与样品得分的相关性。通过将质谱数据导入 UNIFI Waters 软件进行代谢物鉴别和二元比较。针对 Ezinfo3.0 软件多元分析所形成的有效的特征性和差异性质核比数值，将其返回 QI 分析软件，进行数据库筛查，初步确定其化学式，并根据相应化合物不同结构的得分及相关文献分析，确定特征性组分。苹果不同部位提取物组学分析流程如图 4-20 所示。

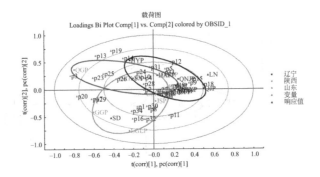

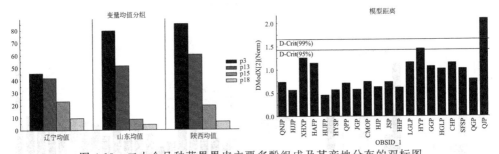

图 4-19　二十个品种苹果果皮主要多酚组成及其产地分布的双标图

CH—昌红；GG—国光；HAF—寒富；HGL—红盖露；HJJ—红将军；HUF—华富；HH—华红；HJ—华金；

HY—华月；HYS—黄元帅；JG—金冠；JS—金帅；LGL—丽嘎啦；QNJ—乔纳金；QG—秦冠；QP—青萍；

QJ—秋锦；SFS—陕西富士；XHX—新红星；CMO—常密欧；

HAFH 等品种编号：-H 表示果实果芯部位，-R 表示果实果肉部位，-P 表示果实果皮部位样品。

p1~p34 代表不同品种苹果全组分中多酚组分，其中 p3、p6、p13、p15

分别表示绿原酸、表儿茶素、槲皮素-3-O-芸香糖苷和根皮苷

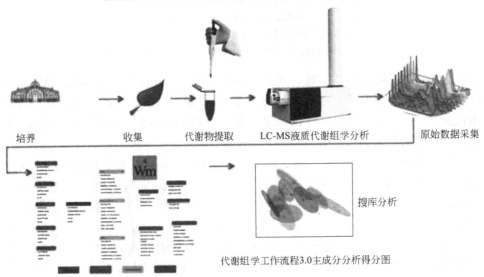

图 4-20　苹果不同部位提取物组学分析流程图

4.3.4.1　苹果皮、肉、芯各部分全组分非靶向代谢组学分析

得分图表示因变量分组（蓝、红、绿分别表示七个品种苹果果芯、果皮、果肉提取物样品的特征分布，黑色为所有样品的混合控制样品），载荷图表示决定因变量分布的所有自变量的分布特征图（距离坐标轴越远表示对分组差异贡献率越大）。非靶向多变量模型分析结果如图 4-21 所示。

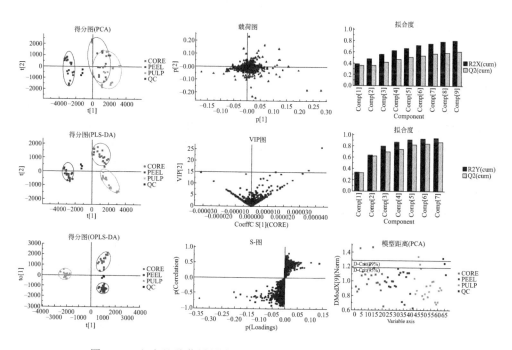

图 4-21　七个品种苹果果皮、肉、芯全组分的非靶向多变量模型
（主成分分析、偏最小二乘判别分析、正交偏最小二乘判别分析）分析

多酚是苹果中的重要次级代谢产物，其含量和组成的累积不仅与苹果基因所决定的品种相关，还与苹果生长种植及贮藏条件所引起的呼吸代谢相关。因此对七个不同品种苹果果皮、果肉、果芯全组分提取物进行超高压液相飞行时间质谱分析（UPLC-QTOF-MS），对所获得的全组分的质核比数据信息进行归一化和对齐处理，并采用两种方式进行分组：按照苹果不同部位样品和按照七个品种苹果的样品。

主成分分析（PCA）应用广泛，是从生物体系样品中提取信息，并进行归一化的多变量关系描述工具。可以通过几个主要特征变量组成，揭示多个变量内部结构。在 PCA 得分图中，品质控制样品（QC）聚成一组，表示不同时间、相同时间间隔采集的同一个样品数据具有相同/相似代谢物组成，说明样品数据采集过程中仪器条件稳定具有较高可重复性。按照苹果皮、肉、芯不同部位样品进

行分组分析，PCA分析结果表明所筛选出的10259个苹果代谢物组分作为有效变量，9个主成分可以解释80%的总体差异。苹果皮、肉、芯的代谢物组成所赋予其样品特征分布于三个独立区域，其中果肉和果芯代谢组成特征具有部分重叠，说明10259个代谢物所分组形成的9个主成分变量可有效区分苹果皮，但是对果肉和果芯的区分度不高。

进一步采用偏最小二乘判别分析（PLS-DA）对样品代谢物在分组贡献率进行成对比较分析，确定了7个主成分以区分苹果皮、肉、芯样品代谢物组成所赋予其样品特征的分布差异。PLS-DA模型的预测性（Q2）提高到了88%，并且具有很强的拟合性（R2Y），可达96%。可以看到苹果皮、肉、芯代谢物组成特征在得分图中分别位于坐标的三个象限，具有较高的聚合性和分离度。

正交偏最小二乘分析（OPLS-DA）用于延伸PCA分析的回归性，利用隶属度将变异量最大化，并引入正交因子通过矫正和过滤来分别处理系统化变量与因变量的相关性或者非相关性。因此，OPLS-DA相对于PCA分析对差异较大的样品具有更高的分辨和判别的能力。在本研究的分组中共确定了5个主成分以区分苹果皮、肉、芯三部分样品全组分，得分图显示了清晰的分组，且表现出非常小的组内差异，OPLS-DA模型变异解释能力提高到98%，且模型预测性的拟合水平为96%。

对比PCA、PLS-DA及OPLS-DA模型分析的得分图，苹果皮、肉、芯样品代谢物组成的变异逐渐变小，一定程度上说明果芯组织作为苹果品种差异鉴别具有更高的区分度。

在以上数据统计和模型分析分组的基础上对形成差异的代谢组分通过载荷图进行筛选，距离0坐标越远，协同系数与VIP比值越大，及S-聚类载荷图（S-plot loading）绝对值越大的变量点被筛选作为目标信息进行数据库筛查和文献比对，得如表4-7所示的差异性组分。结果列出了数据库分析浓度差（Δppm）<5，得分大于30分（满分60分）的组分的质核比（m/z）、保留时间（RT）、离子类型以及元素组成。其中苹果芯中相对果肉和果皮中特有的组分有5个和9个，而果肉相对果皮中特有的组分有7个。

表4-7　七个苹果品种果皮、果肉和果核的代谢标志物比较

对比项目	质荷比(m/z)判别特征	保留时间/s	离子类型	元素组成（假设）	浓度差Δppm	得分
果芯/果肉	523.4090	10.78	[M+2Na-H]	$C_{31}H_{58}O_3$	−1.55	39.5/5.54
	687.5514	12.82	[2M+H]	$C_{19}H_{37}NO_4$	−0.58	31.6/0
	541.4189	11.77	[M+2Na-H]	$C_{31}H_{60}O_4$	−2.86	39.6/9.9
	463.4442	11.93	[M+H-2H_2O]	$C_{27}H_{58}F_2N_2O_3$	1.59	39.1/0
	507.4127	11.84	[2M+H]	$C_{11}H_{23}N_7$	4.74	35.7/0

续表

对比项目	质荷比(m/z)判别特征	保留时间/s	离子类型	元素组成（假设）	浓度差Δppm	得分
果芯/果皮	391.0373	1.66	$[M+2Na-H]$	$C_{12}H_{14}N_2O_{10}$	3.70	37.9/0
	658.0060	5.22	$[M+K]$	$C_{17}H_{23}N_3O_{18}P_2$	-3.76	36.1/0.127
	652.3992n	9.89	$[M+Na]$	$C_{39}H_{56}O_8$	2.61	38.3/0.217
	1259.8003	11.54	$[2M+H]$	$C_{37}H_{51}N_5O_4$	3.83	32.2/0
	1027.6621	9.78	$[2M+H]$	$C_{29}H_{41}F_2N_5O$	-1.04	34.9/2.95
	1049.6435	9.79	$[2M+H]$	$C_{38}H_{40}N_2$	-1.98	34.8/0
	1259.8012	11.34	$[2M+H]$	$C_{37}H_{51}N_5O_4$	4.55	31.9/0
	561.2929	9.67	$[M+Na]$	$C_{31}H_{42}N_2O_6$	-1.07	37.7/0
	1291.7916	10.53	$[M+H-2H_2O]$	$C_{70}H_{118}O_{23}$	-0.70	41.6/10.7
果肉/果皮	615.0908	10.41	$[PLS+K]$	$C_{30}H_{24}O_{12}$	1.54	44/27.8
	487.3377	9.63	$[M+H]$	$C_{25}H_{46}N_2O_7$	-0.07	46.8/39.1
	501.3185	9.30	$[M+Na]$	$C_{28}H_{46}O_6$	-0.28	50.7/63.8
	501.3185	9.30	$[M+H-2H_2O]$	$C_{30}H_{48}O_8$	-4.71	49.2/63.9
	891.1693	5.44	$[M+2Na-H]$	$C_{42}H_{38}O_{19}$	-3.07	35.7/2.47
	425.3357	9.53	$[M+H-H_2O]$	$C_{24}H_{46}N_2O_5$	-3.70	50/55.4
	566.3435	9.79	$[M+Na]$	$C_{32}H_{49}NO_6$	-3.25	38.2/9.48

4.3.4.2　七个品种苹果各部分全组分非靶向代谢组学和特征性差异物分析

得分图表示因变量分组（不同颜色表示七个品种苹果三个部位提取物样品的特征分布，黑色为所有样品的混合控制样品），载荷图表示决定因变量分布的所有自变量的分布特征图（距离坐标轴越远表示对分组差异贡献率越大）。根据七个品种苹果（包括富士、秦冠、青萍、金帅、常密欧、华红和嘎啦）的果皮、果肉和果芯样品全组分所代表的品种特性进行分组分析（图 4-22），PCA 分析在 10259 个苹果代谢物组分的基础上确立了 9 个主成分，解释了 80% 的总体变异。不同品种苹果由果皮、肉、芯所表征的品种代谢特质的分组为富士与华红、嘎啦、青萍，秦冠与华红、嘎啦、青萍，金帅与华红、嘎啦，常密欧与嘎啦。各部分的总代谢物组成没有显著的交叠区域，意味着区分苹果品种的目标代谢物具有显著差异（$P<0.05$）。进一步 PLS-DA 判别分析确定了 2 个预测性的主成分，解释了其中 17% 的变异，而预测性只有 6%。基于此，7 个品种苹果明显分为 3 部分，其中嘎啦苹果皮、肉、芯部分代谢物组成与其他六个品种明显分离，华红和青萍各部分代谢物组成有重叠，而且区别于其他五个品种。OPLS-DA 判别分析确定了 5 个主成分，对变异水平的解释能力达到 98%，将七个品种分为两组，嘎啦、华红、青萍一组，富士、秦冠、常密欧、金帅一组，并且具有 96% 的变量分组预测能力。总体而言，PLS、PLS-DA、OPLS-DA 模型对七个苹果品种分组的品种间区分能力有限，可通过代谢物组成做大类的模糊划分，但进一步细分的精确度不足。

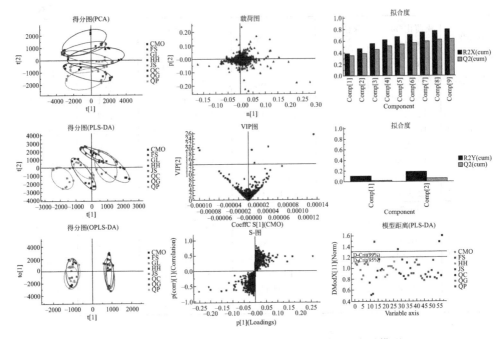

图 4-22 七个品种苹果各部分全组分的非靶向多变量模型
（主成分分析、偏最小二乘判别分析、正交结构映射判别分析）
CMO—常密欧；FS—富士；HH—华红；JS—金帅；QC—混合样品；QG—秦冠；QP—青萍

在以上数据统计和模型分析的基础上对形成差异的代谢组分通过载荷图进行筛选，距离 0 坐标越远，协同系数与 VIP 比值越大，S-plot loading 绝对值越大的变量点被筛选作为目标信息进行数据库筛查和文献比对，得如表 4-8 所示的差异性组分。结果显示嘎啦苹果与其他六个品种苹果，华红与剩下的五种及青萍与剩下的四种苹果数据库分析 Δppm＜5，得分大于 30 分（满分 60 分）的组分的质核比、保留时间、离子类型以及元素组成。其中嘎啦与华红、青萍、富士、秦冠、常密欧、金帅分别有 5 个、11 个、5 个、8 个、11 个、6 个差异的特征性代谢组分。华红与富士、秦冠、金帅、常密欧之间分别有 6 个、6 个、1 个、2 个差异的特征性代谢组分。而青萍与富士、秦冠、金帅及常密欧之间的差异特征性代谢组分分别为 5 个、2 个、1 个、2 个。在一定程度上说明嘎啦、华红和青萍与其他几个品种间非靶向代谢组分的差异依次减小。

表 4-8 七个品种苹果全组分的代谢标志物比较

对比项目	质荷比(m/z)判别特征	保留时间/s	离子类型	元素组成（假设）	浓度差Δppm	得分
GL/HH	332.1266	1.22	[M+H-H_2O]	$C_{21}H_{19}NO_4$	−4.30	37.5/6.81

续表

对比项目	质荷比(m/z) 判别特征	保留时间/s	离子类型	元素组成 (假设)	浓度差 Δppm	得分
GL/HH	547.2336	6.47	[M+H-2H$_2$O]	C$_{33}$H$_{34}$N$_4$O$_6$	−0.64	39/15.8
	550.0940n	5.46	[M+H]	C$_{24}$H$_{22}$O$_{15}$	−3.47	37.1/0
	720.2845n	5.00	[M+H-H$_2$O]	C$_{32}$H$_{48}$O$_{18}$	0.60	39.4/0
	260.0448	0.94	[M+K]	C$_{12}$H$_{13}$O$_{4-}$	−1.49	39.3/0
GL/QP	373.1773	5.19	[M+H]	C$_{20}$H$_{24}$N$_2$O$_5$	4.05	37.6/0
	332.1635	3.14	[M+H]	C$_{22}$H$_{21}$NO$_2$	−3.08	36.8/0
	356.1276n	6.08	[M+Na]	C$_{20}$H$_{20}$O$_6$	4.43	37.1/0
	441.1663	3.90	[M+H]	C$_{24}$H$_{20}$N$_6$O$_3$	−1.43	36.6/0
	287.1388	6.33	[M+H-H$_2$O]	C$_{16}$H$_{20}$N$_2$O$_4$	−0.71	37.7/0
	488.2381	8.26	[M+H-2H$_2$O]	C$_{37}$H$_{33}$NO$_2$	1.50	39/0
	317.2017	11.21	[M+H-H$_2$O]	C$_{22}$H$_{26}$N$_2$O	1.52	37.7/0
	176.0589n	3.29	[M+Na]	C$_9$H$_8$N$_2$O$_2$	1.67	37.6/0
	765.2055	4.55	[M+H-2H$_2$O]	C$_{38}$H$_{40}$O$_{19}$	3.75	37.1/0
	530.2320n	8.29	[M+H]	C$_{29}$H$_{38}$O$_7$S	−3.53	35.9/0
	526.2831	8.29	[M+H-2H$_2$O]	C$_{31}$H$_{39}$N$_5$O$_5$	3.23	37.4/0
GL/FS	314.1509	6.07	[M+H-H$_2$O]	C$_{17}$H$_{21}$N$_3$O$_4$	2.99	38.7/0
	349.1200	6.24	[M+H]	C$_8$H$_{20}$N$_4$O$_{11}$	−0.31	39.1/0
	296.1192n	6.07	[M+Na]	C$_{14}$H$_{20}$N$_2$O3$_S$	−0.94	38.1/0
	837.4750	11.75	[2M+H]	C$_{24}$H$_{34}$O$_6$	−3.99	37.4/2.84
	753.4579	12.16	[2M+H]	C$_{22}$H$_{32}$O$_5$	0.85	36.6/0
GL/QG	710.2037n	5.38	[M+H]	C$_{32}$H$_{38}$O$_{18}$	−2.99	46.7/44.3
	242.1794n	10.45	[M+H-H$_2$O]	C$_{16}$H$_{22}$N$_2$	4.72	39.3/5.43
	707.1786	4.50	[M+H-2H$_2$O]	C$_{32}$H$_{38}$O$_{20}$	−4.22	37.9/4.14
	421.1229	5.01	[M+2Na-H]	C$_{20}$H$_{24}$O$_7$	−1.12	39.8/14.3
	332.1632	3.78	[M+H-H$_2$O]	C$_{22}$H$_{23}$NO$_3$	−3.66	35.7/0.617
	711.2107	5.01	[M+H]	C$_{32}$H$_{38}$O$_{18}$	−3.42	41.8/16.8
	592.1591n	4.66	[M+H]	C$_{31}$H$_{28}$O$_{12}$	1.71	37.5/0
	682.6368	12.77	[M+H]	C$_{42}$H$_{83}$NO$_5$	3.52	34.4/1.34
GL/CMO	479.2053	3.21	[M+H-2H$_2$O]	C$_{28}$H$_{34}$O$_9$	−2.22	35.1/0
	509.1963	5.60	[2M+H]	C$_{16}$H$_{14}$O$_3$	0.90	38/3.31
	503.2426	7.94	[M+H]	C$_{31}$H$_{34}$O$_6$	−0.37	36.4/0
	333.1945	5.72	[M+H-2H$_2$O]	C$_{22}$H$_{28}$N$_2$O$_3$	−4.35	36.6/0

对比项目	质荷比(m/z)判别特征	保留时间/s	离子类型	元素组成（假设）	浓度差 Δppm	得分
GL/CMO	477.2254	6.17	[M+H-2H₂O]	$C_{29}H_{36}O_8$	−3.55	36/0
	462.2042n	5.81	[M+H]	$C_{28}H_{30}O_6$	−0.05	41.8/18.4
	518.2718	6.13	[M+2H]	$C_{50}H_{82}O_{22}$	−0.76	38.4/3.72
	625.2270	5.73	[M+H-2H₂O]	$C_{33}H_{40}O_{14}$	−1.40	36/2.15
	610.1492	2.03	[M+H-H₂O]	$C_{22}H_{29}N_9O_9S_2$	−0.72	55/93.9
	654.3008n	6.12	[M+2H]	$C_{36}H_{46}O_{11}$	−4.96	37.8/3.2
	320.1683	6.12	[M+2H]	$C_{35}H_{46}N_2O_9$	2.59	38.2/4.85
GL/JS	728.2169n	4.51	[M+H-H₂O]	$C_{32}H_{40}O_{19}$	0.77	38.9//0
	893.2753	4.89	[2M+H]	$C_{21}H_{22}N_2O_9$	3.35	37/2.89
	710.2033n	5.84	[M+H]	$C_{32}H_{38}O_{18}$	−3.58	37.6/3.66
	423.1383	6.03	[M+2Na-H]	$C_{20}H_{26}O_7$	−2.01	39.4/5.85
GL/JS	585.1953	4.67	[2M+H]	$C_{15}H_{16}O_6$	−2.36	38.3/0
	709.1946	4.44	[2M+H]	$C_{16}H_{18}O_9$	−4.08	35.7/0
HH/FS	511.1760	5.92	[M+H]	$C_{19}H_{30}N_2O_{14}$	−1.86	39.1/0
	371.0954	12.78	[M+2Na-H]	$C_{13}H_{18}N_4O_6$	4.93	43.5/40
	553.2598	8.05	[2M+H]	$C_{18}H_{16}N_2O$	0.12	39.1/0
	287.1023	3.83	[M+H]	$C_{15}H_{14}N_2O_4$	−1.30	38.3/0
	445.1157	12.78	[M+K]	$C_{23}H_{22}N_2O_5$	−0.70	40.7/21.6
	400.2122	4.51	[M+H-H₂O]	$C_{23}H_{31}NO_6$	0.81	38.5/0
HH/QG	620.2648n	12.14	[M+H]	$C_{36}H_{36}N_4O_6$	2.10	40.1/9.94
	620.2648n	12.14	[M+H]	$C_{35}H_{40}O_{10}$	4.27	39.3/6.97
	1087.2683	3.09	[M+K]	$C_{48}H_{56}O_{26}$	−0.88	45.537.1
	706.1665n	3.77	[M+Na]	$C_{39}H_{30}O_{13}$	−3.01	36.3/4.58
	479.1157	5.86	[M+2Na-H]	$C_{18}H_{26}O_{12}$	4.89	38.8/4.38
	741.2192	4.64	[2M+H]	$C_{20}H_{18}O_7$	1.91	38.6/0
HH/JS	776.5262	12.62	[M+2Na-H]	$C_{40}H_{77}NO_{10}$	0.39	37.3/0
HH/CMO	205.0879	2.63	[M+H-2H₂O]	$C_{13}H_{12}N_4O$	2.52	37.8/0
	346.1738	6.78	[M+Na]	$C_{16}H_{25}N_3O_4$	0.36	37.6/1.59
QP/FS	605.1655	3.43	[M+H-2H₂O]	$C_{32}H_{32}O_{14}$	0.18	38/0
	396.1945n	5.25	[M+H]	$C_{24}H_{28}O_5$	2.06	38.6/1.05
	581.2411	5.27	[2M+H]	$C_{17}H_{14}N_4O$	0.60	39.3/0
	291.1242n	2.16	[M+H]	$C_{15}H_{13}N_7$	3.44	37.3/0
	347.1882n	8.11	[M+H]	$C_{23}H_{25}NO_2$	−0.92	38.7/0

对比项目	质荷比(m/z)判别特征	保留时间/s	离子类型	元素组成（假设）	浓度差Δppm	得分
QP/QG	394.1788n	4.49	[M+Na]	$C_{24}H_{26}O_5$	2.02	36.8/0
	482.2334n	7.29	[M+Na]	$C_{29}H_{30}N_4O_3$	3.29	38.3/8.99
QP/JS	572.2680n	6.43	[M+Na]	$C_{24}H_{44}O_{15}$	−0.02	39.2/0
QP/CMO	239.0777	4.91	[M+2H]	$C_{22}H_{24}N_2O_{10}$	−4.83	37.6/0
	536.1435n	4.91	[M+H-2H$_2$O]	$C_{27}H_{24}N_2O_{10}$	0.77	39/0

注：FS，富士；HH，华红；GL，嘎啦；QP，青萍；QG，秦冠；JS，金帅；CMO，常密欧。

4.3.5　富士苹果不同贮藏时间各部分主要多酚变化

4.3.5.1　苹果多酚在果实空间和果实贮藏时间层面的变化分布

苹果各部分提取物样品的全组分分析（图 4-23）采用超高压液相飞行时间质谱分析，耦联的四极杆飞行时间质谱为 Xevo G2-S QTof，Waters Corp.。色谱柱使用 Acquity UPLC BEH column C18（1.7μm 2.1mm×100mm，Waters Corp.），柱温箱温度为 30℃。进样量为 5μL，流速为 0.3mL/min，流动相 A 为 0.04%乙酸，流动相 B 为含 0.04%乙酸的甲醇。洗脱梯度为：5%～95%B，11min；95%B，1min；95%～5%B，0.1min；95%B，2.9min。质谱分析是在阳离子模式下电喷雾电离获得，扫描范围为 100～1700m/z。解离气体温度为 550℃，锥孔气体流速为 50L/h，解离气体流速为 1000L/h。通过 Masslynx 软件（Waters Corp.，Milford，MA）对精确分子量和前体组成进行计算和推演。方法的稳定性主要通过每六个样品重复进一次绿原酸和儿茶素的混合标准溶液来保证。两个标准品保留时间的标准偏差在 2%以下，质量偏差小于 5mg/kg。控制对照（QC）样品为所有待测样品的等量混合物进行四等分形成四个 QC 样品，用与样品相同的质谱方法进样和数据采集，每隔六个样品进一次样，以观察仪器条件和实验方法的稳定性和可重复性。

4.3.5.2　富士苹果不同贮藏时间各部分组学分析

富士苹果在 4℃冷库冷藏 6 个月，其果皮、果肉、果芯全组分中代谢物的差异代谢组学分析结果如图 4-24、图 4-25 所示。苹果在贮藏期间皮、肉、芯全组分变异具有方向性，但是三部分依然具有明确的区分。PCA 分析在 6899 个有效变量的基础上确定了 15 个主成分，共解释了 97%的分组间差异。进一步 PLS-DA 分析对代谢物在样品分组间贡献进行比较，确定了 8 个主成分，解释了 97%的样品分组间差异，并提供了 93%的变异预测性。OPLS-DA 分析将样品内部变异进行最大化，确定了 2 个主成分，解释了 95%的分组差异，且具有 94%的变

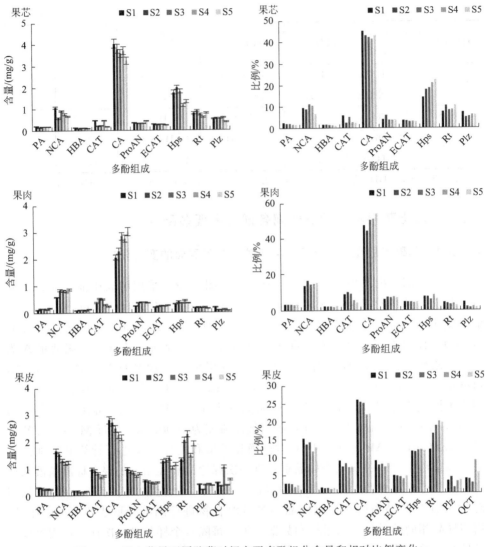

图 4-23 富士苹果不同贮藏时间主要多酚组分含量和相对比例变化

PA—原儿茶酸；NCA—新绿原酸；HBA—羟基苯甲酸；CAT—儿茶素；CA—绿原酸；

ECAT—表儿茶素；Hps—山柰素；Rt—芦丁；Plz—根皮苷；QCT—槲皮素；ProAN—原花青素

异预测性。结果显示苹果果芯代谢组在贮藏期间变化最小，果肉的变异与果芯的变异有交叠，但是具有更大的变异区间，且大于果皮在贮藏期间代谢组的变异。综上，PCA 分析具有足够的样品辨析能力，无需成对比较变异最大化处理即可达到较高的组分间差异解释能力。因此进一步对苹果贮藏期间果皮、果肉、果芯代谢组分别进行分组分析。其中果芯和果肉代谢组分呈断层式分布，分别在贮藏第三个月和第四个月组分分布区域发生改变，而果皮代谢组在贮藏期间组分特征分布的变化是连续的。

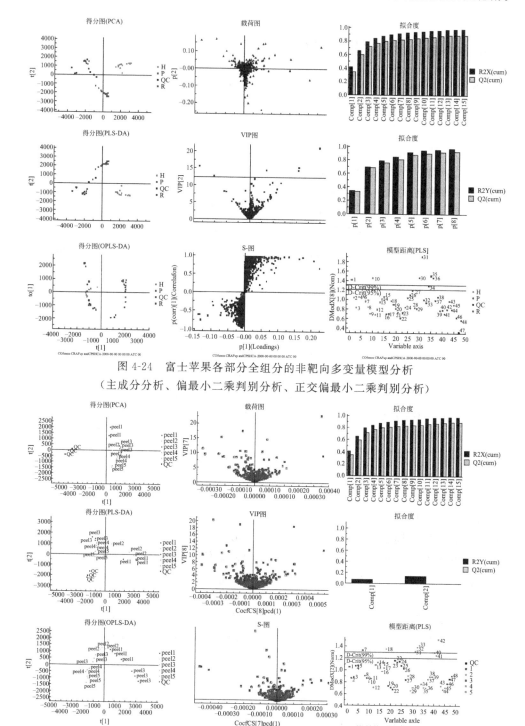

图 4-24　富士苹果各部分全组分的非靶向多变量模型分析
（主成分分析、偏最小二乘判别分析、正交偏最小二乘判别分析）

图 4-25　富士苹果不同贮藏时间各部分全组分的非靶向多变量模型分析
（主成分分析、偏最小二乘判别分析、正交偏最小二乘判别分析）

4.4　苹果多酚在食品加工中的应用

多酚在苹果及其制品感官、营养及贮藏品质形成和提升有重要作用。多酚对苹果食用、鲜切、制汁、制干、制粉加工中色泽、风味和质构有显著的影响。苹果中多数酚酸、二氢查耳酮类、黄烷酮及黄酮醇在室温条件与多酚氧化酶作用发生酶促氧化生成醌类，并进一步反应产生黄色、褐色至棕色的聚合物，引起苹果及其制品表观色泽的改变。在加热加工过程中多酚通过参与美拉德反应形成一系列小分子挥发性的醛、醇、酯类物质，对制品风味形成起一定作用。特定条件下，多酚与蛋白质等大分子反应，发生胶凝和结聚，对制品质地有重要的影响。另外，有学者指出多酚在食品热加工中以热稳定为主，参与复杂食品体系的反应，发生一系列化学变化和生物活性变化，除了对食品色、香、味品质形成有重要作用外，还对加工过程中的有害物质形成抑制产生重要影响。

苹果多酚加工方面的特性以对制品色泽品质的影响为主，这方面已有系统的研究。苹果中主要多酚组分绿原酸、儿茶素、表儿茶素和根皮苷酶促氧化褐变能力和效果存在较大差异，从大到小依次为：儿茶素、表儿茶素、绿原酸、根皮苷。其中，pH 值、温度、金属离子、抗坏血酸（维生素 C）、糖类和柠檬酸对其氧化物形成和积累的影响较大，且存在显著差异。苹果中的特征性多酚——根皮苷，在苹果汁加工过程中经酶促氧化生成一种多酚氧化物 POP2，根皮苷反应体系随时间的变化颜色也发生改变，体系初始颜色呈微黄色，随着反应的进行，颜色逐渐从亮黄色变为橙黄色，最终产物的颜色为橙红色。POP2 是苹果汁褐变和劣变的标志性检测指标。苹果多酚作为活泼的抗氧化剂参与美拉德反应及其他食品体系的化学反应，如根皮素和根皮苷在食品美拉德水相反应模型葡萄糖-赖氨酸-多酚体系（140℃、30min、pH 7.4）中，与 C2、C3 和 C6 糖裂解产物形成加合物，显著影响食品体系风味和色值。有学者系统研究了苹果多酚酶促诱发的非酶反应对苹果汁加工中褐变形成的机理和产物，发现绿原酸氧化形成的对/邻醌化合物可诱发儿茶素、表儿茶素非酶褐变的速率低于多酚自身褐变的速率。而根皮苷化学性质稳定，自身无聚合作用，绿原酸邻醌对其无诱发作用，只能在多酚氧化酶诱发下发生褐变。另外，绿原酸氧化反应形成的醌类会通过耦合氧化作用加速黄烷醇单体分解，形成色度增强的新产物。根皮苷与绿原酸及儿茶素的耦合氧化反应在呈色方面可能具有协同效应。两种或两种以上酚类共存时发生的共耦合作用，与酚单体自身的氧化反应存在很大差异，可加速或降低反应形成褐变的速度。

4.4.1　不同品种苹果鲜切表观色值变化分析

作为对照处理，鲜切苹果片在室温条件下不做处理 8h，分析其表观色泽变

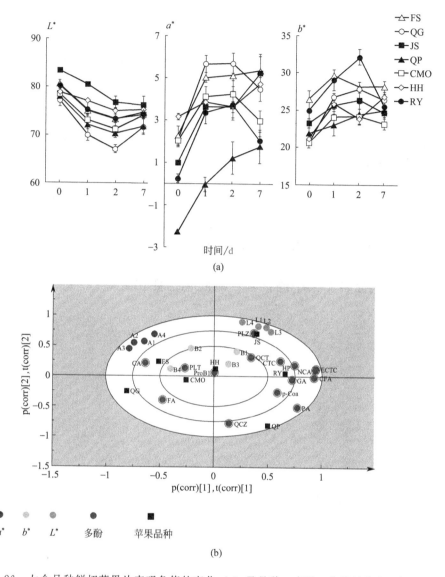

图 4-26　七个品种鲜切苹果片表观色值的变化（a）及品种、多酚、色值的分布双标图（b）

蓝色圆圈表示干燥过程中苹果片表观红值 CIEa^* 的变化分布，青色圆圈表示黄值 CIEb^* 变化的分布，黄色表示亮度值 CIEL^* 的变化分布，红色圆圈表示相关的多酚化合物组分，黑色四边形表示因变量苹果品种整体色泽变化特征的分布

FS—富士；QG—秦冠；JS—金帅；QP—青萍；CMO—常密欧；

HH—华红；RY—瑞阳；GA—香豆酰奎尼酸；PA—原儿茶酸；NCA—新绿原酸；CTC—儿茶素；

CA—绿原酸；CFA—咖啡酸；ECTC—表儿茶素；p-Coa—对香豆酸；FA—阿魏酸；

HP—槲斗皮素-3-O-半乳糖苷；PLZ—根皮苷；QCT—槲皮素；QCZ—槲皮苷；PLT—根皮素

化情况：7 个品种苹果片发生了不同水平褐变 4.61～10.20，褐变度从大到小依次为秦冠、瑞阳、富士、常密欧、青萍、华红、金帅，如图4-26（a）所示。PCA多变量模型分析表征了不同品种苹果片多酚组成及含量与表观褐变所分解成的亮度值、红值、黄值变化的总体特征与其各变量的关系，如图4-26（b）双标图所示。PCA分析确立了两个主成分得分为0.330、0.235（$^*P<0.05$）。在此条件下，七个品种苹果分布于不同坐标区域，其中富士苹果片表观色值变化以红值a^*和黄值b^*的增加为特征，而金帅表观色值的改变以其亮度值的减小为特征，华红苹果片特征性分布靠近原点，常密欧和瑞阳特征性分布靠近y轴，表明其表观色值变化与模型的主要特征变量相关性不高，分布没有特定规律。

绿原酸和根皮苷是富士苹果片表观红值和黄值增减的主要原因，而阿魏酸是秦冠苹果片红值和黄值增加的主要原因。金帅苹果片的亮度值和黄值变化分布依次与表儿茶素、新绿原酸、金丝桃苷相关，而青萍表观色值的变化与槲皮素、原儿茶酸及对香豆酸显著相关（$^*P<0.05$）。

4.4.2　不同品种苹果干燥过程中表观色值变化分析

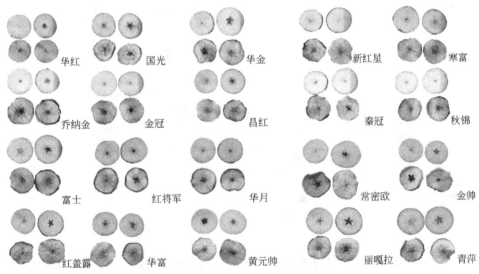

图4-27　二十个品种苹果横截面切片及相应热风干制苹果片示意图

对二十个品种苹果全果进行横截面切片，比较鲜切苹果片及热风干制苹果片表观色泽及分布情况，如图4-27所示。不同品种鲜切苹果片表观色泽存在一定差异，从均匀的纯白色、乳白到米色不等，而其相应的热风干制苹果片表观色泽表现出较大的品种间差异和不均匀分布的特点。其中，寒富、秦冠、昌红、富士、红将军、常密欧、红盖露、华富等品种苹果片表现出显著的褐变，且苹果片色泽在横截面上呈现果芯到果皮褐变水平依次降低的特点。华红、金帅、金冠三个品种热风干制苹果片表观褐变水平低，且色泽相对均匀，除果芯部分呈现较深的颜色外，褐变层次不显著。

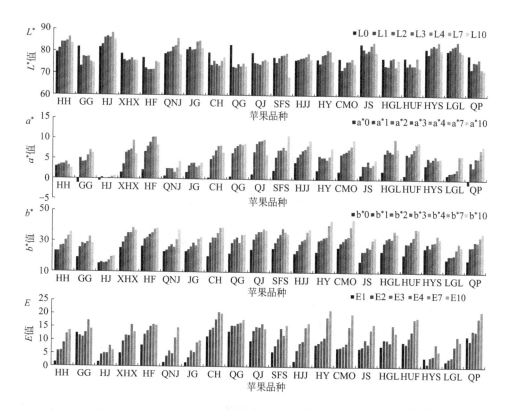

图 4-28　二十个品种苹果切片热风干制过程中表观色值 CIEL*a*b* 随时间变化

HH—华红；GG—国光；HJ—华金；XHX—新红星；HF—寒富；QNJ—乔纳金；JG—金冠；CH—昌红；
QG—秦冠；QJ—秋锦；SFS—陕西富士；HJJ—红将军；HY—华月；CMO—常密欧；JS—金帅；
HGL—红盖露；HUF—华富；HYS—黄元帅；LGL—丽嘎啦；QP—青萍

二十个品种苹果切片热风干制过程中褐变的形成所造成的不愉悦的视觉体验，进一步通过 CIE Lab 表色系统对苹果片表观色泽进行三原色的分解以量化苹果片表观颜色。亮度值 L^*、红值 a^*、黄值 b^* 及色泽的总变化值 E 随着热风干制时间推移的变化如图 4-28 所示。

在干制开始的第一个小时，褐变发生在几乎所有 20 个品种苹果切片中，其中秋锦苹果片褐变值高达 13.35，而华红、华金、乔纳金、金冠、红将军、黄元帅和丽嘎啦苹果切片的总褐变值不到 5。具体说来，除了以上七个低褐变水平苹果切片外，其余品种苹果切片显示出显著的亮度值 L^* 降低、红值 a^* 和黄值 b^* 的升高。这可以解释为在干燥的初始阶段，多酚氧化酶被不同程度的激活从而加速了多酚类物质氧化所引起的表观褐变。

在接下来的六小时干燥中，除了少数例外，不同品种苹果片表观的色泽总变化值 E、亮度值 L^*、红值 a^*、黄值 b^* 均逐渐增加，并且显示出较大的误差，主要是色值变化在苹果片上的不均匀分布引起的。一方面是由于水分的移除降低了光线的折射和吸收从而增加了苹果片的亮度值，一方面多酚氧化形成的醌类化合物进一步聚合形成褐色素，并且在水分含量逐渐降低的过程中，糖分中的还原结构和游离碱性氨基酸发生的部分美拉德反应形成大分子褐色素是苹果片表面红值和黄值增大的主要原因。此外，不同品种苹果切片表面褐变速率显著不同，其中华红、华金、乔纳金、金冠和红将军保持较高的褐变速率，这与不同品种苹果中糖、氨基酸、多酚、维生素等褐变相关因子的水平差异相关。

在干燥的最后三小时，褐变速率在一些品种苹果中急剧升高，包括国光、昌红、红将军、华月、常密欧、红盖露、华富、黄元帅、丽嘎啦及青萍，表现为黄值 b^*、红值 a^* 升高和 L^* 值降低。这主要归因于低水分含量时干制苹果片体系中美拉德反应及焦糖化反应成为主导。

通过对苹果切片干制过程进行阶段划分及每个阶段表观色泽的色值变化和变化速率的分析，可以发现决定干制苹果片最终色泽的是干燥初始阶段的多酚酶促氧化褐变及干燥后期的美拉德褐变反应。而干制苹果片表观褐变的不均匀分布及各色度值较大的变异表明褐变更多的与苹果切片截面上区域性分布的褐变相关因子密切相关，而且与不同品种苹果中褐变相关底物的组成和含量存在显著关联。因此，进一步对苹果中主要多酚与干制过程中苹果片表观色值，亮度值 L^*、红值 a^*、黄值 b^* 及褐变值 E 的相关性进行分析。

4.4.3　苹果干燥过程中表观色值与苹果各部分多酚组成的相关性分析

p3、p6、p13、p15 分别表示绿原酸、表儿茶素、槲皮素-3-O-芸香糖苷和根皮苷。通过相关距离描述苹果皮、肉、芯中绿原酸、表儿茶素、槲皮素-3-O-芸香糖苷和根皮苷在干燥过程中与苹果片表观褐变值、亮度值、红值及黄值的相关关系如图 4-29 所示。得分值距 x 轴的绝对距离越大，表明此时多酚与该色度指标的相关性越高。

苹果芯和苹果皮部分的绿原酸在干燥初始阶段与色泽总变化值呈正相关，而果肉中的绿原酸与初始阶段色泽总变化值呈负相关。此外，果肉中的绿原酸与苹果片干制最初始阶段中表观红值 a^* 的变化高度相关，且大于其与黄值 b^* 的相关性，而与亮度值 L^* 呈负相关。果芯和果皮中的绿原酸与苹果片干制初始阶段表观红值和黄值变化呈负相关，而与亮度值呈正相关。在干燥过程中苹果皮、肉、芯中的绿原酸含量与表观的色泽总变化值、亮度值、红值及黄值的相关距离在不断发生变化，总体在干燥初始及干燥后期表现了较大的正相关或负相关，而干燥中间阶段相关性减小。

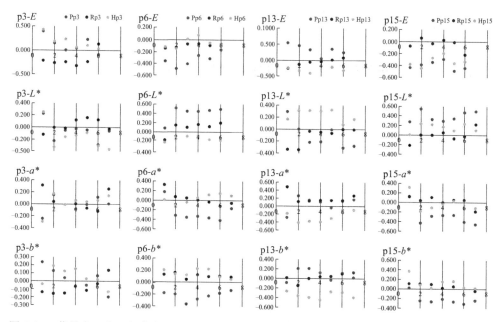

图 4-29　苹果皮、肉、芯中主要多酚与苹果片热风干制过程中苹果片表观色值间相关距离对比
P—苹果皮；R—苹果肉；H—苹果芯

苹果皮中儿茶素水平与苹果切片色泽总变化值、红值及黄值均有较高的负相关性，且大于果芯和果肉中的儿茶素水平与以上三个色度值的相关性。

4.4.4　干燥过程中多酚累积变化与表观色值相关性研究

多酚是苹果片发生酶促褐变及褐色素形成的主要底物和前体物质，因此苹果多酚的含量和组成在干制苹果片表观褐变中起重要作用。具有不同形态、质构、滋味、色泽的不同品种苹果在多酚含量和组成上存在很大差异，这也是不同品种苹果干制表观褐变程度差异的主要原因，所以在研究多酚组成与褐变形成关系中，选择具有不同多酚组成的多个苹果品种，包括富士、秦冠、金帅、青萍、常密欧、华红、瑞阳。具体追踪了苹果果肉中 15 种主要多酚化合物在热风干制过程中随水分降低的含量变化，包括香豆酰奎宁酸、原儿茶酸、儿茶素、绿原酸、咖啡酸、表儿茶素、对香豆酸、阿魏酸、槲皮素-3-O-半乳糖苷、根皮素、槲皮苷、根皮苷等。其中绿原酸（25.37～215.06μg/g）、儿茶素（7.65～31.31μg/g）、表儿茶素（5.80～80.70μg/g）、根皮苷（11.40～40.91μg/g）、槲皮素（12.24～30.20μg/g）是丰度较高的酚类化合物。这与此前收集的来自英国的 66 个苹果品种和来自中国的 58 个品种及德国的 20 个品种苹果果肉多酚含量和组成相当（Anasyasiadi et al.，2017）。其中绿原酸是富士、秦冠、金帅和常密欧苹果果肉中的主要多酚，分别占总多酚的比例为 53.13g/100g、75.45g/100g、

44.47g/100g、55.81g/100g，而表儿茶素是青萍、华红、瑞阳苹果果肉中主要多酚，占总多酚的比例分别为 30.31g/100g、35.16g/100g、32.34g/100g。

4.4.5　苹果片干燥过程中多酚组分累积变化规律

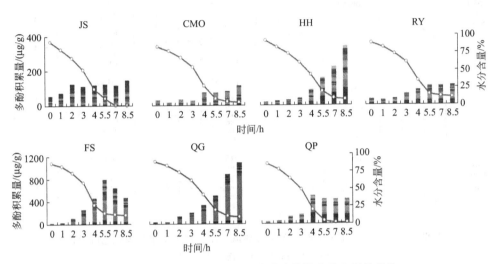

图 4-30　干制脱水过程中随水分脱除苹果多酚含量的变化

JS—金帅；CMO—常密欧；HH—华红；RY—瑞阳；FS—富士；QG—秦冠；QP—青萍

在苹果片干制过程中，多酚的变化很大程度取决于干燥温度、风速等条件。本研究在前期实验优化的最高品质和高效节能干燥工艺参数的基础上，设置热风干燥温度 65℃，风速 2m/s。在此条件下，监测了苹果片干燥过程中多酚化合物的质量比例的积累（图 4-30）。其中富士和秦冠苹果片中绿原酸的相对质量比例累积速度最快，其在干苹果片中的质量分别是鲜苹果中的 74 倍和 26 倍。在金帅和常密欧苹果片中绿原酸质量分别提高了 2 倍和 5 倍。在青萍和瑞阳苹果片中，表儿茶素是主要积累的多酚化合物，而华红苹果片中咖啡酸、表儿茶素及儿茶素都有显著的累积效应。不同品种苹果片干燥过程中多酚相对含量的累积呈现明显差异，与苹果果肉基质的糖组成、有机酸含量、矿物质、多酚相对组成及果肉质构均相关。与之对应的是干燥过程中多酚化合物绝对含量的显著降低，通常绿原酸在干燥苹果片中含量比鲜果中低 87%，47℃热风干燥苹果片中儿茶素和表儿茶素含量下降，而表没食子酰儿茶素含量升高到约 50g/100g。除此之外，槲皮素-3-O-半乳糖苷、槲皮素-3-O-鼠李糖苷及槲皮素-3-O-芸香糖苷在热风 47～90℃干燥中，含量下降 8%～92%。在苹果片干燥过程中，不同多酚累积变化的差异，与苹果片基质状态发生改变导致的多酚提取率升高相关，尽管绝对含量下降，但相对提取率和检测量随着水分移除而升高。其中多酚累积以松散耦合的方式存在，因此在干燥过程中易于相互作用，与表观色泽的变化密切相关。

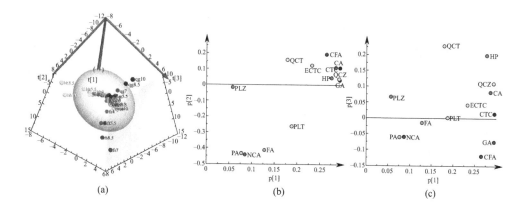

图 4-31　七个品种苹果片干制中多酚组成变化特征的 3D 图

js—金帅；cmo—常密欧；hh—华红；ry—瑞阳；fs—富士；qg—秦冠；qp—青萍；
GA—香豆酰奎尼酸；PA—原儿茶酸；NCA—新绿原酸；CTC—儿茶素；CA—绿原酸；
CFA—咖啡酸；ECTC—表儿茶素；p-Coa—对香豆酸；FA—阿魏酸；HD—槲皮素-3-O-半乳糖苷；
PLZ—根皮苷；QCT—槲皮素；QCZ—槲皮苷；PLT—根皮素

干燥过程中苹果多酚累积与品种间差异及关键组分比较采用主成分（PCA）分析，结果如图 4-31。PCA 分析广泛应用于分析研究对象体系中多个描述性变量数据信息提取和优化的数学工具，通过少数几个主要成分揭示多个变量数据内部结构。不同品种苹果多酚组成变化的整体特征如三维得分图所示，富士、秦冠和华红苹果在热风干燥过程中其多酚变化显著，且呈现不同的分布区域和方向。其他四个苹果品种干燥过程中多酚相对组成及含量变化幅度小，没有显著空间分布，且具有相似的特征。表明热风干燥过程中苹果片中多酚变化与总多酚的含量有关，同时受其相对组成的影响。具体来说苹果多酚各组分与 PCA 分析中三个主成分的关系如载荷图[图 4-31(b)、(c)]所示。载荷图显示了各主要多酚组分分布分别与主成分 PC1、PC2、PC3 的关系，其中绿原酸、儿茶素、咖啡酸及金丝桃苷的累积变化与 PC1 呈显著正相关（$R = 0.409$，$^*P < 0.05$），是富士苹果片干燥过程中特征变化的多酚组分。而原儿茶酸、新绿原酸及阿魏酸与 PC2 呈显著负相关（$R = -0.184$，$^*P < 0.05$），是华红苹果片干燥中特征性累积变化的组分。槲皮素和金丝桃苷的特征性累积变化与 PC3 相关，是秦冠苹果片干燥中多酚变化的主要特征性组分。

4.4.6　苹果片干燥过程中表观色值变化规律

不同品种鲜苹果果肉色泽存在差异，而其表观色值的改变——褐变发生在几乎苹果片切分处理后的每个环节，主要是多酚酶促氧化反应引起的。为避免初始褐变的发生，在苹果片热风干燥前应严格采取低温处理，而在热风干燥过程中通过记录苹果片样品表观的 CIE L^*、a^*b^* 值及改变 ΔE 值，以监测苹果片表观色泽的改变（图 4-32）。由图可知，水分含量在 75% 以上时，富士、常密欧及华红苹果片的亮度值 L^* 逐渐升高，而在秦冠、青萍及瑞阳苹果片中急剧下降而后升高。水分含量在 20%～70% 时 L^* 值保持稳定，而在水分含量低于 15% 时显著降低。七个品种苹果片的红值 a^* 和黄值 b^* 在干燥过程苹果片水分含量下降至 40% 的过程中有不同程度的升高。同时红值与亮度值和黄值相比，表现更高的标准误差，说明苹果片表面出现褐变的不均匀程度，与苹果果实中多酚的不均匀分布及果肉质构特性的差异密切相关。七个品种苹果热风干燥过程中表观褐变度从大到小依次是秦冠、常密欧、瑞阳、华红、青萍、富士、金帅。

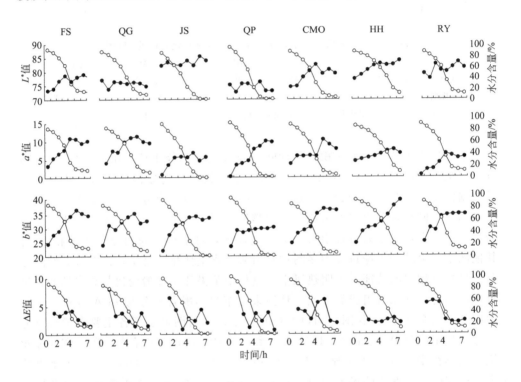

图 4-32　苹果片热风干制过程中随水分降低表观色值的变化
FS—富士；QG—秦冠；JS—金帅；QP—青萍；CMO—常密欧；HH—华红；RY—瑞阳

　　苹果片褐变涉及多种色泽相关的化学反应，包括抗坏血酸氧化、多酚酶促氧化、美拉德反应和焦糖化反应。在热风干燥处理初期，多酚酶促氧化被局部激活，导致亮度值下降，红值和黄值显著升高而引起表观褐变；随着水分的蒸发，苹果片表观水分对光线的吸收和折射减小，亮度值、红值和黄值均升高。水分含量低于 15% 时，美拉德反应引起的褐变反应加速导致红值和黄值的进一步升高，褐变程度增加。对苹果片热风干燥过程中表观色值的改变进一步采用多变量统计模型进行特征分析，如图 4-33。以苹果片表观色值 L^*、a^*、b^* 变化为自变量，不同品种苹果为因变量，得其相对分布的双标图，PCA 分析确定了 2 个主成分，分别解释了 48.4% 和 24.8% 苹果片样品分布特征与色值变化分布的相关性（$^*P$ < 0.05）。其中富士和秦冠苹果片色值以红值的变化为主要特征，华红苹果片色值以亮度值和黄值的改变为主要特征，而金帅和瑞阳苹果片以亮度值的变化为特征。青萍表观颜色变化主要表现为 a^* 值的改变，但其程度介于富士和秦冠苹果片之间，具有较大的不均一性，因而独自分组。图 4-33（b）表示干燥过程中七个品种苹果片表观色泽特征与主成分 PC1 距离的概率，从金帅到秦冠依次减小。

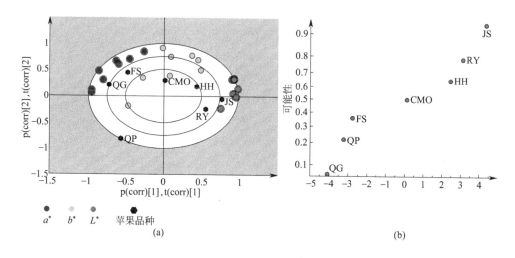

(a)　　　　　　　　　　　　(b)

图 4-33　七个品种苹果片热风干燥过程中表观色值分布双标图

FS—富士；QG—秦冠；JS—金帅；QP—青萍；CMO—常密欧；HH—华红；RY—瑞阳

4.4.7　苹果片干燥多酚变化与表观色泽特征值形成的关系

对苹果片热风干燥过程中多酚积累与表观色值 CIE L^*、a^*、b^* 的相关性进行量化分析，结果如表 4-9。对不同的苹果品种，特定多酚组分的相对质量的累积变化与 CIE L^*、a^*、b^* 色值的变化关系是不同的。在富士苹果片中，表观亮度值的变化与其槲皮素-3-O-半乳糖苷的累积呈显著正相关（0.838，$^{**}P$ < 0.01），而其红值与黄值的波动依次与绿原酸、儿茶素、新绿原酸及咖啡酸显著相关（$^{**}P$ < 0.01）。同样，在秦冠苹果片中，其表观色泽的红值和黄值与绿原酸的累积变化显著相关，在金帅苹果片中绿原酸、儿茶素及咖啡酸与其表观红值和黄值显著相关，而对瑞阳苹果片，其表观红值和黄值依次与儿茶素、绿原酸和新绿原酸显著相关。

表 4-9　苹果片热风干燥过程中表观色值变化与多酚组成变化的相关性研究

品种	指标	香豆酰奎尼酸	新绿原酸	儿茶素	绿原酸	咖啡酸	表儿茶素	槲皮素-3-O-半乳糖苷	根皮苷	槲皮苷	根皮素
FS	L^*	0.713*	0.624	0.721*	0.790*	0.757*	0.44	0.838**	0.726*	0.549	0.484
	a^*	0.934**	0.837**	0.877**	0.906**	0.840**	0.698	0.851**	0.848**	0.701	0.471
	b^*	0.942**	0.872**	0.919**	0.953**	0.913**	0.7	0.943**	0.906**	0.778*	0.61
QG	L^*	—	—	−0.07	−0.193	−0.125	−0.169	−0.127	0.124	−0.112	—
	a^*	—	—	0.577	0799**	0.52	0.548	0.603	0.292	0.508	—
	b^*	—	—	0.499	0.832**	0.446	0.48	0.523	0.215	0.455	—
JS	L^*	0.559	0.003	0.099	0.245	0.118	−0.268	0.554	—	—	0.372
	a^*	0.658	0.704	0.810*	0.903**	0.908**	0.858**	0.703	—	—	0.679
	b^*	0.795*	0.683	0.795*	0.918**	0.880**	0.687	0.824**	—	—	0.737*
QP	L^*	0.059	−0.064	−0.034	−0.106	0.105	0.145	—	−0.462	—	0.303
	a^*	0.545	0.807*	0.812*	0.706	0.740*	0.793*	—	0.738*	—	0.604
	b^*	0.596	0.682	0.622	0.498	0.595	0.557	—	0.377	—	0.498
CMO	L^*	0.431	0.602	0.790*	0.668	0.532	0.55	0.516	—	0.472	0.561
	a^*	0.756*	0.724*	0.372	0.462	0.473	0.428	0.67	—	0.761*	0.740*
	b^*	0.826**	0.916**	0.761*	0.792*	0.757*	0.732*	0.790*	—	0.856**	0.856**
HH	L^*	0.860**	0.745*	0.728*	0.676	0.722*	0.623	0.617	0.21	0.612	0.761*
	a^*	0.745*	0.673	0.597	0.787*	0.633	0.462	0.698	0.413	0.694	0.721*
	b^*	0.911**	0.915**	0.883**	0.921**	0.900**	0.817*	0.886**	0.219	0.883**	0.922**
RY	L^*	0.561	0.577	0.577	0.611	—	0.408	0.469	0.464	0.336	0.195
	a^*	0.816*	0.852**	0.919**	0.910**	—	0.587	0.763*	−0.203	0.654	0.593
	b^*	0.789*	0.779*	0.839**	0.843**	—	0.578	0.741*	−0.132	0.649	0.49

注：结果表示为皮尔森相关系数，* $P<0.05$；** $P<0.01$。

FS，富士；QG，秦冠；JS，金帅；QP，青萍；CMO，常密欧；HH，华红；RY，瑞阳。

在常密欧和华红苹果片中，其表观黄值的变化与所监测的主要多酚均具有显著相关性。此外，除富士、秦冠和华红苹果片，其余四个品种苹果片干燥过程中表观亮度值与所检测的任一种多酚都不具备相关性。总体而言，绿原酸和儿茶素与七个品种苹果片干燥过程中表观红值和黄值变化显著相关，且相关性大小与苹果品种所决定的果肉组织化学组成和质构特征有关。这取决于儿茶素和绿原酸的褐变反应所涉及的羟基化、耦合氧化及氧化聚合。鲜切苹果片褐变反应普遍存在于不同品种苹果中，而且本研究中鲜切苹果表观褐变的特征分布与其对应的干制苹果片表观褐变的特征分布呈现一致性，表明干制苹果片表观褐变形成主要是由自然条件下多酚酶促氧化反应引起的，与多酚的组成和含量密切相关。而且鲜切苹果片和热风干燥苹果片的平均褐变水平分别为 6.72 和 22.31，说明热风干燥处理在一定程度上加速并延伸了酶促氧化褐变的影响。

4.4.8　不同干燥方式苹果片表观色值对比

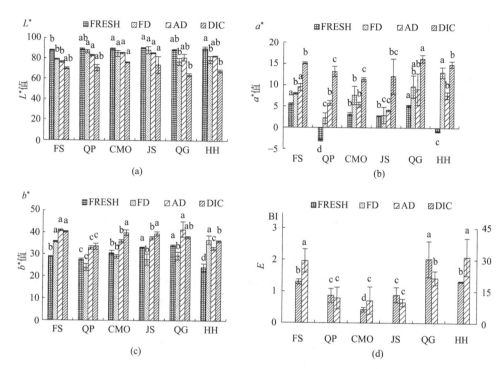

图 4-34　不同干制苹果片表观色值比较分析

FRESH—新鲜；FD—冷冻干燥；AD—热风干燥；DIC—压差闪蒸联合干燥；

FS—富士；QP—青萍；CMO—常密欧；JS—金帅；QG—秦冠；HH—华红

冷冻干燥（FD）、热风干燥（AD）和压差闪蒸联合干燥（DIC）苹果片呈现出显著的感官色泽差异（图 4-34）。经过速冻、深冻、真空升华、脱水，冷冻干燥苹果片基本呈现苹果果肉初始色值，不同品种苹果果肉色值也存在差异，富士、秦冠、金帅苹果果肉表观的 CLE L^*、a^*、b^* 值分别为 82.5、9.8、33.9，这与华红、常密欧和青萍的表观色值 CIE L^*、a^*、b^*（91.9、1.4、27.4）有显著不同。

经过 AD 和 DIC 处理得到的苹果片呈现显著的表观褐变，显示出更低的亮度值，更高的红值和黄值。富士、秦冠、金帅、青萍的 DIC 苹果片的褐变度显著高于其 AD 苹果片。而常密欧、华红的 AD 和 DIC 苹果片表观色值没有显著差异。说明苹果片表观褐变可以作为区分其加工方法的外部指标，直观但是准确度和预测性并不强。

考虑到褐变的表观现象涉及的物质组成和化学反应，包括抗坏血酸氧化、多酚酶促氧化、美拉德反应、焦糖化反应及各反应之间的相互作用。三种干燥方式的工艺决定了其干燥中涉及的化学反应及反应后物质组成的差异。因此考虑结合其全组分的化学组成及特征性差异组分对三种不同干燥方式苹果片进行区别，揭示不同干燥技术对苹果制品总体差异的影响。

4.4.9 不同干燥方式苹果片主要多酚组分指纹分析

三种不同干燥方式苹果片主要多酚组成如图 4-35 所示。对 14 个主要多酚化合物，包括没食子酸、原儿茶酸、新绿原酸、对羟基苯甲酸、儿茶素、绿原酸、咖啡酸、原花青素 B1、表儿茶素、对香豆酸、阿魏酸、金丝桃苷、芦丁、根皮苷进行了定性和定量的分析。绿原酸是鲜苹果中含量最高的酚酸类物质，其中 FD 苹果片中绿原酸水平在 $76.23 \sim 671.36 \mu g/g$，其含量在富士、秦冠、金帅、青萍、常密欧、华红中分别占总多酚的 39.37%、78.50%、40.07%、20.07%、52.64% 和 25.29%。大部分 AD 苹果片中绿原酸比例高于 FD 苹果片，分别为 50.34%、81.49%、39.21%、24.42%、56.70%、33.03%。而大部分 DIC 苹果片中绿原酸的比例水平居于 FD 和 AD 之间，为 44.71%、80.81%、46.01%、28.64%、54.91%、30.32%。新绿原酸是绿原酸的异构体，其含量在 $4.34 \sim 345.61 \mu g/g$ 范围之内，且其在 AD 和 DIC 苹果片中的占比小于其在 FD 苹果片中的比例。苹果片中其他羟基肉桂酸（咖啡酸、对香豆酸、阿魏酸）之和所占总酚比例的范围为 $0.33\% \sim 3.08\%$，且其在不同干燥处理苹果片中的分布没有显著的特征。其他羟基苯甲酸类，包括没食子酸、原儿茶酸在 AD 和 DIC 苹果片中含量显著高于 FD 苹果片，且不同品种苹果中的含量存在差异。不同温度及不同干燥时间处理会引起不同程度的多酚裂解转化，形成小分子酚酸，且其累积量还与原料的干制途径，如焙烤、冷冻、日光、热风、微波等有关。

此外，黄烷醇类，包括表儿茶素、儿茶素、原花青素 B1，在富士、秦冠、金帅、青萍、常密欧和华红的 FD 苹果片中占总多酚的比例分别为 14.21%、7.16%、17.69%、20.02%、10.84%、19.37%。AD 和 DIC 苹果片中黄烷醇含量占总多酚的比例显著降低。这是普遍存在于多种果蔬原料中的现象，如在红枣、酸樱桃、无花果的加热干燥过程中，黄烷醇含量显著降低，但在特定干制处理中含量增加。表明黄烷醇的变化是与干燥的工艺参数密切相关的，主要是因为果蔬组织中游离黄烷醇比结合态的水平高，因此黄烷醇总体降解量大于从大分子释放游离的积累量。

苹果中的黄烷酮类，包括槲皮素-3-O-吡喃半乳糖苷和槲皮素-3-D-芸香糖苷，在富士、秦冠、金帅、青萍、常密欧和华红 FD 苹果片中占总多酚的比例分别为 7.72%、10.00%、15.17%、8.93%、23.25% 和 16.81%。有研究表明苹果中槲皮素-3-O-鼠李糖苷和槲皮素-3-O-芸香糖苷特定热风干燥条件下发生降解，

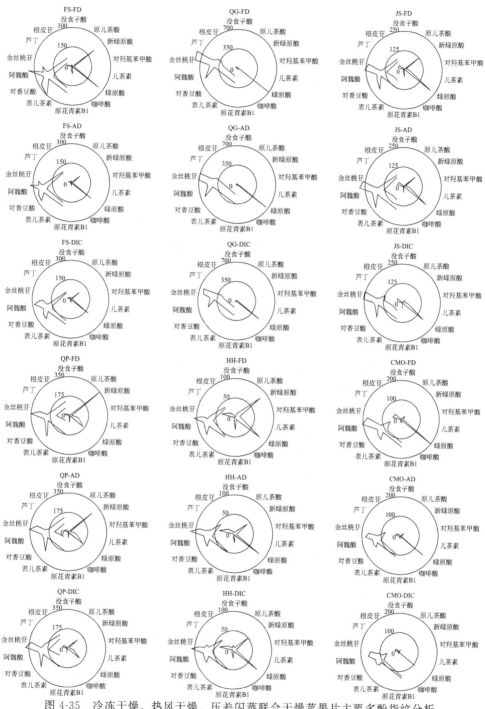

图 4-35　冷冻干燥、热风干燥、压差闪蒸联合干燥苹果片主要多酚指纹分析

FS—富士；QG—秦冠；JS—金帅；QP—青萍；HH—华红；CMO—常密欧；

FD—冷冻干燥；AD—热风干燥；DIC—压差闪蒸联合干燥

含量下降，而在无花果、红洋葱的低温干燥中含量升高。此外，400MPa、600MPa 高压处理不同品种苹果可显著提高黄烷酮的提取率至 31.3%、77.6%。

苹果多酚与其制品的风味、色泽及营养价值密切相关，苹果干制中多酚会发生一系列变化，通常冷冻干燥在低温下进行处理，其多酚含量和组成与鲜果没有显著差别。热处理干燥会引起多酚降解与聚合，激活多酚氧化酶/过氧化酶，引起酚类化合物的氧化，或与大分子物质如多糖、蛋白质发生结合反应，也与其他酚类化合物聚合发生结构改变，进而使苹果干制品在风味、色泽及营养品质方面产生差异。从另一个角度讲，不同干燥方式引起的苹果组织结构破坏，使多酚提取率/生物可利用率发生了改变，进而影响了其营养功能品质。

冷冻干燥、热风干燥及压差闪蒸联合干燥苹果片主要多酚的靶向分析表明，三种方式的苹果片的差异来源于主要多酚相对组成的改变，而非某个特定多酚的改变，因此需要进一步通过非靶向方法确定能够区分三种干制苹果片物质组成的特征性和差异性组分。

4.4.10 不同干燥方式苹果片全组分差异分析

采用超高压液相飞行时间质谱（UPLC-QTOF-MS）进行不同苹果片全组分质谱数据采集，并结合 QI 数据处理和代谢组学分析及多元统计分析，得到冷冻干燥、热风干燥、压差闪蒸联合干燥苹果片的化学组成差异，并进一步筛查三种干制苹果片中特征性物质组分。通过 PCA 分析（图 4-36），从得分图可知冷冻干燥苹果片与热风及压差闪蒸联合干燥两种热处理苹果片在化学组成特征方面分布于不同的区域且没有交叠，而热风和压差闪蒸联合干燥苹果片在物质组成上没有明显差别，基于载荷图中初步筛查出的 7659 个化合物的质核比信息，一共确定了 19 个主成分，解释了 96% 的总体差异。而 PLS-DA 分析中对三种干燥苹果片的化学组成特征分布进行成对分析，确定了 7 个主成分，解释了 91% 的整体变异（R2Y），对变异的预测能力达到 79%（Q2）。从得分图可看出热风干燥和压差闪蒸联合干燥苹果片在 PLS-DA 分析模型中交叠区域变小，两种干燥方式有显著的独立专有区域，可进行特征差异性组分的筛选。进一步的 OPLS-DA 分析因变量的变异对系统总体变异的影响，通过 4 个主成分提高因变量的总区分度，总的拟合度为 98%，而且对三个品种苹果片差异的预测性达到 97%。

苹果的品种对不同干燥方法得到的苹果片化学组成的差异影响显著（$P^* <$ 0.05），是分辨不同干燥方式特征性差异组分的干扰因素。因此按照富士、秦冠、青萍、金帅、常密欧和华红对苹果品种进行分组，以品种为因变量进行多元统计分析（图 4-37）。PCA 得分图显示，同样是 19 个主成分解释了 96% 的样品间差异，秦冠苹果片与其他几个品种苹果片的特征化学组成显著不同，分布独成一个区域；富士和青萍与常密欧、华红、金帅显著不同，分属于两个区域。在 PLS-

DA 分析模型中，基于所有样品有效的 7659 个质核比信息，确定了 11 个主成分对所有变量进行归类，结果具有很高的变异解释能力和变异预测能力，分别是 97% 和 91%。除了常密欧、金帅和华红存在部分交叠外，秦冠、富士及青萍分别独立于不同的区域，表明这三个品种苹果片在化学组成上的差异大于不同干燥处理，而其余三个品种则具有更多的相似性。在 OPLS-DA 模型分析中，确定了 5 个主成分，对所示的两个分组品种的苹果片解释了 99% 的样品间变异，并具有 98% 的样品间差异预测能力。

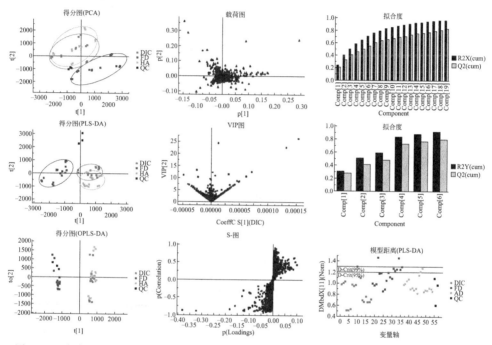

图 4-36　冷冻干燥、热风干燥、压差闪蒸联合干燥苹果片全组分多变量模型拟合组学分析

4.4.11　不同干燥方式苹果片差异物分析

通过变量的分布，对引起不同干燥苹果片特征性分布的化学组分（表 4-10）进行筛选和查库鉴定。PCA 载荷图中 $|P| > 0.1$ 的组分有 27 个；PLS-DA 的回归图中 VIP>10、c>0.00005 的区域有 11 个变量；而在 OPLS-DA 的 S-plot 回归图中，有 9 个变量与不同干燥方式苹果片间差异的产生密切相关。

三种干制苹果片的感官色泽呈现显著差异，FD 苹果片基本呈现苹果果肉初始色值，AD 和 DIC 苹果片表观呈现显著的褐变，褐变水平取决于苹果品种。苹果片中酚酸类、黄烷醇、黄酮醇的比例在 FD、DIC、AD 苹果片中依次下降，不足以作为其差异性组分。全组分非靶向组学分析表明，FD 显著区别于 AD 和 DIC 苹果片，AD 和 DIC 苹果片中分别包含 143 个和 85 个差异组分，而 AD 和

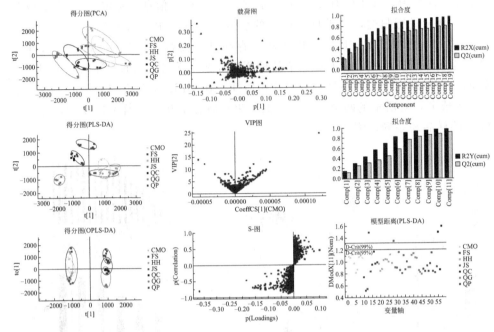

图 4-37 七个品种不同干燥方式得到的苹果片全组分多变量模型拟合组学分析

CMO—常密欧；FS—富士；HH—华红；JS—金帅；QC—混合对照组样品；QG—秦冠；QP—青萍

DIC 苹果片组分差异在成对比较中显著，可鉴定出的差异物是质核比为341.1677 和 665.3097 的两个二聚体分子。

表 4-10 不同干燥方式苹果片特征性差异标记分子

对比项目	质荷比 （m/z）判别 特征	保留时间/s	离子类型	元素组成 （假设）	浓度差 Δppm	得分
AD/FD	457.2279	11.53	$[2M+H]$	$C_{10}H_{16}N_2O_4$	−3.06	46.2/36.5
	461.1995	11.50	$[M+H\text{-}2H_2O]$	$C_{29}H_{28}N_4O_4$	4.53	39.1/29.1
	184.0642	11.51	$[M+H]$	$C_5H_{13}NO_4S$	2.01	38.8/7.59
	515.2797	8.33	$[M+H\text{-}2H_2O]$	$C_{33}H_{42}O_7$	0.97	53.8/93.8
	503.1938	10.70	$[M+H\text{-}2H_2O]$	$C_{26}H_{34}O_{12}$	4.91	34.9/2.88
	371.1496	10.02	$[M+H\text{-}H_2O]$	$C_{21}H_{24}O_7$	1.67	35.4/0.809
	497.2674	9.30	$[M+H\text{-}2H_2O]$	$C_{33}H_{40}O_6$	−2.25	39.9/28.3
	521.2036	10.03	$[M+H]$	$C_{26}H_{32}O_{11}$	3.60	35.4/8.1
	352.2134n	11.86	$[2M+H]$	$C_{22}H_{28}N_2O_2$	−4.79	42.7/26.4
	515.2793	7.94	$[M+H\text{-}2H_2O]$	$C_{33}H_{42}O_7$	0.27	46.3/60.1
	489.1763	10.69	$[2M+H]$	$C_{13}H_{12}N_2O_3$	−1.10	37.1/1.39

续表

对比项目	质荷比 (m/z) 判别特征	保留时间/s	离子类型	元素组成（假设）	浓度差 Δppm	得分
AD/FD	379.2390	9.79	[2M+H]	$C_{12}H_{15}NO$	2.64	53.6/77.4
	517.2953	8.77	[M+H-2H$_2$O]	$C_{22}H_{44}N_6O_{10}$	−4.97	41.5/35.8
	149.0500	4.85	[M+H-2H$_2$O]	$C_{11}H_8N_2O$	0.92	55.5/90.6
	314.1130	2.15	[M+H]	$C_{16}H_{15}N_3O_4$	−1.83	42.0/29.7
FD/AD	619.3988	11.76	[M+H-H$_2$O]	$C_{39}H_{56}O_7$	−0.82	37.6/2.83
DIC/FD	279.1227n	1.02	[M+H-H$_2$O]	$C_{14}H_{13}N_7$	−1.76	50.3/67.7
	249.1066	0.97	[M+H-2H$_2$O]	$C_{21}H_{16}O$	1.13	37.3/7.17
	549.3044n	9.18	[M+H]	$C_{26}H_{48}NO_9P$	−4.13	48.8/69.9
	1007.6180	11.77	[2M+H]	$C_{32}H_{41}NO_4$	3.55	37.0/15.2
	637.2654	13.04	[M+H]	$C_{35}H_{40}O_{11}$	1.58	35.1/5.15
	1287.8228	10.68	[M+H]	$C_{65}H_{110}N_{10}O_{16}$	4.16	36.8/0.683
	412.1939	6.30	[M+H-H$_2$O]	$C_{24}H_{31}NO_4S$	−0.50	44.2/49.7
	224.0735	6.83	[M+H-H$_2$O]	$C_{11}H_{15}NO_3S$	−1.85	36.5/1.43
	1604.0439	10.68	[2M+H]	$C_{45}H_{67}N_7O_6$	3.81	34.7./9.74
	506.2827	9.91	[M+H]	$C_{33}H_{35}N_3O_2$	4.94	37.1/0.0432
FD/DIC	697.3429	8.00	[2M+H]	$C_{18}H_{24}N_2O_5$	−2.06	38.2/0
	611.1790	2.55	[2M+H]	$C_{10}H_{15}N_3O_8$	−0.13	37.4/0
	221.0832	1.44	[M+H-2H$_2$O]	$C_{13}H_{12}N_4O_2$	3.88	36.1/0
DIC/AD	341.1677	8.67	[2M+H]	$C_6H_{10}N_4O_2$	−1.15	38.1/0
	665.3097	10.79	[2M+H]	$C_{21}H_{20}N_2O_2$	−3.72	37.6/0

注：FD，冷冻干燥；DIC，压差闪蒸联合干燥；AD，热风干燥。

4.4.12　不同干燥方式苹果片提取物体外抗氧化性对比

对冷冻干燥、热风干燥及压差闪蒸联合干燥苹果片多酚提取物进行体外抗氧化的功能性评价。以绿原酸为标准对照，对比了三种干燥方式苹果片抗氧化力、还原力及 DPPH 自由基清除能力（图 4-38）。三种苹果片体外抗氧化力的相对水平与苹果品种密切相关。富士、常密欧和金帅 FD 苹果片总抗氧化力显著高于 AD 和 DIC 苹果片，而 AD 和 DIC 苹果片总抗氧化力没有显著的差别；秦冠、青萍 FD 苹果片与 AD 苹果片体外抗氧化力没有显著区别，且大于 DIC 苹果片。对于华红苹果，AD 和 DIC 苹果片提取物体外抗氧化水平显著高于 FD 苹果片。这不但与苹果中抗氧化活性成分的绝对含量变化有关，还与苹果中微组织结构活性组分与大分子间的关系在干燥过程中的改变相关。

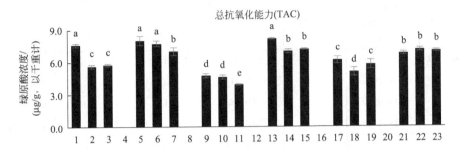

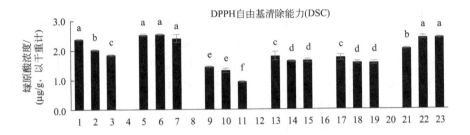

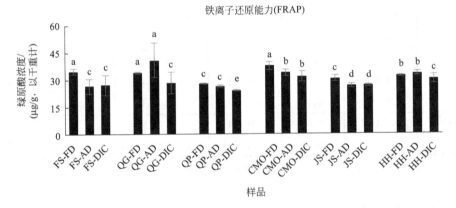

图 4-38 六个品种不同干燥方式的苹果片提取物体外抗氧化功能评价

FS—富士；QG—秦冠；QP—青萍；JS—金帅；HH—华红；CMO—常密欧；

FD—冷冻干燥；DIC—压差闪蒸联合干燥；AD—热风干燥

4.5 苹果皮渣多酚的纯化及鉴定

苹果多酚提取、分离、纯化与鉴定技术开发是影响其组成、含量、应用的关键。苹果中多酚物质的提取方法有不同溶剂提取、热回流提取、超声辅助溶剂提取、微波辅助溶剂提取、超临界提取等。近年来，为提高苹果多酚提取效能，新型及复合型的提取工艺受到研究者的关注。有学者利用真空耦合超声波提取技术提取苹果皮渣多酚。有学者优化了超声波-微波联合法提取苹果中酚类物质的工艺条件。有学者采用酶解处理和微波辅助优化确立了提取花牛苹果幼果多酚的工艺。也有学者采用复合酶辅助提取的方法优化苹果多酚提取工艺。苹果多酚的纯化技术研究主要集中在大孔吸附树脂分离纯化、葡聚糖凝胶精制。有学者比较了不同种类大孔树脂对苹果多酚的分离和纯化效果，涉及的大孔树脂包括 AB-8、D-101、NKA-9、X-5 等。新的结合技术还涉及使用磁性大孔树脂对苹果皮渣多酚的吸附-解吸效能研究。此外，苹果多酚的分析鉴定多采用高效液相色谱、超高压液相色谱偶联质谱、高分辨质谱、核磁共振及高效毛细管电泳（HPCE）。目前，不同实验室苹果多酚组成和含量分析结果存在显著不同，主要是由于提取纯化方式，仪器、设备和分析鉴定方法的不统一。苹果多酚的分离、提取、纯化及分析鉴定方法的效率和效益的不足，是制约苹果多酚认知及有效利用的主要原因。

　　苹果皮渣多酚在用乙醇溶液提取后，粗提液中含有分子量较大的多糖类、鞣质、蛋白质等大分子物质，需要进一步分离纯化才能得到干燥的多酚粉末。大孔吸附树脂是一种有机高聚物吸附剂，具有吸附性和筛选性。由于其稳定性高、选择性好、吸附容量大、吸附速度快、解析容易、成本较低、适合工业化生产等优势，近年来已成为天然活性成分提取精制的有效方法。有学者用 AB-8 型大孔树脂对苹果多酚进行了分离纯化，经研究确定了最佳工艺条件为：苹果多酚进样浓度为 1.5g/L，进样速度 1mL/min，吸附饱和后先用蒸馏水洗脱杂质，再用 60% 丙酮洗脱。

　　苹果中多酚物质的含量因苹果种类、成熟度以及组织部位的不同而不同。一般苹果中的主要酚类物质为黄酮醇类、黄烷-3-醇类、二氢查耳酮、羟基苯甲酸类和花色苷五大类。Vrhovsek 等（2004）测定了金冠等 8 种苹果的多酚含量，其中含量最高的是黄烷醇（522.4～2033.4mg/kg），其次是黄酮醇（34.0～71.4mg/kg）、二氢查耳酮（19.9～154.8mg/kg）、花色苷（4.0～36.7mg/kg）。苹果成熟度不同，多酚的具体组成也不同，Ćetković G 等（2008）测定了五种成熟苹果的多酚主要为咖啡酸、绿原酸、根皮苷、儿茶素、表儿茶素和槲皮素；Yue 等（2012）测定未成熟富士中主要含绿原酸、表儿茶素、原花青素 B1 和原花青素 B2。本研究通过大孔树脂 NKA-9 对苹果皮渣多酚进行纯化，获得较高纯度的苹果皮渣多酚，并通过红外光谱分析法和反相高效液相色谱法对苹果皮渣多酚进行成分分析和结构鉴别，为后续的苹果皮渣多酚体内外抗氧化实验提供理论基础。

4.5.1　苹果皮渣多酚纯化及鉴定方法

4.5.1.1　大孔树脂预处理

　　大孔树脂在生产过程中一般采用工业级原料，并在产品中加入防腐剂来延长贮存期。因此在使用树脂纯化苹果皮渣多酚前，必须进行水合除杂过程，以除去树脂中含的有机物、少量低聚物和有害物，即把脱水的树脂浸泡于水溶性溶剂（如丙酮、乙醇）中，再用水冲洗；然后还需要用稀盐酸和氢氧化钠溶液浸泡，水洗，具体的操作步骤如下：

（1）称取 300g NKA-9 大孔树脂于烧杯中；

（2）用无水乙醇室温下浸泡 24h，蒸馏水冲洗至流出液澄清；

（3）用 4％的盐酸溶液浸泡 24h，用蒸馏水冲洗至中性；

（4）用 2％的氢氧化钠溶液浸泡 24h，以大量蒸馏水冲洗至中性。

4.5.1.2　大孔树脂吸附及洗脱条件

将苹果皮渣多酚粗提液浓缩，除去溶剂乙醇，之后上 NKA-9 大孔树脂吸附柱（35mm×300mm）以除去粗提液中的分子量较大的多糖类、鞣质、蛋白质等物质。多酚化合物因含有极性基团羟基和糖苷键而非常易被大孔树脂吸附。具体的吸附及洗脱条件如下：

（1）上样流速，1.0mL/min；

（2）蒸馏水洗脱柱子 2～3BV（柱床体积）；

（3）洗脱液，70％的乙醇水溶液；

（4）洗脱流速，2mL/min；

（5）洗脱体积，10BV。

4.5.1.3　红外光谱图（IR）分析

压片透射法：以干燥的溴化钾作为稀释剂与样品混合研磨，用 8t 左右的压力将混合均匀的粉末压成薄片，采用 Spectrum GX FTIR 红外光谱仪，在波长 $4000～400cm^{-1}$ 范围内对样品进行红外光谱分析测定。

4.5.1.4　反相高效液相色谱法分析条件

色谱柱，反相 C18 液相色谱柱（AC-C18）；检测器，二极管阵列检测器（DAD）；流动相，A 液，2％甲酸/水溶液，B 液，乙腈；柱温，40℃；流速，0.8mL/min；检测波长，280nm、320nm、360nm。流动相洗脱条件如表 4-11 所示。

表 4-11　流动相比例

时间/min	溶液 A/%	溶液 B/%
0	100	0
55	60	40

时间/min	溶液 A/%	溶液 B/%
65	30	70
75	100	0

4.5.1.5　样品的测定

将经大孔树脂纯化后的苹果皮渣多酚粉末经冷冻干燥配成溶液，通过 $0.22\mu m$ 有机滤膜后进样，调整样品浓度使其在校正曲线线性范围内。根据标准品的保留时间定性样品中各酚类物质，以峰面积比对相应的标准曲线定量。

4.5.2　大孔树脂对苹果皮渣多酚的纯化效果

苹果皮渣多酚提取液经大孔树脂吸附洗脱、浓缩后进行真空冷冻干燥，得到纯化的多酚粉末。准确称取多酚粉末 $0.01g$，用甲醇溶液溶解，取 $0.5mL$ 加入 $1.0mL$ FC 试剂，$5min$ 后加入 $2mL$ Na_2CO_3（$75g/L$）溶液，$50℃$ 水浴 $5min$，冷却，然后用分光光度计测定溶液在 $740nm$ 处的吸光值。参照没食子酸测定的标准曲线 $A=0.018C+0.0339$（$R^2=0.9943$）计算其含量，可得纯化后苹果皮渣多酚粉末，纯度为 72%。

4.5.3　红外光谱图（IR）分析

红外光谱是物质定性的重要方法之一。其光谱解吸图可以提供许多官能团的信息，从而可以确定部分甚至全部分子类型的结构。其定性分析有分析时间短、特征性高、所需试样量少、测试方便、不破坏试样的优点。苹果皮渣多酚的红外光谱图如图 4-39，$2926\sim3383cm^{-1}$ 处为酚羟基 Ar—O—H 的伸缩振动，多酚化合物分子中存在多个羟基结构且其 O—H 基团可以形成分子内或分子间氢键，这些吸收峰重叠在一起，形成宽的吸收带；$1690\sim1365cm^{-1}$ 出现了 3～4 个尖锐吸收谱带，这些吸收谱带的频率分别位于（1690 ± 10）cm^{-1}、（1600 ± 10）cm^{-1}、（$1500\sim1450$）cm^{-1} 和（1365 ± 10）cm^{-1} 处。其中（1600 ± 10）cm^{-1} 和（$1500\sim1450$）cm^{-1} 吸收带对芳香环是高度特异的；$1072cm^{-1}$ 为苯并吡喃结构中的 C—O 键的伸缩振动；$820cm^{-1}$ 处为芳烃的 C—H 面外振动。因此，红外光谱图中酚羟基和苯环的特征吸收峰表明经大孔树脂纯化后的粉末中含有较多的多酚类物质。

4.5.4　高效液相色谱分析结果

4.5.4.1　高效液相色谱定性分析

经高效液相色谱分析，苹果皮渣多酚中所含的多酚种类非常丰富，由图 4-40

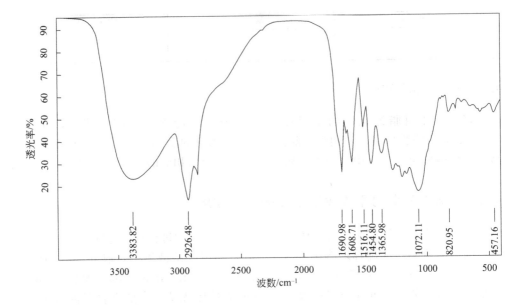

图 4-39　苹果皮渣多酚的红外光谱图

可知，在保留时间 17.5～75min 范围内可观察到 20 个峰形尖锐、分辨率高的谱峰。其中出峰时间集中于 32.5～42.5min 和 50.0～62.5min 这两个时间段内。根据标准品的出峰时间比对可知苹果皮渣中含有的 18 种多酚物质，其中两个谱峰没有标准品对应，根据其光谱图和文献可定性为未知糠醛。

4.5.4.2　高效液相色谱定量分析

根据标准品的标准曲线定量每种物质的含量，未知糠醛采用相对定量。结果表明：苹果皮渣中含有黄酮醇类、二氢查耳酮类、黄烷-3-醇类、羟基肉桂酸类四大类物质，其中黄酮醇类含量最高，占总酚的 60.32%，二氢查耳酮次之，占总量的 22.75%，黄烷-3-醇类和羟基肉桂酸类分别占 13.46% 和 1.76%，两种未知糠醛占 1.72%。单种物质中槲皮素-半乳糖苷含量最高，占总酚含量的 19.68%，其次分别为根皮苷 18.42%，槲皮素-鼠李糖苷 12.33%，槲皮素-阿拉伯糖苷 10.60%。苹果皮渣多酚中的多酚类物质分布比较集中，仅槲皮素及其糖苷类物质就检测到 6 种，总量占到总酚含量的 59.54%；根皮苷类物质检测到 3 种，占总酚含量的 22.75%；其他多酚类物质含量较低，总量不足总酚含量的 18%，其中原花青素 B2 7.69%，原花青素 C1 5.74%，绿原酸 0.43%，5-O-p-香豆酰奎尼酸 0.45%。具体每种物质的含量及占总酚的比例见表 4-12 所示。

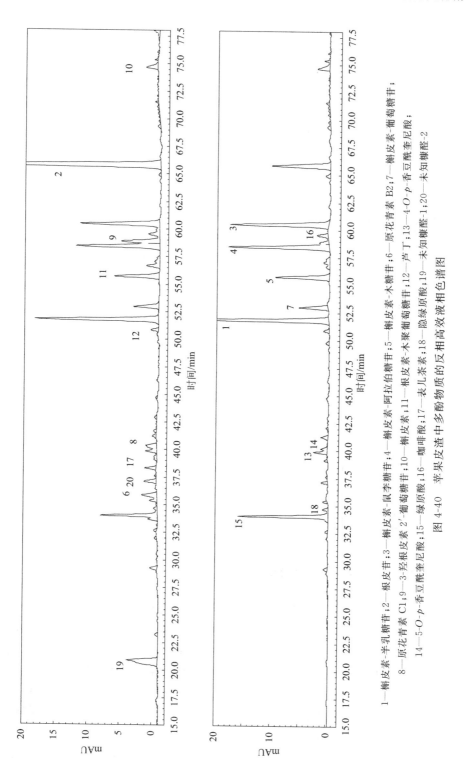

图 4-40　苹果皮渣中多酚物质的反相高效液相色谱图

1—槲皮素-半乳糖苷;2—根皮苷;3—槲皮素-鼠李糖苷;4—槲皮素-阿拉伯糖苷;5—槲皮素-木糖苷;6—原花青素 B2;7—槲皮素-葡萄糖苷;
8—原花青素 C1;9—3-羟根皮素 2′-葡萄糖苷;10—槲皮素;11—槲皮素-木聚葡萄糖苷;12—卢丁;13—4-O-p-香豆酰奎尼酸;
14—5-O-p-香豆酰奎尼酸;15—绿原酸;16—咖啡酸;17—表儿茶素;18—隐绿原酸;19—未知糖醛 1;20—未知糖醛 2

表 4-12　苹果皮渣中多酚成分及含量

多酚		绝对含量/(mg/mL)	占总酚比例/%
黄酮醇类	槲皮素-半乳糖苷	124.85±6.09	19.68
	槲皮素-葡萄糖苷	44.79±1.59	7.06
	槲皮素-木糖苷	50.01±3.34	7.88
	槲皮素-阿拉伯糖苷	67.25±4.51	10.60
	槲皮素-鼠李糖苷	78.20±0.05	12.33
	槲皮素	12.50±0.85	1.97
	芦丁	4.96±1.57	0.78
黄酮醇类占总酚比例	60.3%		
二氢查耳酮类	根皮苷	116.84±3.57	18.42
	3-羟根皮素 2'-葡萄糖苷	21.39±2.01	3.37
	根皮素-木聚葡萄糖苷	6.07±0.33	0.96
二氢查耳酮占总酚比例	22.75%		
黄烷-3-醇类	原花青素 B2	48.76±2.08	7.69
	原花青素 C1	36.40±8.79	5.74
	表儿茶素	0.22±0.11	0.03
黄烷-3-醇类占总酚比例	13.46%		
羟基肉桂酸类	绿原酸	2.75±0.83	0.43
	隐绿原酸	0.18±0.05	0.03
	咖啡酸	0.68±0.07	0.11
	4-O-p-香豆酰奎尼酸	4.71±0.38	0.74
	5-O-p-香豆酰奎尼酸	2.87±0.52	0.45
羟基肉桂酸类占总酚比例	1.76%		

4.6　苹果多酚功能性研究

苹果多酚对鲜肉色泽稳定性及脂肪氧化的影响研究表明：苹果多酚与抗坏血酸/烟酰胺配合使用可明显提高透氧保鲜膜包装的鲜猪肉色泽稳定性，达到较高和长时间的护色效果。在腊肉处理方面的应用表明：苹果多酚使腊肉感官评价及色泽整体优于未处理样品组，而且苹果多酚处理的腊肉样品挥发性风味物质相对含量高，种类较多，腊肉样品风味好，经气相色谱-质谱联用仪分析，其中具有特征风味的酯类、酮类化合物的相对含量较高。苹果幼果多酚可以延缓脂质氧化，延缓可溶性肌原纤维蛋白降解，对草鱼肉质色泽的改变具有抑制作用，保护并提高其贮藏功能性，减缓成糜活性和稳定性，提高表面疏水性，降低草鱼肉质的胶体张力，减缓质构的丧失，提高 4℃冷藏草鱼贮藏性能。另外，苹果多酚被用于鲜切火龙果保存，可显著保持色泽，延迟软化，减少可溶性糖、滴定酸、甜菜红素、多酚的损失，同时维持其抗氧化性，抑制微生物生长，提高制品安全性，是天然、安全、低成本地保持鲜切水果品质、延长货架期的制剂。

苹果多酚在食品保鲜方面的应用研究还包括复合膜的制备。可食用多糖复合膜的研究以壳聚糖为多，苹果多酚可显著提高壳聚糖复合膜液抗氧化活性，同时影响膜液流变特性及稳定性，表现为明显的非牛顿假塑性流体特征，动态流变特性由黏性模量主导转变为弹性模量主导，苹果多酚中—OH 和壳聚糖分子中的—OH 以及—NH_2 形成明显的分子间弱作用力，使复合膜液部分吸收峰红移或轻微减弱，进而降低了壳聚糖的结晶度，提高了其热稳定性。另外，苹果幼果多酚与壳聚糖制备的复合膜中，多酚与壳聚糖以非共价键的方式结合，形成不定性状态的衍射峰，其厚度、密度、溶胀度、溶解度和透明度显著增加，而含水量、水蒸气透过系数和机械性能显著降低。苹果多酚复合膜对细菌和霉菌有显著的抑制作用，而对酵母菌无显著抑制效果。幼果多酚壳聚糖复合膜对细菌和霉菌的抑制顺序分别是大肠埃希菌、金黄色葡萄球菌、李斯特氏菌、果生刺盘孢葡萄座腔菌、链格孢菌。另外，可食用蛋白质复合膜制备方面，有学者尝试采用超声波-微波法开展苹果多酚-大豆蛋白可食性膜的制备，优化了工艺条件。

苹果多酚作为食品辅剂具有较高的功效调整作用。苹果多酚与鱼油共同作用在高胆固醇膳食中可以提高血清和肝脏中的脂质含量，有助于预防高胆固醇膳食所引起的代谢综合征。苹果皮多酚提取物作为辅剂还具有抑制煎烤牛肉中杂环胺形成的作用。另外，苹果中儿茶素及花青素的 A 环亲电活性更强，表现出独特的结构反应性，对甲基、2-乙酰基-2-噻唑啉、2-乙酰基-1-吡咯啉等乳制品热加工中的异味标记物具有强烈的抑制作用。苹果多酚提取物以其多羟基、还原酮、缩合结构为特征，作为一类天然的抗氧化、抑菌制剂被应用于食品的保鲜、贮藏、抗虫、抗菌以及对抗其他负面环境因素等，而相关的研究还有待进一步展开。

苹果多酚应用于加工中，主要得益于其生理活性，在生理条件下多酚化合物的酚羟基作为供氢体可清除多种活性氧自由基。其还原性通常与还原酮结构存在相关，该结构可提供氢原子引起自由基链的断裂，且与特定过氧化物前体反应，阻止过氧化氢形成。酚类化合物的邻位二酚羟基具有螯合金属离子能力，从而阻断金属离子催化的氧化反应。另有研究指出苹果多酚氧化物在体外抗氧化试验中也表现出较好的抗氧化能力，其抗氧化能力随浓度的增大而增强，对 O_2^-·自由基、·OH 自由基和 DPPH 自由基的清除效果较好。高温下苹果多酚氧化物进一步反应，且随着时间延长，其总抗氧化能力（FRAP 值）增大。此外，多酚对氧化相关的酶有显著的抑制能力，并作用于氧化酶存在的氧化体系。苹果多酚的生理活性研究已从体外的抗氧化能力、细胞代谢和活性干预，到特定模型动物功能指标改善以及人体/群实验和调查研究。涉及氧化引起的一系列疾病，包括心血管病变、糖尿病、肿瘤和癌变、免疫力下降、脏器损伤等，并应用于药物活性组分筛选、功能食品制剂及化妆品研制等。

苹果多酚的生物可利用性及生物活性研究涉及体外模拟胃肠道中酚类的稳定性及活性变化、细胞膜透过率及动物和人群代谢研究。有学者采用体外模拟苹果多酚胃肠消化，得出模拟胃消化主要促进酚酸的释放，模拟肠消化主要促进黄酮醇的释放。然而，苹果多酚代谢是人体内置消化吸收代谢活性及肠道微生物代谢活性共同作用的结果。有学者采用急性单盲交叉实验，对 25 个男、女志愿者摄食苹果汁及苹果多酚提取物一定时间后的体液、血液、排泄物等代谢物进行分析，发现 110 个代谢组分含量提高，同时存在较大的个体差异，而且摄食多酚浓度的升高不会影响其生物可利用性。

苹果多酚及其活性单体具有显著降血糖作用。研究发现苹果多酚摄入使小鼠血清空腹血糖（FBG）、空腹胰岛素（FINS）、胰岛素抵抗指数（HOMA-IR）明显降低，其中根皮苷具有最显著降低血糖的功效。另外，苹果多酚中咖啡酸、1-O-咖啡酰奎尼酸乙酯、根皮素-$2'$-木糖基葡萄糖苷、根皮素-$2'$-木糖基半乳糖苷、花旗松素、根皮苷对胰岛 β 细胞均有不同程度的促增殖作用，且化合物根皮素-$2'$-木糖基半乳糖苷、花旗松素对胰岛 β 细胞增殖效果显著，从而发挥降血糖活性的作用。临床转化实验表明，苹果多酚对超重个体血管氧化应激尿酸血症和血管内皮功能有正向调控作用，通过抑制受试个体黄嘌呤氧化酶，对降低空腹血糖和尿酸水平具有明显作用。苹果多酚及其主要活性组分原花青素服用可显著提高血糖偏高个体的血糖耐受力（$n=65$），然而应采用更大规模和更长时间的人群实验来验证苹果多酚潜在的血糖调节功能。

在降血脂研究方面，苹果中主要的 4 种多酚单体，绿原酸、儿茶素、根皮苷、槲皮素均显示了更好的降脂活性，均能有效降低糖尿病小鼠血总胆固醇、甘油三酯、低密度脂蛋白水平，增加血高密度脂蛋白水平。其中，根皮苷的降脂效果最好。苹果多酚的降脂作用研究表明，其可显著降低粥样硬化病变和肝脂质变性，主要通过活性氧/促分裂原活化的蛋白激酶/核转录因子 κB（ROS/MAPK/NF-κB）信号途径，降低血清低密度脂蛋白、甘油三酯、CCL-2、VCAM-1 水平，同时提高血清中高密度脂蛋白和胆固醇水平，并显著提升肝脏中谷胱甘肽过氧化物酶、过氧化氢酶、超氧化物歧化酶水平。通过上调包括过氧化物酶体增殖物激活受体（PPARα）在内的肝相关基因的转录，下调 SCAP 的转录及其相关的脂质合成下游基因调控脂质代谢，同时苹果多酚可以降低主动脉根斑块巨噬细胞浸润和肝组织炎性细胞浸润。通过限制可吸收脂质氧化物，如 4-HNE 的形成，对慢性西式膳食引起的模型大鼠血管内皮功能障碍和动脉粥样硬化发挥缓解作用。另有研究表明：患高血压的志愿者口服富含表儿茶素及黄烷三醇寡聚体的苹果多酚，可显著提高内皮功能依赖型肱动脉流介导的血管舒张，而对硝酸盐介导的血管舒张没有显著作用。

　　苹果多酚对组织和脏器损伤修复具有显著作用。苹果多酚对高剂量胆碱饮食诱导的肝脏损伤和血管内皮损伤具有营养干预作用，表现为对肝损伤的保护作用，且随着浓度升高保护作用增强。同时摄食苹果多酚可使动物血清中的谷丙转氨酶（ALT）和谷草转氨酶（AST）的活性降低，肝脏匀浆中的丙二醛（MDA）水平降低，而超氧化物歧化酶（SOD）和谷胱甘肽活性酶（GSH-Px）活性增至与正常生化指标相同。另外，苹果多酚对四氯化碳、D-氨基半乳糖、乙醇、顺铂等化学性肝损伤具有保护作用，可以控制肝相对密度增加，抑制血清中 ALT、AST 活性的升高，MDA 生成的增加，SOD 活性的降低及 GSH 的耗竭，提高肝组织中 Ca^{2+}-ATP 酶的活力，对肝细胞 DNA 损伤有剂量依赖性的保护作用，改善肝细胞线粒体膜电位，抑制肝细胞线粒体肿胀，明显改善肝组织的病理变化。同时苹果多酚主要通过清除自由基，抑制脂质过氧化反应，提高机体抗氧化能力，促进肝细胞修复与再生，保护肝细胞膜及线粒体的功能。有学者采用 Langendorff 技术研究苹果多酚通过降低氧化应激减轻离体大鼠心脏缺血再灌注损伤，可显著降低乳酸脱氢酶和丙二醛的含量，提高超氧化物歧化酶的活性，而且苹果多酚对心肌保护作用与其浓度并不具有剂量依赖关系。同时，苹果多酚可以抑制脂质过氧化，提高谷胱甘肽水平和氢过氧化物酶的活力，调节促分裂原活化的蛋白激酶（MAPK）信号途径，涉及一系列蛋白酶的调控，从而缓解胃黏膜损伤，保护胃黏膜避免消炎药物引起的病变。

　　苹果多酚在各类癌症的干预和调控方面也具有明显的活性，涉及肝癌、乳腺癌、膀胱癌、食道癌及结肠癌等。有研究显示苹果胃肠消化物对肝癌细胞 HepG2 具有较强的抗增殖活性。对抗乳腺癌细胞的研究中，苹果多酚被证明通过下调泛素样蛋白的环指域 1（UHRF1）及基质金属蛋白酶 2（MMP2）的表达，抑制乳腺癌细胞 MDA-MB-231 的活力、增殖和迁移。有学者在对人恶性三阴性乳腺癌细胞研究中发现，苹果根皮苷以 p53 突变体依赖方式抑制细胞生长和细胞周期，同时通过抑制 paxillin/FAK、Src、α-sMA 及激活 E 黏附蛋白抑制癌细胞的迁移活性。有学者在细胞层面和实验动物层面研究了苹果多酚对膀胱癌的作用，发现苹果多酚可在体外研究中调控膀胱癌细胞周期并刺激癌细胞凋亡；在体内研究中对亚硝胺诱导的膀胱癌大鼠可降低其 Bcl2、环蛋白 B1 和 PCNA，提高 p-Chk2、Bax 及 Cip1/p21 调控癌细胞周期及凋亡，从而抑制肿瘤发展。

　　苹果多酚在细胞及细胞核因子的水平上，作为调节免疫力的潜在物质。脂多糖刺激的小鼠单核细胞 RAW264.7 的 COX-2/PGE2 和 iNOS/NO 表达的研究表明：苹果多酚可通过下调 NF-κB 的活性而显著抑制 RAW264.7 细胞中 NO、PGE2 的含量升高，下调 iNOS 及 COX-2 的表达及 NF-κB 的磷酸化，通过调节免疫相关分子途径发挥抗炎作用。另外，苹果多酚在体能改善及高强度耐力运动中对体力维持、补充和恢复有一定促进作用。结果表明：与对照组相比，摄食多酚个体，平均耐力显著升高，可达到最大自感用力度。此外，苹果多酚对铝、铂、铅等的金属毒性具有一定的抑制作用。

苹果多酚作为潜在的化妆品组分，在生发和抗皱方面得到初步研究成果。有学者研究了苹果多酚提取物治疗斑秃的分子机制，主要采用意大利北部一个富含原花青素 B2 的苹果品种（*Malus pumila Miller cv. Annurca*），摄食其多酚提取物可刺激健康个体的头发生长，提高头发数量、质量及角蛋白含量，并探究了分子机制，发现苹果多酚提取物抑制毛囊中还原型辅酶 Ⅱ（NADPH）相关的反应，使谷氨酰胺水解，戊糖磷酸途径以及谷胱甘肽、瓜氨酸和核苷酸合成发生停滞，而刺激线粒体呼吸、β-氧化及角蛋白的生成，代谢发生改变，使氨基酸不被氧化，最终保持角蛋白的正常生物合成。此外，苹果多酚对紫外线引起的进行性皱纹形成有抑制作用。

第 5 章

苹果皮渣中多糖结构、
活性及分离纯化方法研究

5.1 苹果多糖研究现状

近年来，随着国内外对苹果皮渣研究的深入，果渣利用水平在持续提高，辐射的领域逐渐变宽、范围更广。国内对苹果皮渣中多糖的研究也主要集中在高附加值利用方面。主要包括：利用苹果皮渣中的营养成分生产畜禽的精料，改善畜禽产品质量，降低饲料成本，提高生产效益；利用苹果皮渣微波-超声波协同效应辅以硫酸水解的方法制备纳米纤维素，为纳米纤维素的制备方法提供科学依据；通过对苹果皮渣多糖实现羧甲基化修饰，增强多糖的溶解度；利用苹果皮渣这一廉价原料进行多糖等功能成分的提取，实现广泛且深入的苹果皮渣高附加值利用是当前研究的热点。

目前，国外对苹果皮渣多糖的研究比较深入。研究人员利用脉冲电场处理苹果皮渣，研究其对结合态多酚的影响，脉冲电场处理后获得游离态多酚，通过基本成分含量、抗氧化性质以及成分组成分析评价其功能性。研究人员通过筛选不同菌株酵母对苹果皮渣进行发酵处理，在对发酵苹果皮渣组成、发酵动力学与酶学等分析研究的基础上，对其香气物质开展全面的分析与鉴定。在生物醇生产方面，研究人员利用磷酸溶液对苹果皮渣进行水解处理，然后利用选育菌株联合发酵苹果皮渣进而生产出生物醇，研究结果表明苹果皮渣进行生物醇生产具有较高的产业化应用前景。

5.1.1 苹果皮渣中的淀粉

淀粉是植物中储存能量的主要单元，以不同形态的颗粒状广泛存在于谷物、豆类、块茎类等植物的种子、根、主干、块茎、叶子和果实中，是许多食物的主要成分，并为生命活动提供最基本能量保障。有研究发现，从花后 30d 开始，淀粉积累显著增加，发育前期，淀粉酶活性较低，苹果生长主要以淀粉合成为主，到花后 75d，其淀粉含量达到最高（52.67mg/g，以湿重计）。此后，随果实的成长及成熟，苹果中的甜度不断增加，淀粉降解加快，发育后期，淀粉含量显著下降，占主导地位的是淀粉酶催化淀粉的降解，到花后 150d，其淀粉含量仅为含量最高时的 1/5 左右。

淀粉是由 α-1,4-糖苷键和 α-1,6-糖苷键连接的 D-吡喃葡萄糖单元所构成的水不溶性葡聚糖，含有 2 种主要组分，即直链淀粉（amylose，AM）和支链淀粉（amylopectin，AP）。

(1) 直链淀粉（图 5-1）：葡萄糖以 α-1,4-糖苷键相连的多聚物。典型情况下由数千个葡萄糖残基组成，分子量从 150000 到 600000。结构：长而紧密的螺旋管形。这种紧实的结构是与其贮藏功能相适应的。

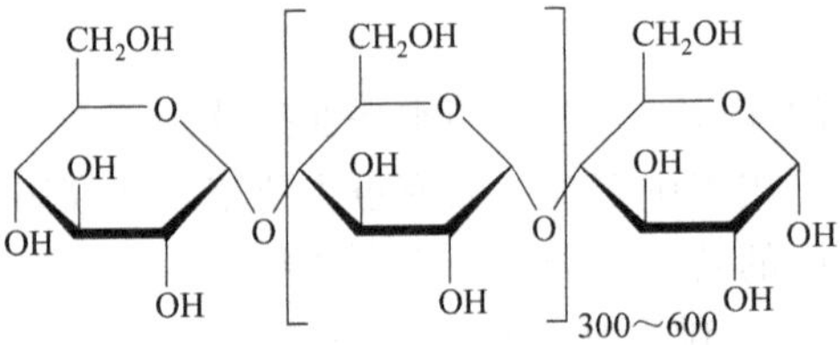

图 5-1　直链淀粉结构 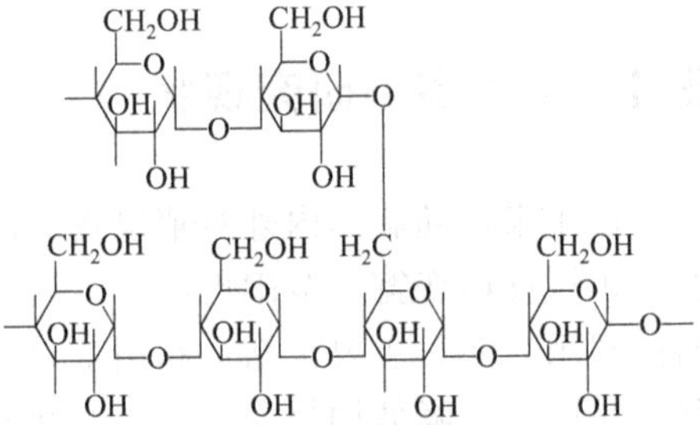　　　　图 5-2　支链淀粉结构

(2) 支链淀粉（图 5-2）：在直链的基础上每隔 20～25 个葡萄糖残基就形成一个支链，每一个支链平均含有 15～18 个葡萄糖残基。不能形成螺旋管，遇碘显紫色。淀粉酶：内切淀粉酶（α-淀粉酶）水解 α-1,4 糖苷键，外切淀粉酶（β-淀粉酶）水解 α-1,4 糖苷键，脱支酶水解 α-1,6 糖苷键。

淀粉是植物体贮存在种子和块茎中的养分，各类植物中的淀粉含量都较高。苹果在不同的生长和成熟时期，其果实内的淀粉含量有显著的差别，但压榨果汁过程中无法使果汁内淀粉全部转化为其他糖原，因此，果渣内淀粉含量较低，但淀粉的存在导致了果渣中其他成分难以分离。现阶段针对有效消除淀粉工艺的技术还没有涉及，尽可能在提取优化工艺中减少淀粉对分离果胶和纤维素等其他苹果皮渣多糖的影响。根据对不同产地苹果皮渣中各组分的成分研究，苹果皮渣中水分含量范围为 3.49%～14.21%，灰分为 1.20%～3.35%，蛋白质为 4.93%～8.78%，脂肪为 3.73%～6.99%，还原糖为 1.20%～16.07%，淀粉为 0.48%～5.29%，多酚为 2.07～6.28g/kg。

虽然苹果皮渣中淀粉含量偏低，但是苹果皮渣中淀粉的存在，对果胶、多酚、纤维素的提取是极为不利的。淀粉可以降低酸碱法和酶法提取果胶和纤维素的效率，并且淀粉与其他多糖和蛋白质都有很好的结合能力，因此，在研究分离果胶和纤维素等苹果皮渣多糖时，需考虑如何消除淀粉的影响。

5.1.2　苹果皮渣中的果胶

果胶（图 5-3）是一种重要的酸性大分子多糖物质，其单体分子式为 $C_5H_{10}O_5$，在苹果渣中占比 15%～18%，为白色至黄褐色粉末，属于多糖聚合物，其结构是以 α-1,4-糖苷键相连接构造的多聚半乳糖醛酸链，包括原果胶、果胶酸和果胶酯酸，具有良好的胶凝性、增稠性、稳定性和乳化特性，被

图 5-3　果胶结构式

广泛应用于食品加工业中（图 5-4）。工业生产的果胶 80%～90%用于食品工业，利用其胶凝性生产胶冻、果酱和软糖，利用其增稠性生产乳制品等。果胶可促进胃肠蠕动，防治冠心病、动脉硬化，还具有抗菌、止血、消肿、解毒等功能活性，可用在医药方面作止血剂和代血浆，也可用来治疗腹泻和重金属中毒等，有学者以苹果皮渣为生物吸附剂，研究其对 Cr^{6+} 的吸附特性与吸附机理，为利用苹果皮渣吸附水中重金属离子提供新的思路，同时也为利用苹果膳食纤维吸附排除人体中重金属离子提供理论支持。

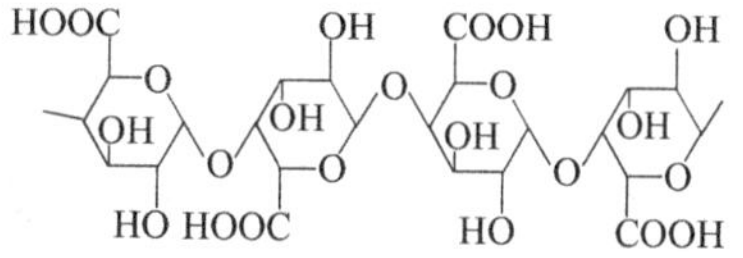

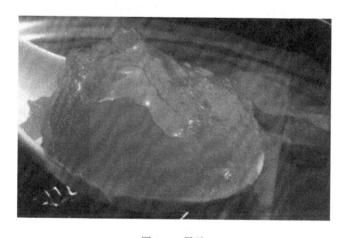

图 5-4　果胶

果胶是羟基被不同程度甲酯化的线性聚半乳糖醛酸和聚 L-鼠李糖半乳糖醛酸。果胶是由 α-1,4 糖苷键连接半乳糖醛酸组成的复杂多糖物质，一般有半乳糖醛酸聚糖、鼠李糖半乳糖醛酸聚糖两种。半乳糖醛酸聚糖是由半乳糖醛酸以 α-1,4 糖苷键连接的线性糖链，是果胶主要的结构域。半乳糖醛酸 C-6 位的羧基可被甲酯化，同时半乳糖醛酸 O-2 和 O-3 位也可被乙酰化。

目前用于提取果胶的方法主要包括酸法、超声波辅助法、微波辅助法、碱法、酶法、盐提法和离子交换法等。随着"绿色化学"概念的逐步兴起，一些新的提取方法如超声波、微波协同萃取法、超临界二氧化碳萃取法、电磁感应加热法及高压脉冲电场法也逐渐被应用于果胶提取中。但是，提取方法不同果胶含量及其结构果胶的得率、结构和性质也不尽相同。苹果皮渣中果胶也因苹果原料的种类、产地、成熟期、贮藏期和加工工艺的不同而不同。各果胶结构的差异性主要体现在它们的分子量、酯化度及中性糖含量上。

5.1.3　苹果皮渣中纤维素结构

纤维素（图5-5）是植物细胞壁的主要结构成分，占植物体总质量的1/3左右，也是自然界最丰富的有机物，全球每年约生产1011t纤维素。可用于制造具有经济价值的木材、纸张、纤维、棉花、亚麻等。完整的细胞壁以纤维素为主，并粘连有半纤维素、果胶和木质素。约40条纤维素链相互间以氢键相连成纤维细丝，无数纤维细丝构成细胞壁完整的纤维骨架。降解纤维素的物质主要存在于微生物中，一些反刍动物可以利用其消化道内的微生物

图5-5　纤维素结构式

消化纤维素，产生的葡萄糖供自身和微生物共同利用。虽大多数的人和动物不能消化纤维素，但是含有纤维素的食物对于人体健康是必需和有益的。

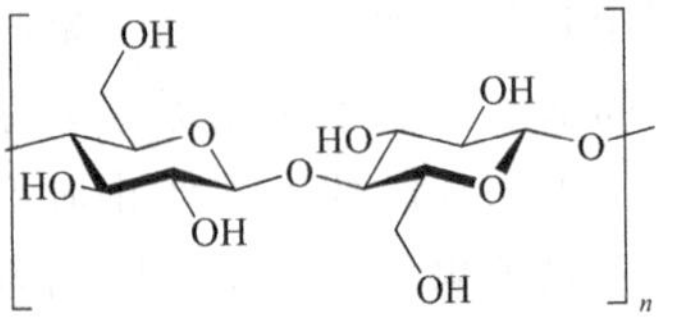

苹果中膳食纤维为 $60.21\% \sim 69.59\%$，不可溶性膳食纤维为 $49.24\% \sim 61.03\%$，可溶性膳食纤维为 $6.72\% \sim 13.58\%$。大量研究表明，可溶性膳食纤维具有多种生理功能，它可以维持正常的血糖、血脂和蛋白质水平，并且可以控制体重，预防结肠癌、糖尿病、冠心病等，不可溶性膳食纤维能通过一定的机械蠕动改善肠道功能。膳食纤维作为一种功能保健性食品基料已引起了广泛关注。

纤维素的制备方法主要有氧化剂氧化法、碱法和生物发酵法。氧化剂氧化法主要以高碘酸钠为氧化剂制备苹果皮渣氧化纤维素。氧化纤维素的结晶度明显下降，持水力增加，为其更广泛应用奠定了理论基础。苹果皮渣可以作为原料提取可溶性膳食纤维，主要采用碱法提取苹果皮渣中的纤维素。微生物发酵法即利用曲霉属和木霉属等产生的纤维素酶分解纤维改善苹果皮渣膳食纤维的组成，提高可溶性膳食纤维含量，更好体现膳食纤维的代谢功能特性。

5.1.4　苹果多糖的生物活性研究

5.1.4.1　苹果皮渣多糖的防癌活性

苹果多糖中含有半乳糖、半乳糖醛酸等成分，这些成分对半乳糖残基具有特

异识别功能，半乳糖凝集素家族成为其可能的结合及调节靶点。半乳糖凝集素-3（Galectin-3，gal-3）参与正常细胞的生长、分化、凋亡，肿瘤细胞的发生、发展、黏附、侵袭与转移等过程的调节，被认为是一种促炎因子，而且具有肿瘤预警的作用。而苹果多糖中含有的半乳糖、半乳糖醛酸等成分能够影响 gal-3 的表达，干预 gal-3 的功能，使 AP 表现出较强的生物活性，其中 DPPH 和 ABTS 自由基清除率达到 80% 以上，对结肠癌细胞 Caco-2 细胞有明显的诱导细胞凋亡的作用，同时对结肠癌细胞 HT-29 的最高增殖抑制率达到 45.23%，从而有效预防和抑制了结肠癌/直肠癌的发生。苹果多糖在体内水解后生成的小分子片段即改构苹果多糖（Modified apple polysaccharides，MAP）又可以通过内部线粒体介导的途径诱导 HT-29 细胞凋亡，从而进一步抑制结肠癌/直肠癌的发生。

苹果多糖中还含有果胶和其他膳食纤维成分。果胶（MCP）是一种水溶性食物纤维，在体外可抑制人脐静脉内皮细胞迁移及毛细管的形成，在体内可明显降低肿瘤的毛细血管密度，能够减少肠内的不良细菌数量，帮助有益细菌繁殖。苹果多糖中的纤维素有多种生理功能，可以维持正常的血糖、血脂和蛋白质水平，促进肠道蠕动及体内的毒素排泄，并可以控制体重，预防结肠癌、糖尿病、冠心病等。苹果多糖还含有其他抗肿瘤抗病毒的成分，能够预防癌症的发生。

5.1.4.2　苹果皮渣多糖的抗炎活性

巨噬细胞属于免疫细胞的一种，当受到外源性脂多糖（LPS）刺激，巨噬细胞会释放炎性介质因子，从而引起炎症反应。NF-κB 被认为是调节炎症的关键因子，其信号通路被认为是炎症发生、发展中的关键通路之一。研究表明，不同浓度的苹果多糖在蛋白质和基因水平都能够明显地降低促炎因子的表达量，显著提高抗炎因子的表达，从而具有良好的抗炎作用。同时苹果多糖能够显著降低 NF-κB 信号通路中 IκB 磷酸化水平，提高 IκB 蛋白表达；通过作用于 TLR4/NF-κB 信号通路，影响 TLR-4 的膜质分布，进而影响 NF-κB P65 核转位，抑制相关促炎因子表达，增加抗炎因子 IL-10 的表达而发挥体外抗炎作用。

熊果酸对丙型肝炎病毒（HCV 病毒）有着良好的抑制作用，并且与丙型肝炎抗病毒抑制剂——利巴韦林对比，抑制作用相接近。苹果皮渣中熊果酸不论单独使用，还是与其他药物配合使用，均具有显著的作用。阻断瘦素诱导肝星状细胞（HSC）的 NOX（NADPH 氧化酶）亚基表达，从而抑制 NOX 的活性，达到阻断瘦素引起的 HSC 内的促肝纤维化信号通路激活，抑制 HSC 增殖，促进其凋亡，熊果酸对肝炎的预防、防护和抑制有很好的作用。

5.1.4.3　苹果皮渣多糖的降血脂活性

高脂血症是指脂肪代谢异常所致血液中的脂质超出正常范围。果胶对血液中正常胆固醇含量的保持具有良好的效果，能有效降低血液中有害的低密度脂蛋白浓度，而不影响高密度脂蛋白的吸收，有学者通过人体实验发现，实验建模 $y = x(A+Bx)$，式中 x 为时间，y 为调查参数，A、B 为实验常数，该模型能很好地模拟脂质代谢的动力学特征。果胶制成降脂胶囊用于高脂血症的临床治疗，可使血清甘油三酯和血清胆固醇浓度显著下降，且对胃肠功能无影响，并通过降低血脂对动脉粥样硬化的发生起到预防作用。

5.1.4.4 苹果皮渣多糖的降血糖活性

植物多糖可以诱导胰岛素产生并抑制糖代谢过程中所需的氧化还原酶的活性，促使细胞外组织利用葡萄糖，产生糖异生效果而降低血糖。多糖通过减少肝糖原，诱导降糖激素的产生并使机体对葡萄糖的消耗增加，同时抑制胰高血糖素的分泌，以及通过调节糖代谢酶的活性来降低血糖浓度。一些多糖属于 β 受体激活剂，它们可以通过第二信使向线粒体输送信号，然后促进糖氧化，达到降血糖的目的。多糖还通过受体调控血糖在激素水平上的代谢和酶活性，并以抗氧化和调节免疫功能等方式增加对葡萄糖的利用率，抑制糖异生，从而调节糖代谢，改善糖代谢中的无序状态，发挥其降糖活性。苹果皮渣中熊果酸也具有良好的降低血糖的功效，经处理过的大鼠模型与未使用过的大鼠模型相比，处理组血糖降低。熊果酸也能够抵抗各种因素促使胰岛素对葡萄糖摄取与利用效率下降，因而未来熊果酸对降血糖的影响可能成为研究趋向。

5.1.4.5 苹果皮渣多糖的抗凝血活性

大多数酸性多糖都具有抗凝血的作用，包括阻止凝血酶原还原成凝血酶，降低凝血酶的活性，阻碍纤维素蛋白还原为纤维蛋白，预防血小板凝聚。另外酸性多糖可以明显增加多种血栓形成时间，降低血液黏度和血小板浓度。

5.2 苹果多糖的分离纯化

5.2.1 酸萃取法

传统的无机酸提取法是将洗净除杂预处理的果皮用无机酸（如盐酸、硫酸、亚硫酸、硝酸、磷酸等）提取，提取工艺流程如下：

苹果皮渣→干燥→粉碎→酸液水解→过滤→浓缩→离心→干燥→脱色→检验→标准化处理→成品。

提取过程主要包括提取液的选择，需考虑提取过程中 pH 值、温度、时间、料液比等提取条件对产率的影响，其中以 5% 盐酸的提取方法效果显著，调节

pH 为 1.5，随着 pH 的提高，果胶得率呈递减趋势，果胶酯化度和果胶黏均分子量随着 pH 的增加而增加，加热至 90～95℃并搅拌处理约 50min，然后将果胶与酸的混合物离心、分离、过滤除杂，得到果胶澄清液，之后经旋蒸除杂和冷冻干燥得到浓缩苹果多糖。

工业果胶提取方法主要是酸提取法，优点是操作过程简单，对设备要求相对较低，缺点是提取过程中果胶分子易发生局部水解，降低了果胶的分子量，影响果胶提取得率和产品质量。由于提取液黏度大，过滤较慢，生产周期较长，果胶提取效率低。目前对酸提法的研究主要集中在酸提取剂的选择和果胶分离方法的改良。

在酸提取的基础上，采用微波辅助处理，相比于单一的酸提取，微波辅助处理加强了对溶质的溶出，果胶的得率显著高于传统酸法提取，可为苹果皮渣的深加工中果胶提取提供新的途径。

5.2.2　碱萃取法

碱法提取苹果多糖多在早期工业提取中大量应用。碱提法中碱液浓度为显著因子，不同工艺下产品得率不同，但在实际提取过程中对果胶的提取造成较大影响。果胶在碱法脱脂过程中，除了分子中的甲氧基含量减少外，在碱的催化下，果胶分子容易产生聚集，并且激发果胶分子与蛋白质、淀粉反应，即产生 β-消去反应。β-消去反应将导致果胶分子量、黏度和胶凝能力下降，所以需要严格控制碱的浓度。有学者提出优化工艺为：4mol/L NaOH 溶液，70℃浸提 1h。由于碱浓度对收率影响很大，不易控制，碱浓度过高一方面增加了生产成本，另一方面对浸提设备腐蚀性比较大，在生产上难以接受，另外所得果胶性状与酸提法所得果胶性质差异较大，因此，现阶段碱提法正逐渐被酸提法替代。

5.2.3　微生物发酵萃取法

微生物酶可选择性地分解植物组织中的复合多糖体，有效提取植物组织中的果胶和纤维素。采用微生物发酵法萃取的果胶分子量较大，果胶的凝聚度较高，质量较稳定，提取液中果皮不破碎，提取条件温和，不需进行热、酸处理，具有容易分离、提取完全、低消耗、低污染、产品质量稳定等特点，因此微生物法提取果胶具有广阔的发展前景。目前从侵染植物的微生物中获得可降解果胶、纤维素的酶制剂可能性较大，这些微生物也是未来酶法提取苹果多糖、果胶、纤维素酶制剂的主要来源，但是由于涉及微生物培养，后期的分离纯化也增加了提取工艺的复杂性，相关研究有待进一步深入。

169

5.2.4 酶法提取

酶法提取果胶的一般步骤，在磨成粉的原料中加入含有酶的缓冲液（纤维素酶、半纤维素酶、糖苷酶），于恒温水浴振荡器内提取。反应结束后抽滤，乙醇沉淀、过滤分离、干燥、粉碎得果胶成品。研究表明：酶法提取果胶的产量高于酸法提取，其中纤维素酶的产量最高，是酸法提取的2倍多，且反应通常在较为温和的环境中进行，操作比较简单，反应时间比较短，但酶法存在的问题是产品的回收率比较低，无法使用催化剂改善催化的速率，严重阻碍了其在国内产业上的应用。目前，在对微生物分解果胶、纤维素进行菌种筛选时会考虑到微生物是否产生耐酸水解酶，其原因是在提取果胶时可先用酸法提取少量果胶成分，再使用酶制剂提取剩余果胶。但基于对苹果皮渣内成分的分析，先用淀粉酶除去结合淀粉，再使用蛋白酶清除部分结合蛋白后，使用果胶酶或纤维素酶降解果胶或纤维素以分离苹果多糖，会提高其产率。但相比之下，酶法提取苹果多糖成本太高，难以实现大规模工业化生产。

5.2.5 超声波辅助法

采用物理手段，将酸法、碱法、酶法与物理超声波相结合，提取苹果皮渣中的果胶，也称为超声波辅助法。该方法使得反应物之间得以充分接触和溶剂与溶质的充分混合，因此，超声波法是一种辅助提取方法，即超声波频率一般在20kHz以上，通过"空化效应"，可产生高达数百个大气压（1个大气压＝101325Pa）的局部瞬间压力，形成冲击波，使固体表面及液体介质受到极大冲击，细胞破碎，植物有效成分溶出，并且能极大限度地保留分离组分的天然活性。与酸法提取相比，超声波提取法提取时间短、产率高，所得果胶色泽浅，灰分低，黏度高。超声波提取天然成分，选择性强、操作时间短、溶剂耗量小、目标组分得率高，符合未来食品工业发展的要求，是现代化食品产业发展的一个方向。

5.2.6 混合酶法

结合苹果皮渣成分以及各成分在皮渣中的状态可以分析出，酸萃取法、碱萃取法和超声波法在一定程度上是不具有使用和推广价值的。因苹果皮渣中的各组分是经过缓慢发育和积累形成的，各物质间紧密联系，均匀混合，这样的物质系统，很难分离。但从根本上来说，混合酶法相较酸、碱萃取将具有更好的应用前景。但难以比较微生物法与混合酶法的优劣，从本质上说，微生物法的分解提取还是混合酶系的作用。以芬顿试剂反应降解木质素，使用纤维素酶分解纤维素和半纤维素，使果胶自然暴露，再使用酸法提取果胶的方法更有指导意义，也更符合生产实际。有学者提出质量分数 7% 纤维素酶、9% 木聚糖酶和 5% 酸性蛋白酶在此最佳条件下，苹果皮渣粗果胶得率为 40.66%，与传统酸提法相比，粗果胶得率提高了 51.49%。和单一酶法提取相比，使用复合酶法提取，反应条件温和、无污染、粗果胶得率高，果胶品质更高，具有更高的商业价值。

5.2.7　多糖提取纯化法

多糖的提取方法普遍采用的是柱色谱分离方法，其填充剂包括：纤维素、凝胶型阳离子交换树脂、钙型强酸性阳离子交换树脂、732 型阳离子交换树脂或氢型阳离子交换树脂。洗脱剂多采用氯化钠溶液。例如，苹果渣多糖（AP）经 DE-52 纤维素柱色谱处理，用 NaCl 洗脱液进行梯度洗脱，主要是根据多糖极性大小进行分离，收集样品冷冻干燥，备用。经此方法能够较多地保留苹果皮渣中多糖的组分，保留范围更宽，分离纯化效果比凝胶色谱法效果较差。

AP 经 G-200 凝胶柱色谱分析，洗脱液为去离子水，主要是根据分子量进行色谱分析达到分离纯化的目的，经凝胶柱色谱分析后获得成分均一的多糖成分，即为纯品。此方法经过分离纯化范围更窄，专一性相对稳定。

大孔吸附树脂是一种由分子筛性原理与吸附性相结合的分离材料，其分子筛是由多孔结构决定的，其吸附性主要是由范德瓦耳斯力和氢键决定的。由于大孔吸附树脂表面的亲水性或疏水性，其对有机化合物有不同的吸附性能，因此，大孔吸附树脂具有有效地吸附苹果皮渣多糖中各类化合物的能力，以达到分离纯化的效果。

5.3　苹果皮渣发酵对苹果多糖流变性的影响

5.3.1　发酵对苹果皮渣多糖流变学的影响

5.3.1.1　剪切速率对苹果皮渣多糖流体特性的影响

（1）剪切速率对果渣多糖表观黏度的影响

图 5-6 可知，苹果渣多糖（AP）、酒精发酵苹果渣多糖（WFP）、醋酸发酵苹果渣多糖（VFP）在相同浓度下，$0 \sim 150 s^{-1}$ 范围内随着剪切速率的不断增加表观黏度迅速减小，在 $150 \sim 700 s^{-1}$ 范围内三者表观黏度趋于平衡，可见三者黏度关系为 AP＞WFP＞VFP，分别为 0.02657Pa・s、0.01224Pa・s、0.01185Pa・s。这与多糖在水溶液中分子间相互作用有关，当剪切速率增加时，剪切力随之增加，到达一定程度时破坏多糖分子间的交联作用，导致黏度降低。因此，苹果皮渣经发酵所得多糖黏度明显下降（$P＜0.05$）。

（2）剪切速率对果渣多糖剪切应力特征影响

高分子物质多糖常会出现以下现象：剪切变稀现象、减阻现象、黏度的分子

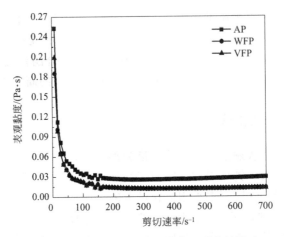

图 5-6　剪切速率对三种多糖表观黏度的影响

量依赖性。幂律定律 $\tau = K\gamma^n$，式中 K 为流体的稠度系数，K 越大流动阻力越大；n 为非牛顿指数；τ 为剪切应力，单位 Pa；γ 为剪切速率，单位 s^{-1}，此方程仅适用于中等剪切速率范围。当 $n = 1$ 时，流体为牛顿流体；当 $n < 1$ 时，流体为假塑性流体，表现为剪切变稀；当 $n > 1$ 时，流体为胀塑性流体，剪切增稠，此时流体表现为胀塑性。当 n 值越小时，偏离牛顿流动越远，黏度随 γ 增大而降低，流动性增强。

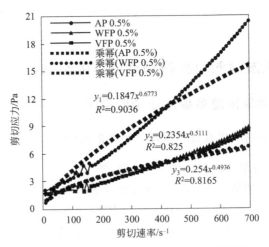

图 5-7　剪切速率对三种多糖剪切应力的影响

由图 5-7 可知，幂律定律 $\tau = K\gamma^n$，在相同浓度条件下三种多糖经拟合曲线可得 $y_1 = 0.1847x^{0.6773}$，$R_1^2 = 0.9036$；$y_2 = 0.2354x^{0.5111}$，$R_2^2 = 0.825$；$y_3 = 0.254x^{0.4936}$，$R_3^2 = 0.8165$；其中 n 值分别为 0.6773、0.5111、0.4936，结合图 5-6 可见三种多糖溶液都为非牛顿流体，且都存在剪切变稀现象，是典型的假塑性流体；此外，根据

图 5-7 可看出剪切应力 τ 为 AP＞WFP＞VFP，这与三者表观黏度的大小关系是统一的，可见剪切应力的大小与表观黏度表现一致，存在较强的浓度依赖性。

5.3.1.2　多糖浓度对果渣流体特性的影响

（1）不同浓度多糖剪切速率对表观黏度的影响

由图 5-8 可知，三种多糖表观黏度都存在浓度依赖性，而 AP 表观黏度表现出高于发酵苹果皮渣多糖的浓度依赖性，同时剪切稀化现象随着浓度的增加有所增强。发酵苹果皮渣多糖表观黏度随浓度变化趋势基本一致，苹果皮渣经发酵处理所获得的多糖溶解性得到明显提高，使得在相同质量浓度情况下，AP 表观黏度明显大于发酵苹果皮渣多糖，这与三种多糖溶解度以及分子量有直接关系。对于高分子而言，浓度与分子量对表观黏度影响呈正相关，溶解度直接影响浓度大小来影响表观黏度，主要通过分子量大小以及浓度大小来增大多糖溶液阻滞性，增大流动阻力，进而影响表观黏度。

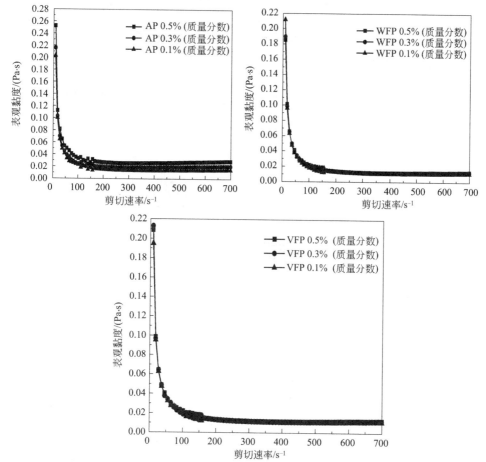

图 5-8　剪切速率对不同浓度三种多糖表观黏度的影响

（2）不同浓度多糖剪切速率对剪切应力的影响

由图 5-9 可知，随着浓度与剪切速率增大，AP 溶液剪切应力明显增加；非牛顿指数 n 随浓度增加依次为 0.5478、0.6366、0.6773，即依次增大，也就表明随着 AP 浓度的增加溶液更趋于牛顿流体，同时剪切稀化也有所增强，溶液表现为典型的假塑性流体。WFP 溶液随着浓度与剪切速率增大溶液剪切应力也明显增加，但与 AP 相比增加幅度较小；非牛顿指数 n 变化为 0.4688～0.5111，与 AP 较低浓度相比仍然表现出典型的非牛顿流体性质，同时剪切稀化现象随着浓度增加也有所增强，仍是典型的假塑性流体。

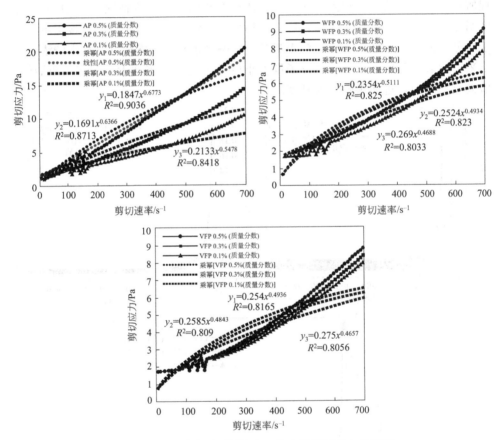

图 5-9　剪切速率对不同浓度三种多糖剪切应力的影响

VFP 溶液随着浓度与剪切速率增大溶液剪切应力也明显增加，但与 AP、WFP 相比增加幅度最小，这可能是因为发酵时间越长，导致多糖结构分子越小，使得分子交联、缠结作用减小，水合作用减弱，使得黏度降低，剪切应力也随之减小；非牛顿指数 n 变化范围缩小，同样表现出剪切稀化随浓度增加有所增强，为假塑性流体。

5.3.1.3 温度对果渣多糖流体特性的影响

（1）温度对果渣表观黏度的影响

由图 5-10 可见，经发酵的苹果皮渣多糖具备更强的温度抗逆性，随温度变化趋势明显减弱，这可能与发酵苹果皮渣多糖溶液本身分子间作用力、分子缠结作用小有关，当温度升高时变化的趋势变小；温度升高导致多糖溶液分子间的热运动加剧，削弱了分子间的交联作用，分子间距变大，分子间作用力减小，摩擦减少，流动性增强。20~40℃，温度升高，分子间的缠结减弱，表观黏度降低；50~80℃，分子间的缠结几乎瓦解，表观黏度下降减慢，更接近理想状态牛顿流体。

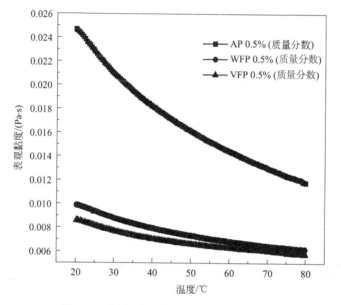

图 5-10 温度对三种多糖表观黏度的影响

（2）温度对果渣剪切应力影响

由图 5-11 可知，剪切应力变化趋势与表观黏度变化趋势为负相关，发酵苹果皮渣多糖溶液具有较强的温度抗逆性，在食品加工中有利于热加工处理，表现出优于 AP 的加工特性。

5.3.1.4 放置时间对果渣多糖流体特性的影响

（1）不同放置时间果渣多糖剪切速率对表观黏度的影响

由图 5-12 可知，短期放置 1d、3d、2 周后三种多糖表观黏度均下降，放置 2 周后，多糖溶液的初始表观黏度有明显的降低。多糖分子间缠结结构不稳定，放置时间越长，多糖分子与水作用越强，分子相互作用变小，表观黏度降低，因此多糖溶液放置时间不宜超过 3d，同时发酵苹果皮渣多糖表现出一定的时间抗逆性。

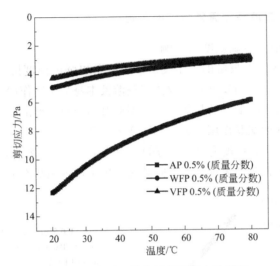

图 5-11　温度对三种多糖剪切应力的影响

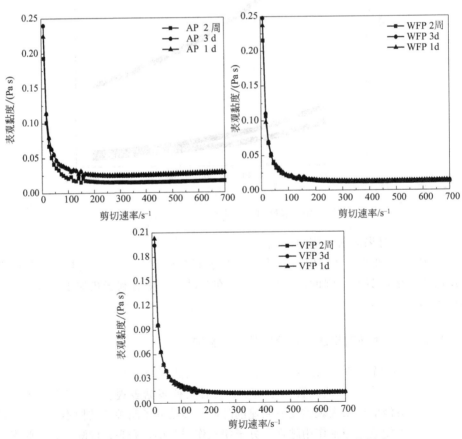

图 5-12　剪切速率对不同放置时间三种多糖表观黏度的影响

（2）不同放置时间果渣剪切应力研究

由图 5-13 可知，放置 1d、3d、2 周后，AP 溶液剪切应力明显降低，非牛顿指数为 $0.5826 \sim 0.6894$；WFP 溶液有较小范围的减小，非牛顿指数为 $0.4991 \sim 0.5206$；VFP 溶液基本不变化，非牛顿指数为 $0.4928 \sim 0.4966$；由此可见，经发酵处理后苹果多糖的非牛顿流体性质更加明显；此外，剪切速率对剪切应力的影响明显，同时发酵苹果皮渣多糖表现出一定的时间抗逆性，三种多糖流变性 3d 后变化明显，因此，常温下保存时间为 3d 为宜。这可能是多糖溶液随时间延长，在水合作用下，分子间作用减弱所致。

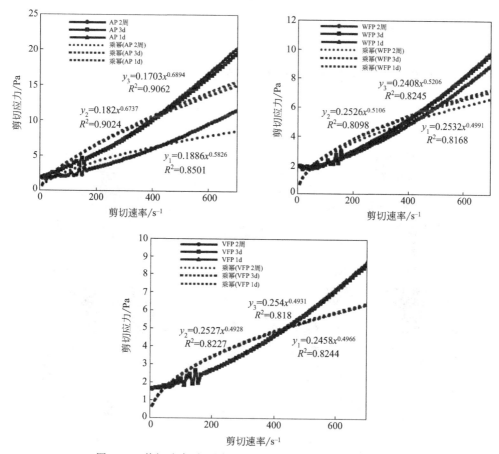

图 5-13　剪切速率对不同放置时间三种多糖剪切应力的影响

5.3.2　发酵对苹果皮渣多糖黏均分子量的影响

由表 5-1 可知，AP、WFP、VFP 黏均分子量在 $15 \sim 130kDa$ 之间，且发酵苹果皮渣多糖分子量明显减小；发酵苹果皮渣多糖黏均分量明显小于 AP，且 VFP＜WFP＜AP；此外，微观结构也存在明显差异，这些更好地解释了物性、流变学特性；黏均分子量 AP＞WFP＞VFP，可能是由于微生物发酵作用使得大分子多糖降解，形成分子量稍小的多糖分子。分子量越小，分子链越短，更不易发生缠结，表观黏度降低，相反的，分子量越大，分子链越长，更易缠结，分子间相对移动更难。这与流变学性质结果一致。

表 5-1　三种多糖的黏均分子量

	M_H/Da	M_K/Da	M_{AV}/Da
AP	93160.02a	130475.23a	111817.62a
WFP	30743.30b	32839.73b	31791.51b
VFP	15308.49c	15972.73c	15640.61c

注：a、b、c 表示 $P＜0.01$ 下显著性差异。

5.3.3　发酵对苹果皮渣多糖微观结构的影响

如图 5-14，多糖样品表面结构扫描图像通过台式扫描电镜（DSEM）在 25℃下获得。

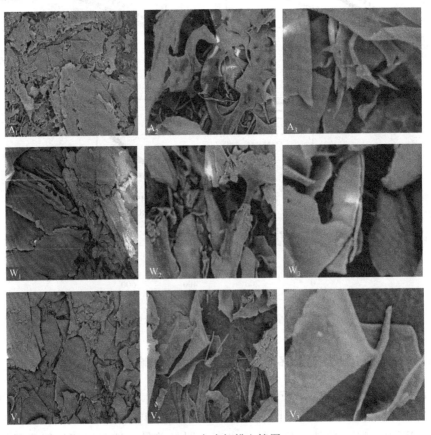

图 5-14　台式扫描电镜图

如图 5-14，由 A_1、A_2、A_3 可以看出，AP 由条状、棒状、片状组成，结构中条状与棒状、片状与片状之间相互交联，组成网状结构，这种现象恰好解释了 AP 流变学与物理化学性质；由 W_1、W_2、W_3 可以看出，WFP 有齿状、棒状和片状，结构相对简单，交联性低，宏观上呈薄层状、相对质软，溶解性大于 AP，黏均分子量、黏度小于 AP；由 V_1、V_2、V_3 可以看出，VFP 由较大的片状结构组成，结构相对简单，结构间弯曲重叠在一起，为层状结构且质硬，黏均分子量小，溶解性好，黏度小。

5.4　发酵对苹果皮渣多糖结构的影响

苹果皮渣中的营养物质为许多微生物生长利用，可以通过微生物发酵生产有机酸、酶、单细胞蛋白、乙醇、颜料、酵母等。在微生物发酵过程中，不仅受发酵工艺、条件、过程控制等动力学规律的影响，还受到植物多糖活性与自身结构性质影响，如图 5-15 所示，发酵前后苹果皮渣的电镜扫描图对比，微观结构也与原渣多糖存在较大差异。

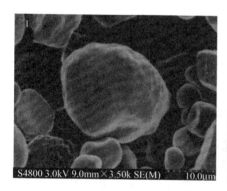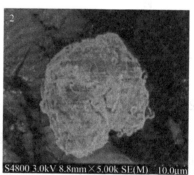

图 5-15　苹果皮渣发酵前后扫描电镜图

5.4.1　发酵对苹果皮渣多糖粒径的影响

研究表明，多糖粒径大小与分子量、生物活性等有密切联系，曾有学者利用激光粒度仪对分离纯化前后多糖进行研究，由表 5-2 可知，AP 由于本身分子量较大，粒径为 1025.12nm，分离纯化后粒径显著减小（$P < 0.05$），由 1025.12nm 减小到 692.45nm，且根据不同极性分离的多糖组分表现出极性越大粒径越大的特点，粒径范围 715.53～1534.67nm，可见当极性达到最大时的组分粒径大于 AP 粒径；而发酵苹果皮渣多糖，本来分子量小、粒径小，再经 DE-52 纤维素和 G-200 凝胶处理，同时加上透析对于分子量进行了一定的选择，将小分子多糖或单糖丢失造成粒径在极性分离纯化过程有所增加，但无显著性差异，对于 WFP

粒径为 392.98nm，经分离纯化处理粒径为 449.07～691.16nm；VFP 粒径为 553.69nm，经分离纯化处理粒径无明显差异。可见苹果皮渣多糖在分离纯化后更加稳定，粒径差异更小，主要表现在经分离纯化后多糖的粒径分散系数更小，由此说明分离纯化效果更加明显。

表 5-2　不同多糖粒径对比

多糖种类	粒度/nm	分散指数
AP	1025.12±145.963b	0.53±0.081a
NAP0.1	722.45±247.673d	0.38±0.020cd
NAP0.2	715.53±48.993e	0.40±0.010bc
NAP0.3	1534.67±83.225a	0.39±0.010cd
WFP	392.98±28.119k	0.43±0.010b
NWFP0	456.31±46.313i	0.31±0.010e
NWFP0.1	449.07±30.287j	0.38±0.010cd
NWFP0.2	691.16±30.600f	0.31±0.050e
VFP	553.69±52.480h	0.52±0.010a
NVFP0	770.27±33.789c	0.36±0.020d
NVFP0.1	715.59±92.789e	0.41±0.030bc
NVFP0.2	679.82±71.505g	0.43±0.041b

注：0.1、0.2、0.3 为纤维素柱中 NaCl 的浓度。

5.4.2　发酵对苹果皮渣多糖热重分析的影响

热重分析是研究物质晶体性质热稳定性、分解过程、脱水以及相关定量的分析。如图 5-16，AP 在 30.06℃左右质量开始下降，说明样品中还有一定的自由水分，30.06～80℃质量损失较快，即 80℃左右自由水分损失完全；80～230℃质量损失减缓，此阶段是结合水损失阶段；230℃以后质量损失速率达到最大，即 230℃为 AP 的分解点温度，半重损失温度为 275℃，800℃质量损失 85%。据此得到结果见表 5-3。

表 5-3　苹果皮渣多糖热重分析结果

多糖种类	失重初温度/℃	自由水损失温度/℃	结合水损失温度/℃	样品分解温度/℃	半重损失温度/℃	末重损失率/%
AP	30.06	30.06～80	80～230	230	275	85
NAP0.1	26.70	26.70～75	75～215	215	310	77
NAP0.2	26.92	26.92～78	78～250	250	335	70

续表

多糖种类	失重初温度/℃	自由水损失温度/℃	结合水损失温度/℃	样品分解温度/℃	半重损失温度/℃	末重损失率/%
WFP	21.73	21.73~70	70~225	225	590	76
NWFP0	25.22	25.22~70	70~255	255	345	88
NWFP0.1	21.75	21.75~65	65~235	235	280	75
NWFP0.2	25.65	25.65~64	64~250	250	288	76
VFP	25.82	25.82~60	60~240	240	260	91
NVFP0	27.35	27.35~63	63~275	275	305	82
NVFP0.1	31.63	31.63~72	72~243	243	285	74
NVFP0.2	22.58	22.58~62	62~254	254	280	74

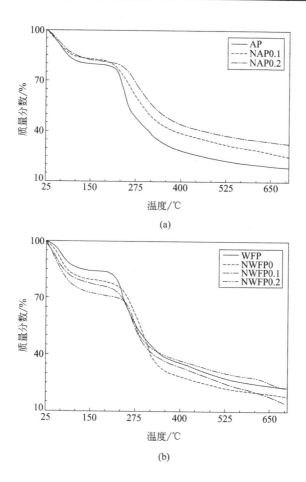

(a)

(b)

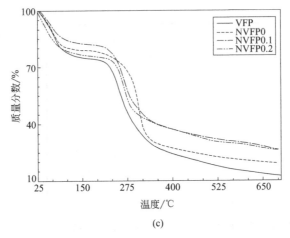

(c)

图 5-16　不同多糖热重分析对比

　　热重分析主要通过自由水损失温度、结合水损失温度、样品分解温度、半重损失温度、末重损失率来分析多糖晶体特性[❶]，对于失重初温度只可以作为参考值，因为实验中每次加入样品量难以达到统一，会直接影响到失重初温度，而其余指标则基本不受添加量影响。由表 5-3 易知多糖加热温度不宜超过 65℃，因此，在多糖溶液浓缩过程尽量小于 65℃；多糖样品在 200℃会发生分解，因此，在加工过程中要注意控制温度，避免影响多糖性质；由末重损失率可以看出多糖在高温条件下不是很稳定，会发生分解，加工中应注意温度控制在 150℃以内较好。

5.4.3　发酵对苹果皮渣多糖 XRD 的影响

　　XRD 是利用 X 衍射原理对样品晶体结构进行研究的一种科学研究方法。三种多糖分离纯化前后 XRD 如图 5-17，分离纯化前后晶体结构变化并不明显。根据晶体衍射经典公式布拉格公式 $2d\sin\theta = n\lambda$（式中 λ 为 X 射线的波长，n 为任何正整数）可知当 $n=1$，$\lambda = 1.54$Å（1Å$=10^{-10}$ m）时，由 θ 可计算晶格间距 d，由图 5-17 可知衍射最大峰值 CPS_{max}，如表 5-4。

表 5-4　XRD 参数汇总表

多糖种类	$2\theta/(°)$	CPS_{max}	$\lambda/$Å	n	$d/$Å
AP	21.54	61			4.12
NAP0.1	22.76	55	1.54	1	3.90
NAP0.2	29.20	53			3.06

---

❶　失重初温度指质量开始减小时的温度；自由水损失温度指在该温度段样品所含自由水损失到零；结合水损失温度在该温度段样品所含结合水损失到零；样品分解温度指样品开始分解；半重损失温度指质量损失到一半时样品所受温度；末重损失率指样品最后消耗质量所占比重（800℃）。

续表

多糖种类	$2\theta/(°)$	CPS_{max}	$\lambda/Å$	n	$d/Å$
WFP	23.22	64			3.83
NWFP0	22.26	59			3.99
NWFP0.1	21.36	62			4.16
NWFP0.2	25.92	48	1.54	1	3.43
VFP	21.42	70			4.15
NVFP0	20.72	61			4.28
NVFP0.1	23.32	57			3.81
NVFP0.2	24.08	51			3.74

结合前人研究可以看出三种多糖分离纯化前后衍射角 2θ 在 5°～50°都有衍射峰，且在分离纯化后衍射峰值有减小趋势，也就是说分离纯化不利于三种多糖晶体结构的形成。由于衍射峰强度较小，且根据已有研究除纤维素、淀粉外其余多糖皆为非晶态物质，结合图 5-17 三种多糖在分离纯化前后，有衍射峰但并不是很明显特征吸收峰，可推断出三种多糖皆为非晶态物质，呈无定型结构。

5.4.4　发酵对苹果皮渣多糖刚果红实验的影响

刚果红实验是检验多糖是否具有螺旋结构的重要方法。主要是刚果红可与多糖螺旋结构形成络合物，使得溶液吸收波长相对刚果红出现红移现象，同时在一定范围 NaOH 浓度会出现一个亚稳区，且在 NaOH 浓度达到一定时会损坏三螺旋结构中的氢键作用而破坏三螺旋结构，最大吸光值也会瞬间减小，根据这一现象来对多糖结构进行反映。

根据前人已有研究，如图 5-18（a）所示，当刚果红与三种多糖溶液混合时溶液最大吸光值发生了明显红移，随 NaOH 浓度由 0～0.5mol/L 的增大，AP 出现了亚稳区以及最大吸收波长减小等特征现象，即存在三螺旋结构，但随 NaOH 浓度由 0～0.5mol/L 的增大，纯化两种组分并未出现亚稳区，因此，多糖在分离纯化后并不存在三螺旋结构，由此可断定 NAP 0.3 存在三螺旋结构；如图 5-18（b）所示，当刚果红与四种多糖溶液混合时溶液最大吸光值发生了明显红移，但随 NaOH 浓度由 0～0.5mol/L 的增大，WFP、NWFP0 出现亚稳区、最大吸收波长减小等特征现象，因此，WFP、NWFP0 存在三螺旋结构；如图 5-18（c）所示，当刚果红与四种多糖溶液混合时溶液最大吸光值发生了明显红移，但随 NaOH 浓度由 0～0.5mol/L 的增大，VFP、NVFP0、NVFP0.1 出现亚稳区、最大吸收波长减小等特征现象，因此，VFP、NVFP0、NVFP0.1 存在三螺旋结构。由此可见分离纯化前三种多糖都存在三螺旋结构，经发酵处理，组分 NWFP0、NVFP0、NVFP0.1 出现了三螺旋结构，这对于其生物活性也具有重大意义。

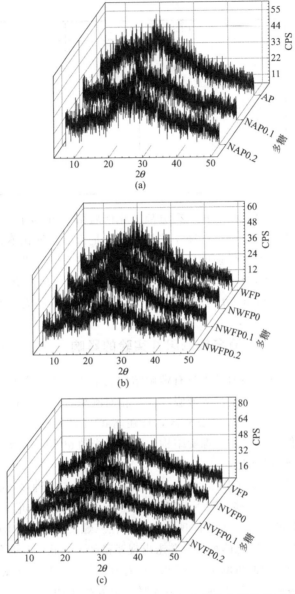

图 5-17　(a)AP、(b)WFP、(c)VFP 分离纯化前后 XRD 对比

5.4.5　发酵对苹果皮渣多糖微观结构的影响

扫描电镜（SEM）是研究物质微观结构常用的仪器，具有放大倍数大、高分辨率、高效率、可连续观测等特点，广泛应用于化工、生物、冶金学、医学等领域。台式扫描电镜（DSEM）填补了光学显微镜与传统大型扫描电子显微镜之间的空白区域，可广泛应用于诸多领域。

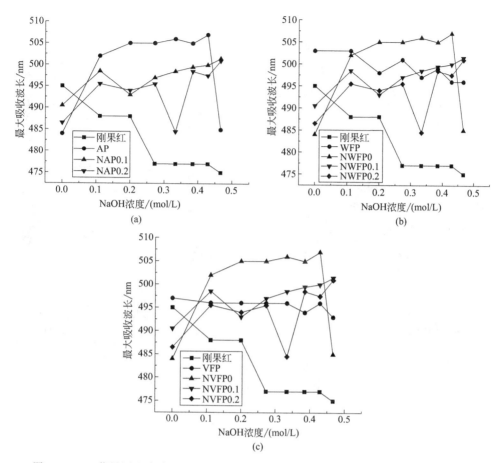

图 5-18　(a)苹果原渣多糖分离纯化前后刚果红实验对比；(b)苹果酒渣多糖分离纯化前后刚果红实验对比；(c)苹果醋渣多糖分离纯化前后刚果红实验对比

如图 5-19，在 100、1000、2000 倍条件下可以看出，AP 主要为片状、条状，同时有弯曲现象，片状之间存在一定的交联作用，连接紧密，片状结构大，形成网状；NAP 0.1、NAP 0.2 在 DE-52 纤维素与 G-200 凝胶色谱作用下片状明显减小，NAP 0.1 主要是小片状，且交联作用弱化，组织连接相对松散，不存在网状结构；NAP 0.2 主要是小块片状与颗粒（球）状，交联作用进一步弱化。此外，经 DE-52 纤维素与 G-200 凝胶色谱作用由 AP、NAP 0.1、NAP 0.2，100 倍放大图可以看出三者可塑性增强，即从另一方面证明交联作用减弱，多糖之间的连接作用减弱，更加分散。原因主要是在 DE-52 纤维素与 G-200 凝胶色谱作用下破坏了分子间的交联作用力，也可能是极性越大对氢键、范德瓦耳斯力的破坏越大。

如图 5-20，WFP 电镜观察主要是片状、锯齿状，结构间连接紧密，有一定交联作用；经 DE-52 纤维素与 G-200 凝胶色谱作用可以看出 NWFP 0、

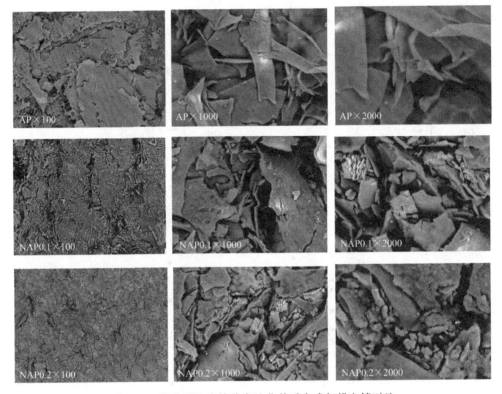

图 5-19　苹果原渣多糖分离纯化前后台式扫描电镜对比

$\times n$—扩大 n 倍

NWFP 0.1、NWFP 0.2 片状结构变小，与 AP 结果基本一致，可能是由于分离纯化过程破坏分子间作用力、氢键等作用，同时齿状结构消失，这与填料的筛分作用有关。此外，随着极性增大，片状结构依次减小，交联作用减弱，NWFP 0.1、NWFP 0.2 出现了杆状、颗粒状结构。主要原因可能是随极性变化导致聚集状态的变化，最终结构出现变化，导致相关物性、流变学发生相关变化。

如图 5-21，VFP 电镜观察主要是片状，结构间连接紧密，有一定交联作用，但与 AP、WFP 相比，依次减弱；经 DE-52 纤维素与 G-200 凝胶色谱作用可以看出 NVFP 0、NVFP 0.1、NVFP 0.2 片状变小，NVFP 0 出现孔状球形，NVFP 0.1 出现棒状，同时经分离纯化导致片状结构变小，交联作用减弱，这就直接导致多糖表观黏度减小、溶解度增大等，同时吸油性、吸水性等性质发生相应变化，物性、流变性可以通过结构变化加以解释。此外，交联性减弱可能与DE-52 纤维素、G-200 凝胶色谱作用有关，分离纯化过程导致分子间作用力、氢键等作用减弱。

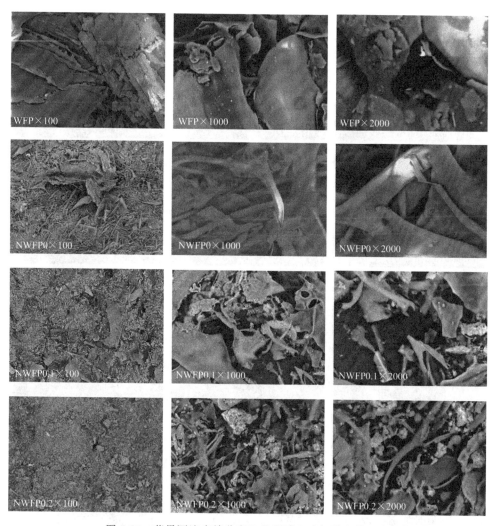

图 5-20　苹果酒渣多糖分离纯化前后台式扫描电镜对比

×n—扩大 n 倍

5.4.6　发酵对苹果皮渣多糖单糖组成的影响

根据前人研究，由图 5-22(a) 可知，10 种单糖标准品以保留时间从前到后依次分别是 (1)D-甘露糖、(2)D-核糖、(3)L-鼠李糖、(4)D-葡萄糖醛酸、(5)D-半乳糖醛酸、(6)D-葡萄糖、(7)D-木糖、(8)D-半乳糖、(9)L-阿拉伯糖、(10)L-岩藻糖，同时可计算出线性方程与相关系数；根据图 5-22(b)、(c) 可以计算分析出经酿酒发酵后 WFP 单糖组成与 AP 单糖组成的变化趋势以及相关变化率，如表 5-5；由图 5-22(b)、(d) 可以计算分析出经酿醋发酵后 VFP 单糖组成与 AP 单糖组成的变化趋势以及相关变化率，如表 5-6。

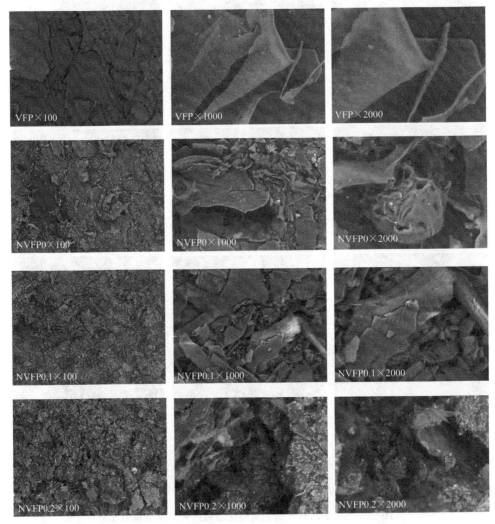

图 5-21 苹果醋渣多糖分离纯化前后台式扫描电镜对比

$\times n$—扩大 n 倍

表 5-5 WFP 单糖组成变化

标品名称	保留时间/min	线性方程	相关系数 R^2	摩尔分数/% AP	摩尔分数/% WFP	WFP 变化率/%
D-甘露糖	7.24 ± 0.21	$y=5.63x+42.93$	0.990	4.41	2.06	-53.29
D-核糖	8.80 ± 0.88	$y=2.26x+106.13$	0.999	2.91	3.94	35.40
L-鼠李糖	10.22 ± 1.17	$y=1.17x+160.71$	0.970	5.33	3.04	-42.96
D-葡萄糖醛酸	14.36 ± 0.72	$y=0.96x+28.56$	0.999	3.90	2.08	-46.67
D-半乳糖醛酸	17.61 ± 1.47	$y=2.00x+14.85$	0.996	11.47	9.12	-20.49

标品名称	保留时间/min	线性方程	相关系数 R^2	摩尔分数/%		WFP变化率/%
				AP	WFP	
D-葡萄糖	20.59±0.83	$y=2.35x+23.35$	0.995	2.28	26.79	1075.00
D-木糖	24.29±0.78	$y=2.44x+29.16$	0.994	4.77	2.56	−46.33
D-半乳糖	25.78±0.69	$y=3.18x+41.20$	0.999	8.19	7.10	−13.31
L-阿拉伯糖	26.55±1.34	$y=1.59x+76.61$	0.999	16.70	9.14	−45.27
L-岩藻糖	32.06±1.21	$y=0.31x+0.34$	0.998	40.02	34.15	−14.67

表 5-6　VFP 单糖组成变化

标品名称	保留时间/min	线性方程	相关系数 R^2	摩尔分数/%		VFP变化率/%
				AP	VFP	
D-甘露糖	7.24±0.21	$y=5.63x+42.93$	0.990	4.41	1.35	−69.39
D-核糖	8.80±0.88	$y=2.26x+106.13$	0.999	2.91	4.16	42.96
L-鼠李糖	10.22±1.17	$y=1.17x+160.71$	0.970	5.33	11.19	109.94
D-葡萄糖醛酸	14.36±0.72	$y=0.96x+28.56$	0.999	3.90	2.03	−47.95
D-半乳糖醛酸	17.61±1.47	$y=2.00x+14.85$	0.996	11.47	6.86	−40.19
D-葡萄糖	20.59±0.83	$y=2.35x+23.35$	0.995	2.28	1.03	−54.82
D-木糖	24.29±0.78	$y=2.44x+29.16$	0.994	4.77	23.42	390.99
D-半乳糖	25.78±0.69	$y=3.18x+41.20$	0.999	8.19	13.74	67.77
L-阿拉伯糖	26.55±1.34	$y=1.59x+76.61$	0.999	16.70	18.98	13.65
L-岩藻糖	32.06±1.21	$y=0.31x+0.34$	0.998	40.02	17.23	−56.95

由表 5-5 可以看出，AP 含有全部 10 种单糖，保留时间（min）分别为 7.24±0.21、8.80±0.88、10.22±1.17、14.36±0.72、17.61±1.47、20.59±0.83、24.29±0.78、25.78±0.69、26.55±1.34、32.06±1.21，摩尔分数分别为 4.41%、2.91%、5.33%、3.90%、11.47%、2.28%、4.77%、8.19%、16.70%、40.02%；经酿酒发酵后的苹果皮渣多糖同样含有全部 10 种单糖，摩尔分数分别为 2.06%、3.94%、3.04%、2.08%、9.12%、26.79%、2.56%、7.10%、9.14%、34.15%，其中 D-葡萄糖、D-核糖有所增加，特别是 D-葡萄糖增加近 11 倍，其余单糖都有不同程度的减少，特别是 D-甘露糖、L-鼠李糖、D-葡萄糖醛酸、D-木糖、L-阿拉伯糖分别减少 53.29%、42.96%、46.67%、46.33%、45.27%，由此可见，经酿酒发酵苹果皮渣多糖对提取单糖组成有较大影响，生成易于人体吸收的葡萄糖以及人体细胞所必需的核糖，这将能更好地为人体所利用，调节机体性能，对多糖组成具有良好的改善作用。

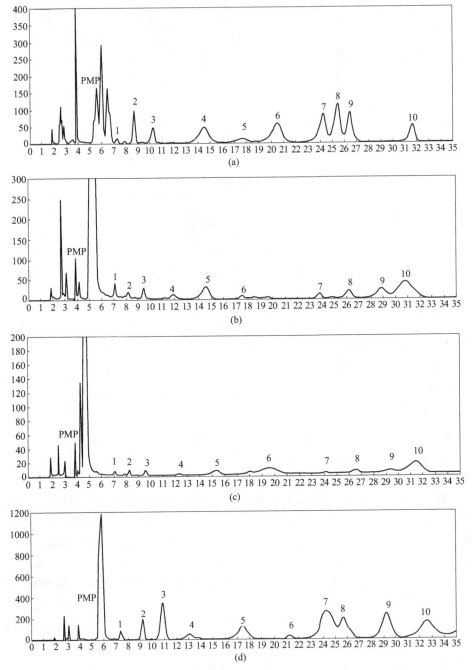

图 5-22 （a）单糖标品色谱图；（b）AP 样品色谱图；（c）WFP 样品色谱图；（d）VFP 样品色谱图

由表 5-6 可以看出，经酿醋发酵后的苹果皮渣多糖同样含有全部 10 种单糖，摩尔分数分别为 1.35%、4.16%、11.19%、2.03%、6.86%、1.03%、23.42%、

13.74％、18.98％、17.23％，其中 D-核糖、L-鼠李糖、D-木糖、D-半乳糖、L-阿拉伯糖分别增加 42.96％、109.94％、390.99％、67.77％、13.65％；D-甘露糖、D-葡萄糖醛酸、D-半乳糖醛酸、D-葡萄糖、L-岩藻糖分别减少 69.39％、47.95％、40.19％、54.82％、56.95％，可见 L-鼠李糖、D-木糖、D-半乳糖增加较多。半乳糖可通过释放促炎因子起到抗癌作用，具有很好的生物活性。此外，木糖对于改善肠道菌群，保证人体健康有着较好的生物活性。

5.5　发酵苹果皮渣多糖抗氧化性研究

5.5.1　发酵对苹果皮渣多糖 DPPH 自由基清除率的影响

　　DPPH 清除率越大代表样品的抗氧化性质越强。如图 5-23 所示，三种多糖都具有一定的 DPPH 自由基清除能力。在 0～5mg/mL 浓度范围内 AP 抗氧化活性高于发酵苹果皮渣多糖，但随着浓度的不断增大，发酵苹果皮渣多糖的抗氧化活性呈增强趋势；三种多糖的抗氧化能力都出现明显的浓度依赖性，在小浓度范围（0～3mg/mL）内 AP 表现出较强的浓度依赖性，当浓度大于 3mg/mL 时发酵苹果皮渣多糖浓度依赖性大于 AP，WFP 表现最为明显，VFP 次之；由此可见在浓度大于 5mg/mL 时，AP 抗氧化活性趋于稳定，而发酵苹果皮渣多糖的抗氧化活性仍表现出较好的浓度依赖性，在多糖浓度达到 5mg/mL 时 AP、WFP、VFP 的 DPPH 自由基清除率分别达到 56.64％、48.92％、40.40％；这可能是 AP 溶解性较小且黏度偏大造成的，高浓度范围 AP 的 DPPH 自由基清除率趋于平缓，表现出较弱的浓度依赖性。

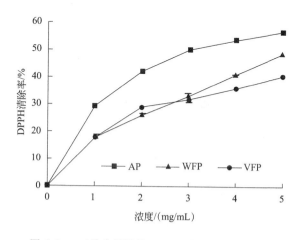

图 5-23　三种多糖清除 DPPH 自由基能力比较

5.5.2 发酵对苹果皮渣多糖·OH自由基清除率的影响

·OH清除能力是多糖抗氧化能力的表现之一，主要原理是·OH可与生物体内多种大分子发生作用，进而破坏生物大分子结构，影响生物大分子生物活性，影响机体正常运行。此外，·OH破坏性大、破坏周期短、攻击性大，使得·OH清除能力研究被作为当今研究的热点之一。

如图5-24可知，发酵苹果皮渣多糖·OH清除能力优于AP，且VFP＞WFP＞AP，VFP表现出强的·OH清除能力；三种多糖·OH清除能力都表现出较强浓度依赖性，AP表现出更强的浓度依赖性，当浓度达到5mg/mL时，AP、WFP、VFP的·OH清除能力分别达到28.58％、39.29％、41.00％，可见发酵VFP表现出较好的·OH清除能力，WFP次之，AP最弱。主要原因可能是在苹果皮渣发酵过程中，大分子多糖在微生物作用下产生小分子多糖，有利于·OH的清除与生物体健康。

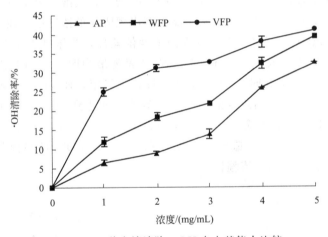

图5-24　三种多糖清除·OH自由基能力比较

5.5.3 发酵对苹果皮渣多糖总还原力的影响

总还原力测定原理为：

$$K_3Fe(CN)_6 + 多糖样品 \longrightarrow K_4Fe(CN)_6 + 多糖样品氧化物$$

$$K_4Fe(CN)_6 + Fe^{3+} \longrightarrow Fe_4[Fe(CN)_6]_3$$

测定 A_{700nm}，A_{700nm} 越大，抗氧化活性越强。如图5-25所示，在 $1\sim5mg/mL$ 范围内三种多糖的还原力皆存在一定的浓度依赖性；三种多糖还原力大小为 AP＞VFP＞WFP，分别达到0.775、0.597、0.567。因此，发酵苹果皮渣多糖的抗氧化活性小于AP，但当AP浓度达到4mg/mL时，浓度依赖性减弱同时趋于平衡，这可能与 AP 溶解性有关，结果与上述结果一致。

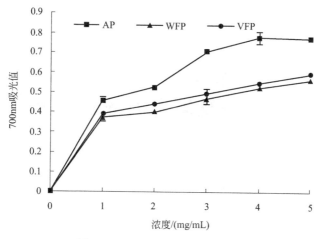

图 5-25　三种多糖总还原力比较

苹果多糖具有抗肿瘤、抗病毒、抗氧化、抗炎、消除疲劳等生物活性，且毒副作用较小，苹果多糖的制备工艺愈来愈精进，愈来愈能保持其原有品质，因此，苹果多糖表现出良好的活性功能。

综上所述，苹果多糖的抗氧化活性是其生物活性的重要组成部分，在一定程度上能反映出苹果多糖的生物活性。多糖主要通过提高体内抗氧化酶的活性，消灭体内自由基，还有提供大量活泼氢质子的羟基，氢质子能直接参与自由基的清除作用，防止脂质过氧化，从而达到抗氧化的功效，延缓细胞衰老。DPPH 清除率、·OH 清除能力是苹果多糖抗氧化能力的重要表现，有研究表明，在 DPPH 清除率方面，在低浓度范围内，AP 抗氧化活性优于发酵苹果皮渣多糖，但随着浓度的不断增大，发酵苹果皮渣多糖的抗氧化活性增强趋势明显大于 AP；在多糖浓度达到 5mg/mL 时，AP、WFP、VFP 的 DPPH 自由基清除率分别达到 56.64%、48.92%、40.40%。在 ·OH 清除率方面，发酵苹果多糖能力优于 AP，且 VFP＞WFP＞AP，VFP 表现出强的 ·OH 清除能力，当浓度达到 5mg/mL 时 AP、WFP、VFP 的 ·OH 清除能力分别达到 28.58%、29.29%、41.00%，可见发酵 VFP 表现出较好的 ·OH 清除能力，WFP 次之，AP 最弱。

发酵苹果多糖抗氧化活性在还原力与 DPPH 自由基清除能力两方面均劣于 AP，但在 ·OH 清除能力方面表现出优于 AP 的抗氧化活性，且 AP、WFP、VFP 三种多糖抗氧化活性都存在浓度依赖性。因此发酵苹果皮渣多糖具有一定的抗氧化活性，且呈现浓度依赖性。

第 6 章

苹果皮渣菌体蛋白饲料的制备及饲用有效性研究

6.1 菌体蛋白饲料的研究概况

6.1.1 开发菌体蛋白饲料的背景

近年来我国粮食单产量虽不断提高，但相对于我国消费量而言仍然存在较大的供需缺口，我国在未来的国际粮食贸易中仍会在相当长的一段时间内保持粮食进口量大于粮食出口量的局面，而且随着人们生活水平的提高及肉、禽、蛋消费量的增长，饲料用粮的进口量将会进一步扩大。据预测，到 2030 年我国口粮需求量达到 2.8 亿吨，而饲料用粮需求量达到 3.73 亿吨，也就是说未来几年饲料用粮的需求将会大于口粮的需求（郑少华等，2009）。故利用我国丰富的苹果皮渣资源开发新型蛋白饲料，替代部分饲料用粮，对于缓解我国粮食需求矛盾具有重要战略意义。

6.1.2 菌体蛋白饲料的定义

菌体蛋白饲料又称为微生物蛋白饲料或单细胞蛋白饲料，是指利用工农业废料培养真菌、细菌或藻类，使其利用废料中的营养物质完成自身生长繁殖而得到的一种蛋白饲料。菌体蛋白饲料具有良好的香味且富含蛋白质、维生素、矿物质、脂类等营养物质。菌体蛋白饲料的蛋白质含量是大豆的 1.1～1.2 倍，是鱼、肉、奶酪蛋白质含量的 1.2 倍以上，且菌体蛋白饲料氨基酸种类齐全，含有 8 种必需氨基酸，赖氨酸含量尤其丰富（张继等，2006）。

6.1.3 菌体蛋白饲料优势及特点

我国是农业大国，各种农业副产物资源丰富。各类果渣、薯渣、酒糟等含有丰富的营养物质，均可作为生产菌体蛋白饲料的良好原料；菌体蛋白饲料营养丰富，富含蛋白质、维生素、矿物质、脂类等营养物质；用来生产菌体蛋白饲料的各种微生物繁殖速度快，生产效率高；生产菌体蛋白饲料所需工艺简单，设备投入低；用来生产菌体蛋白饲料的原料可以被完全利用，不会产生二次排渣，不会对环境造成二次污染。

6.1.4　菌体蛋白饲料的研究进展

6.1.4.1　菌种选择

针对不同培养基质选择合适的菌种是成功生产菌体蛋白饲料的关键。用于生产菌体蛋白饲料的菌种应具有以下特点：①具有较好的将培养基中的碳源及无机氮源转化为自身蛋白质的能力；②生长速度快，可以迅速在培养基中繁殖形成优势菌群避免感染其他杂菌；③不产毒，对动物无致病性；④菌种性能稳定，不易发生突变及其他菌种退化现象。常用于生产菌体蛋白饲料的菌种主要有酵母菌、霉菌、芽孢杆菌等。酵母色、香、味、口感好，富含蛋白质、核酸、维生素和多种酶，且耐酸能力强，适宜于低 pH 值培养，不易污染。常用于生产蛋白饲料的霉菌有绿色木霉、康氏木霉、根霉、曲霉等，绿色木霉能产生纤维二糖酶及淀粉酶，根霉产淀粉酶能力好，黑曲霉能产生淀粉酶、蛋白酶、果胶酶及纤维素分解酶，故霉菌常用于糖化饲料的阶段。芽孢杆菌可产淀粉酶、蛋白酶、脂肪酶、纤维素酶等。此外，由于芽孢抵抗不良环境的能力极好，进入动物的消化系统后可以保持活菌状态，因而可以有效抑制肠道有害细菌的繁殖。籍保平等（1999）从100 株（丝状真菌、酵母菌、细菌）待选菌种中筛选到适合苹果皮渣发酵的菌种，在此基础上进行双菌种混生发酵，获得了优良的菌种组合（白地霉＋米根霉）。采用所选菌种组合对苹果皮渣进行发酵，所得产物粗蛋白含量提高了45.77％，粗纤维含量降低了 23.27％。徐抗震等（2003）对果酒酵母与康宁木霉进行激光诱变处理，选育出适合发酵苹果皮渣的优质突变株，进一步验证发现当果酒酵母与康宁木霉混合接种，接种比为 4：1 时发酵产物中粗蛋白和真蛋白的含量比原菌种分别提高了 12.60％和 17.69％，证实了激光选育方法正确可行。陈懿（2006）以根霉、啤酒酵母、白地霉和产朊假丝酵母为发酵菌种，研究了单菌种、混菌种固态发酵新鲜苹果皮渣产物蛋白质含量的变化，试验发现当根霉、白地霉、啤酒酵母接种比例为 1：1：1，接种量为 15％左右时，最终产物真蛋白质含量达 17.29％，与原材料相比显著提高。混合菌种发酵（枯草芽孢杆菌和啤酒酵母）中对产物真蛋白含量影响最大的因素排序为浆料比、pH、接种量；最佳发酵条件为浆料比 1：1、枯草芽孢杆菌接种量 3％、pH5.0；在此条件下真蛋白含量达到 13.58％。刘壮壮（2015）研究了产朊假丝酵母与不同丝状真菌（里氏木霉、斜卧青霉、黑曲霉、黄曲霉）组合发酵对苹果皮渣物中粗蛋白、纯蛋白质、多肽及游离氨基酸质量分数的影响，结果表明：产朊假丝酵母与黑曲霉为最佳的菌种组合，发酵产物中粗蛋白、纯蛋白质、多肽和游离氨基酸的质量分数分别为 292.86g/kg、208.85g/kg、40.35g/kg、0.65g/kg，各指标与原料相比均提高显著。结果证明采用产朊假丝酵母与黑曲霉混合菌种固态发酵苹果皮渣可以显著提高苹果皮渣的营养价值。

6.1.4.2 发酵工艺

陈松（2008）以苹果皮渣干粉为原料，采用白地霉、黑曲霉、枯草芽孢杆菌和产朊假丝酵母为发酵菌种，分别从菌种筛选、培养基优化及发酵条件优化等方面研究了多菌种混合发酵生产菌体蛋白饲料的技术。研究表明：最优接种比例为产朊假丝酵母：白地霉：枯草芽孢杆菌：黑曲霉＝0.5：1：1：1；最佳培养基配方为，苹果皮渣 20g、尿素 0.88g、硫酸铵 1.88g、硫酸镁 0.13g、磷酸二氢钾 0.19g、蒸馏水 46.2mL；最佳工艺参数为，温度 30℃、时间 3d、接种量 10%。武运等（2009）以热带假丝酵母菌和啤酒酵母菌为发酵剂，优化了热带假丝酵母菌和啤酒酵母菌共同发酵果渣生产菌体蛋白饲料的工艺条件，试验证明混合菌种发酵苹果皮渣产物中蛋白质含量高于单菌发酵；培养基添加氮源组所得蛋白质含量高于不添加氮源组；苹果皮渣固态发酵的适宜条件为：投料量 100g（果渣：麸皮＝85：15），自然 pH，32℃，水分含量为 66%，周期为 60h。发酵后产品的粗蛋白含量由 20.10% 提高到 29.30%，营养价值得到全面改善。宋鹏等（2011）以白地霉、枯草芽孢杆菌和绿色木霉为发酵菌种，以苹果皮渣、啤酒渣、麸皮和米糠等为主要原料，通过单因素和正交试验确定了混合菌种发酵农业副产物生产蛋白饲料的工艺条件：发酵时间 48h，底物含水量 50%，发酵料层厚度 30mm。发酵后粗蛋白含量达到 24.12%，比发酵前提高 145%。王丽丽等（2012）以苹果皮渣为原料，以 EM 菌液为菌种，采用单因素试验、正交设计试验、响应面设计分析试验等对苹果皮渣发酵生产菌体蛋白饲料进行了工艺条件优化，试验结果显示：温度、含水量、接种量为影响发酵产物粗蛋白含量的主要因素，以发酵温度的影响最为显著；发酵温度和接种量的交互作用非常明显；最佳发酵工艺条件为蔗糖添加量 3%、含水量 30%、接种量 0.8%、温度 24℃、发酵 4d。经过发酵，苹果皮渣营养价值明显提高，发酵产物粗蛋白含量由 5.28% 提高至 21.30%，粗脂肪含量由 4.52% 提高至 6.83%，总磷和粗灰分的质量分数也有显著提高。有学者从菌种筛选、培养基配比及发酵工艺参数三个方面对发酵苹果皮渣生产活性蛋白饲料进行了研究。结果表明最佳菌种配伍为产朊假丝酵母 HJ1＋黑曲霉 HF3，接菌比例为 1：1；最佳培养基组成为苹果皮渣 97%、尿素 3%、料水比 1：2；最佳工艺参数为发酵温度 31℃、发酵时间 6d、填料量 75g。在上述条件下苹果皮渣发酵后粗蛋白含量可达 34.59%。张一为等（2015）研究了苹果皮渣青贮与全株玉米青贮间的组合效应，通过将苹果皮渣、麦秸混合青贮与全株玉米青贮按不同比例进行组合，利用体外瘤胃发酵技术分析不同组合发酵产物体外干物质消化率、产气量及单项组合效应与多项组合效应。综合各项指标得出：苹果皮渣与全株玉米以 4：6 的比例组合效果最好。

6.1.4.3　饲喂效果

刁其玉等（2003）以苹果皮渣为主要培养基，通过接种有益微生物进行发酵，并将发酵苹果皮渣制成颗粒饲料对高产奶牛进行饲喂试验。结果表明，用发酵苹果皮渣代替等量甜菜饲喂奶牛后，每头奶牛每天增产鲜奶 1.89kg，同时牛奶中乳脂、乳蛋白、乳固体物含量均有上升且奶牛发病率明显下降。刘迎春等（2008）用复合菌液（酿酒酵母、枯草芽孢杆菌、嗜酸乳杆菌）发酵鲜苹果皮渣饲喂奶牛，对比牛产奶量、干物质采食量变化，以期大幅度降低饲料成本，结果表明：试验期间奶牛体况良好，产奶量与干物质采食量分别提高 18.5%、24.3%；饲养成本降低 7.9%，平均每头牛每天养殖效益增加 11.46 元。刘长忠等（2012）分别以 20.0% 的发酵苹果皮渣、20.0% 的苹果皮渣代替常规日粮，研究发酵苹果皮渣及未发酵苹果皮渣对雏鹅生产性能和营养成分代谢率的影响，结果表明：相比于未发酵苹果皮渣组，发酵苹果皮渣组料重比降低 2.34%，日增重提高 4.90%，日粮中中性洗涤纤维（NDF）、酸性洗涤纤维（ADF）、粗蛋白（CP）表观代谢率显著提高；相比于常规日粮组，饲喂发酵苹果皮渣组雏鹅的生产性能和营养成分代谢率各指标差异均不显著。肖文萍等（2012）利用混合菌剂青贮苹果鲜渣开发奶山羊催乳饲料，将混合菌剂添加到苹果鲜渣中青贮 30d 后对奶山羊进行饲喂试验，饲喂周期 30d。结果表明：苹果皮渣发酵后的粗纤维、脂肪、糖含量分别下降 22.89%、31.99%、96.69%；与对照组比较饲喂发酵苹果皮渣 30d 后山羊产奶量显著提高；山羊奶的乳脂肪、非脂固形物、蛋白质、乳糖、灰分等极显著提高。陈建军等（2013）利用混菌固态发酵技术发酵苹果皮渣，并利用鲤鱼消化道和肝胰粗酶液对苹果皮渣进行离体消化试验以研究发酵产物在鲤鱼肝胰和肠道不同部位的消化率。结果表明：发酵后苹果皮渣的蛋白质含量提高了 167.6%，达到 16.3%；鲤鱼对发酵苹果皮渣干物质和粗蛋白的消化率远远高于未发酵苹果皮渣干物质和粗蛋白的消化率；发酵苹果皮渣在 1～5h 内氨基酸生成量远高于未发酵苹果皮渣的氨基酸生成量。杨志峰等（2015）通过向犊牛日粮中添加发酵苹果皮渣与未发酵苹果皮渣对犊牛开展饲养试验，结合体增重、采食量以及体尺指标的分析，评价日粮中添加发酵苹果皮渣对犊牛生长性能的影响。以日粮中添加 5% 发酵苹果皮渣为试验组，添加 5% 的未发酵苹果皮渣为对照组对犊牛开展饲养试验。结果表明：试验组氮表观消化率比对照组提高了 48.34%；试验组蛋白质体外消化率比对照组提高 6.23%；试验组体重比对照组增加 3.07kg，日增重增加 50.16g；试验第 15 天、第 30 天、第 45 天以及第 60 天试验组体高、体斜长、胸围分别比对照组显著提高。该试验结果表明日粮中添加发酵苹果皮渣能够提高犊牛的日增重指标。

6.2 发酵苹果皮渣生产菌体蛋白饲料的菌种筛选

苹果皮渣是果汁加工业的副产物，苹果皮渣气味芬芳、酸甜适口，含有丰富的可溶性糖、粗纤维、粗脂肪、多酚等营养物质。这些营养物质为苹果皮渣作为新资源开发动物饲料提供了基础。苹果皮渣中总糖含量约为 15.1%，粗脂肪含量约为 6.8%，但粗蛋白质含量仅为 6.2%（康永刚等，2006），这一蛋白质水平使得苹果皮渣无法作为全价饲料饲喂动物，因此，利用微生物发酵苹果皮渣提高苹果皮渣中粗蛋白的含量显得尤为重要。

目前，提高苹果皮渣中粗蛋白含量的方法主要有微生物青贮法生产青贮饲料和微生物发酵法生产果渣菌体蛋白饲料。李志西（2002）对苹果鲜渣进行的青贮试验表明：苹果皮渣青贮三个月后未检出霉菌与放线菌，且青贮后的苹果皮渣气味良好，未发生变质，粗蛋白含量由 5.32% 增加到 8.04%。Hang 等（1989）将产朊假丝酵母接入苹果皮渣进行固态发酵，结果表明发酵后的苹果皮渣粗蛋白含量提高了 2.5 倍。Sandhu 等（1997）将不同酵母接入苹果皮渣与苹果皮渣自然发酵对比后发现，酵母较自然发酵可以产生更多的粗蛋白。Bhalla 等（1994）发现利用黑曲霉与热带假丝酵母混合发酵苹果皮渣粗蛋白含量可以提高 20%。谢亚萍等（2011）发现当酿酒酵母、热带假丝酵母、黑曲霉、白地霉的接种量比值为 1.5∶1.5∶80.5∶1.0 发酵苹果皮渣时粗蛋白含量可以提高 4.36 倍。黑曲霉比产朊假丝酵母和酿酒酵母具有更好地单菌发酵能力。

黑曲霉是发酵工业常用的菌种，可生产纤维素酶、淀粉酶、果胶酶、葡萄糖氧化酶等多种酶类（周根来等，2001），由于黑曲霉生长旺盛、抑杂菌能力好（孙玉英等，2004），故而被广泛应用于食品和饲料工业。黄孢原毛平革菌属于白腐真菌的一种，能够分泌胞外氧化酶降解木质素和纤维素，可以作为饲料发酵的糖化菌。产朊假丝酵母是目前发酵工业利用广泛的一类可食用菌，它不仅可以利用葡萄糖、蔗糖等低分子糖，还可以利用五碳糖及六碳糖，产朊假丝酵母可以利用工业废料如糖蜜、木材水解液等生产人畜无害的可食用蛋白质（饶应昌等，2000；Villas-Bôas et al.，2003）。酿酒酵母又称面包酵母或出芽酵母，与人类关系最密切，是发酵中最常用的生物种类，其发酵产品具有浓郁的酒香味，除用于酿造啤酒、酒精外，还可作为饲料酵母。本章研究采用纤维素分解能力好的丝状真菌（黑曲霉、黄孢原毛平革菌）和蛋白质含量高、发酵产物气味良好的酵母菌（产朊假丝酵母、酿酒酵母）联合发酵苹果皮渣，以提高发酵苹果皮渣中粗蛋白的含量，为微生物蛋白饲料的开发提供更为切实可行的途径。

6.2.1　菌种筛选的材料与方法

苹果干渣（富士、红星、金冠、国光、秦冠、嘎啦、乔纳金、黄元帅混合榨汁后的剩余产物，海升果业有限责任公司提供）粉碎机粉碎后过 30 目筛常温保存备用；黑曲霉（*Aspergillus niger*）、黄孢原毛平革菌（*Phanerochaete chrysosporium*）、产朊假丝酵母（*Candida utilis*）、酿酒酵母（*Saccharomyces cerevisiae*）均购买于中国普通微生物菌种保藏管理中心。

6.2.1.1　培养基的配制方法

（1）察氏培养基的配制方法

硝酸钠	3g
磷酸氢二钾	1g
氯化钾	0.5g
硫酸镁（$MgSO_4 \cdot 7H_2O$）	0.5g
硫酸亚铁	0.01g
蔗糖	30g
琼脂	20g
蒸馏水	1000mL

备注：pH6.0～6.5，加热溶解，分装后 121℃灭菌 20min。

（2）马铃薯葡萄糖琼脂培养基（PDA 培养基）的配制方法

马铃薯	200g
葡萄糖	20g
琼脂	20g
蒸馏水	1000mL

备注：加热溶解，分装后 121℃灭菌 20min。

（3）酵母培养基的配制方法

葡萄糖	10g
蛋白胨	10g
酵母提取物	5g
琼脂	20g
蒸馏水	1000mL

备注：将 200g 马铃薯去皮切碎，煮烂后取得土豆汁，加入 20g 葡萄糖，20g 琼脂，加水至 1000mL，121℃灭菌。

6.2.1.2　一级种子的培养

将黑曲霉、黄孢原毛平革菌、产朊假丝酵母、酿酒酵母按规定操作方法复活处理后，分别用移液枪吸取复活液 0.5mL 接种到相应察氏培养基、PDA 培养基、酵母培养基斜面上，放于 38℃光照培养箱中培养 5d，待微生物长出后用灭菌接种环挑取一环接种到新斜面培养基，按相同方法连续传代五次。

6.2.1.3 二级种子液的制备

（1）丝状真菌二级种子液的制备：将活化的黑曲霉和黄孢原毛平革菌斜面菌种用无菌水配制成菌悬液，分别接种至装有灭菌察氏固体培养基、PDA 固体培养基的三角瓶中培养 5d，向三角瓶中加入无菌生理盐水 200mL，摇动制成孢子悬液，采用血细胞计数法测定细胞数，将细胞浓度调整为 1×10^8cfu/mL。38℃、180r/min 摇床中培养 24h。

（2）酵母菌二级种子液的制备：按照无菌操作法从酵母菌斜面上挑取一环，向灭菌酵母液体培养基中分别接入产朊假丝酵母、酿酒酵母，38℃、180r/min 摇床中培养 24h，采用血细胞计数法测定细胞数，将细胞浓度调整为 1×10^8cfu/mL。

6.2.1.4 不同接种量下四种微生物发酵苹果皮渣产蛋白质能力的对比

向三角瓶中加入 10g 苹果皮渣，设置料水比为 1g∶2mL，121℃灭菌处理 30min，待培养基冷却到室温后分别接种黑曲霉、黄孢原毛平革菌、产朊假丝酵母、酿酒酵母。每种微生物分别设置 1.0mL、1.5mL、2.0mL、2.5mL 四个接种梯度。38℃条件下培养 3d，取出发酵产物烘干后测定粗蛋白含量。

6.2.1.5 不同料水比下四种微生物发酵苹果皮渣产蛋白质能力的对比

向三角瓶中加入 10g 苹果皮渣，设置 1g∶1mL、1g∶2mL、1g∶3mL、1g∶4mL 四个不同料水比，121℃灭菌处理 30min，待培养基冷却到室温后分别接种黑曲霉、黄孢原毛平革菌、产朊假丝酵母、酿酒酵母二级种子液各 1.5mL。38℃条件下培养 3d，取出发酵产物烘干后测定粗蛋白含量。

6.2.1.6 不同发酵时间下四种微生物发酵苹果皮渣产蛋白质能力的对比

向三角瓶中加入 10g 苹果皮渣，设置料水比为 1g∶2mL，121℃灭菌处理 30min，待培养基冷却到室温后分别接种黑曲霉、黄孢原毛平革菌、产朊假丝酵母、酿酒酵母二级种子液各 1.5mL。38℃条件下培养 1d、2d、3d、4d、5d，取出发酵产物烘干后测定粗蛋白含量。

6.2.1.7 不同发酵温度下四种微生物发酵苹果皮渣产蛋白质能力的对比

向三角瓶中加入 10g 苹果皮渣，设置料水比为 1g∶2mL，121℃灭菌处理

30min，待培养基冷却到室温后分别接种黑曲霉、黄孢原毛平革菌、产朊假丝酵母、酿酒酵母各 1.5mL。每种微生物分别设置 20℃、25℃、30℃、35℃、40℃五个温度梯度。培养 3d，取出发酵产物烘干后测定粗蛋白含量。

6.2.1.8 不同菌种比例发酵苹果皮渣产蛋白质能力的对比

向三角瓶中加入 10g 苹果皮渣，121℃灭菌处理 30min，待培养基冷却到室温后分别按 1∶3、1∶2、1∶1、2∶1、3∶1 五个不同的比例接种相应的微生物，38℃条件下培养，发酵结束后取出发酵产物烘干后测定粗蛋白含量。

6.2.2 不同工艺参数四种微生物发酵苹果皮渣产蛋白质能力对比

6.2.2.1 不同接种量对四种微生物发酵苹果皮渣产蛋白质能力的影响

不同接种量条件对四种微生物发酵苹果皮渣（APSCP）产蛋白质能力的对比情况见图 6-1，由图中数据可以看出同一菌种在不同接种量下发酵苹果皮渣产蛋白质的能力不同，随着接种量的升高，粗蛋白含量呈现出先增加后减少的趋势。这可能是由于接种量过低，微生物繁殖速度过慢，不能迅速将培养基中的营养物质转化为菌体蛋白质，而接种量过高又会导致微生物生长过于旺盛，瓶温急剧升高，代谢废物大量累积，不利于微生物的生长及蛋白质的积累（武运等，2009）。不同菌种在同一接种量下产蛋白质能力的表现不同，不同接种量下各菌种的产蛋白质能力均表现为黑曲霉＞黄孢原毛平革菌＞产朊假丝酵母＞酿酒酵母。在接种量为 2mL 条件下黑曲霉、黄孢原毛平革菌、产朊假丝酵母、酿酒酵母发酵苹果皮渣产物中粗蛋白含量分别达到 19.69％、13.09％、10.21％、9.21％，且各菌种在接种量达到 2mL 以上后产物中粗蛋白含量不再有明显升高。

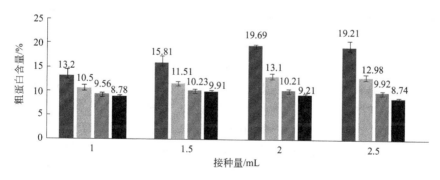

图 6-1 微生物种类及接种量对 APSCP 中蛋白质含量的影响

6.2.2.2 不同料水比对四种微生物发酵苹果皮渣产蛋白质能力的影响

不同料水比对四种微生物发酵苹果皮渣产蛋白质能力的对比情况见图6-2，由图中数据可以看出，同一菌种在不同料水比条件下发酵苹果皮渣产蛋白质的能力不同，随料水比的提高，粗蛋白含量呈现出先增后减的趋势。这可能是因为水分含量偏低，微生物正常繁殖所需水分不能满足，菌体生长密度过小，导致蛋白质含量偏低；含水过多又会使物料黏结，造成空气流通不畅，同样不利于菌体的繁殖。不同菌种在同一料水比条件下产蛋白质能力不同，不同料水比均表现为黑曲霉＞黄孢原毛平革菌＞产朊假丝酵母＞酿酒酵母。在料水比为1g∶3mL条件下，黑曲霉、黄孢原毛平革菌、产朊假丝酵母、酿酒酵母发酵苹果皮渣产物中粗蛋白含量分别为26.41％、12.60％、11.20％、10.20％。在此料水比条件下，培养基呈现手握成团、落地能散的状态，水分含量可以维持微生物正常繁殖且利于空气流通。

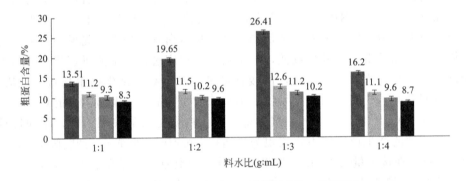

图6-2　微生物种类及料水比对APSCP中蛋白质含量的影响

6.2.2.3 不同发酵时间对四种微生物发酵苹果皮渣产蛋白质能力的影响

不同发酵时间对四种微生物发酵苹果皮渣产蛋白质能力的对比情况见图6-3，由图中数据可以看出同一菌种在不同发酵时间下发酵苹果皮渣产蛋白质的能力不同，随着发酵时间的延长，粗蛋白含量呈现出先增加后逐渐稳定的趋势；不同菌种在同一发酵时间下产蛋白质能力的表现也不同，在接种黑曲霉、黄孢原毛平革菌、产朊假丝酵母、酿酒酵母发酵2d后，不同发酵时间下均表现为黑曲霉＞黄孢原毛平革菌＞产朊假丝酵母＞酿酒酵母。在接种黑曲霉、黄孢原毛平革菌、产朊假丝酵母、酿酒酵母发酵5d后，发酵苹果皮渣产物中粗蛋白含量分别达到最高值22.35％、12.56％、11.39％、11.20％。但由于黑曲霉在发酵3d后会产生大量黑色孢子，严重影响产物感官性状，而酵母菌随着发酵时间的延长感染杂菌的概率增大，且在3d以后各菌种发酵产物中粗蛋白含量不再有大幅度升高，所以发酵时间选择 3d 为宜。

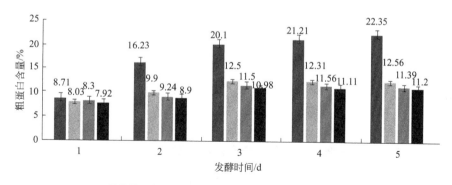

图 6-3 微生物种类及发酵时间对 APSCP 中蛋白质含量的影响

6.2.2.4 不同发酵温度对四种微生物发酵苹果皮渣产蛋白质能力的影响

不同温度对四种微生物发酵苹果皮渣产蛋白质能力的对比情况见图 6-4，由图中可以看出，同一菌种在不同温度下发酵苹果皮渣产蛋白质的能力不同，随着温度的升高，粗蛋白含量先增后减。这是因为每种微生物都有其适宜的生长繁殖温度，温度过低微生物繁殖缓慢，且容易造成杂菌生长；温度过高将会导致微生物体内酶活下降，进而导致蛋白质合成不足。不同发酵温度下产蛋白质能力均表现为黑曲霉＞黄孢原毛平革菌＞产朊假丝酵母＞酿酒酵母。黑曲霉与黄孢原毛平革菌的最适温度为 35℃，在此温度条件下二者发酵产物的最高蛋白质含量分别为 19.50％、13.17％；产朊假丝酵母与酿酒酵母的最适温度为 30℃，在此温度条件下二者发酵产物的最高蛋白质含量分别为 11.45％、10.02％。

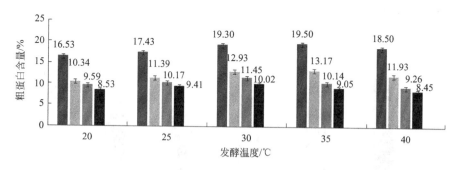

图 6-4 微生物种类及发酵温度对 APSCP 中蛋白质含量的影响

由以上分析可知，在丝状真菌中黑曲霉产蛋白质的能力优于黄孢原毛平革菌，酵母类细菌中产朊假丝酵母发酵苹果皮渣产蛋白质的能力优于酿酒酵母菌。这可能是由于黑曲霉不仅可以利用苹果皮渣中的果糖等还原性糖，同时还可以分泌纤维素酶及果胶酶等进一步用来合成自身蛋白质。而黄孢原毛平革菌属于白腐真菌中的一种，虽然白腐真菌类产纤维素酶及木质素酶的能力较好，但其产酶时间一般在培养 30d 以后，所以在短期培养过程中其产酶能力还未表现出，导致其只能利用苹果皮渣中现有的一部分还原糖合成少部分菌体蛋白。所以在后续试验过程中选择黑曲霉与产朊假丝酵母进行混合发酵苹果皮渣。

6.2.2.5　不同菌种比例发酵苹果皮渣产蛋白质能力

黑曲霉与产朊假丝酵母在接种量 2mL、料水比 1g∶3mL，发酵时间 3d 的条件下混合发酵苹果皮渣产蛋白质能力的对比情况见图 6-5。由图中数据可以看出黑曲霉与产朊假丝酵母不同混合比例下发酵苹果皮渣产蛋白质的能力不同，随黑曲霉与产朊假丝酵母比例的降低，粗蛋白含量呈现出降低的趋势，不同比例下发酵苹果皮渣所得产物中粗蛋白的含量在 11.90%～19.20% 之间，均低于相同接种量只接种黑曲霉的对照组（CK）中 19.9% 的粗蛋白的含量。此结果说明，虽然理论上黑曲霉可以分解纤维素生成糖类物质以供产朊假丝酵母更好的生长，但事实表明，黑曲霉与产朊假丝酵母混合发酵苹果皮渣效果不如单独接种黑曲霉好。这可能是由于黑曲霉分解纤维素的能力有限，黑曲霉分解少量纤维素生成的糖类物质只能满足自身菌体合成需要，无法供产朊假丝酵母进一步合成自身蛋白质。而在发酵过程中接入产朊假丝酵母，使培养基中的糖类物质被迅速耗尽，黑曲霉得不到充足的养分，使菌丝生长过于缓慢，导致培养基中蛋白质含量偏低。所以选择黑曲霉作为发酵菌。黑曲霉单独发酵苹果皮渣在不影响产物中粗蛋白含量的基础上，可以使发酵苹果皮渣生产菌体蛋白饲料的工艺更加简便易行、节约成本。

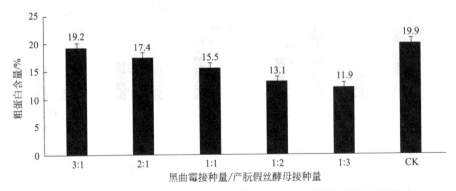

图 6-5　黑曲霉与产朊假丝酵母接种比例对 APSCP 中蛋白质含量的影响

6.3 苹果皮渣发酵生产菌体蛋白饲料工艺优化及品质分析

2020年，我国苹果总产量达4100万吨（农业农村部，2020）苹果浓缩汁加工过程中会产生大量的苹果鲜渣，我国每年形成的苹果鲜渣约200万吨，这是我国苹果皮渣的主要来源（李义海等，2011）。

苹果皮渣含有较高的水分和丰富的营养物质，易被微生物侵染，资源化利用难度较大，废弃处理又会造成严重的资源浪费和环境污染。苹果皮渣经发酵干燥后形成蛋白饲料，用来饲喂动物可降低饲喂成本，提高经济效益。尽管苹果皮渣含有丰富的纤维素、可溶性糖、维生素及矿物质等营养物质，但由于苹果皮渣中蛋白质含量偏低且含果胶、单宁等易与营养物质结合，形成阻碍消化作用的抗营养因子，苹果皮渣用作饲料大量饲喂动物容易造成动物营养不良、腹泻等问题（吕晓亚等，2014；王金明等，2011）。故利用微生物发酵苹果皮渣生产单细胞蛋白饲料可以大幅度提高苹果皮渣中蛋白质、脂肪、维生素、矿物质等营养元素的含量，同时降低苹果皮渣中粗纤维的含量，消除苹果皮渣中的抗营养因子（郭维烈等，2003）。因此，研究和开发苹果皮渣菌体蛋白饲料，对苹果皮渣资源化利用、缓解蛋白饲料供需矛盾具有深远的现实意义。利用微生物发酵开发苹果皮渣菌体蛋白饲料在国内外已有一些相关报道（Villas-Boas et al.，2003；Joshi et al.，2006）。但研究主要集中在以苹果皮渣作为发酵培养基提高粗蛋白含量方面。而对不同发酵条件下发酵后产物氨基酸含量与种类的变化关注较少。黑曲霉是公认的安全菌株，可以产生多种胞外酶以分解纤维素，且培养条件粗放，可在多种基质上生长。因此我们采用黑曲霉作为发酵菌株，对苹果皮渣固态发酵进行单因素及响应面优化试验，并对比发酵前以及发酵完成后的苹果皮渣中粗蛋白、粗纤维、粗脂肪、氨基酸、微量元素及重金属元素含量的变化，筛选适合苹果皮渣发酵的最佳工艺参数，并对最佳工艺条件下的发酵产物进行品质分析和营养评价。

6.3.1 苹果皮渣发酵生产菌体蛋白饲料的工艺优化

6.3.1.1 黑曲霉种子液接种量对苹果皮渣发酵效果的影响

接种量的大小对发酵结果有较大的影响。接种量过小微生物不能迅速在培养基中生长形成优势菌群，容易导致杂菌生长进而导致发酵产物的品质发生劣变。而接种量过大会造成菌体生长过快容易使培养基内的温度急剧升高和代谢废物大量累积，同样不利于微生物的生长及蛋白质的积累。因此在发酵过程中要选择合适的微生物接种量，达到缩短发酵时间、提高经济效益的目的。接种不同量的黑曲霉发酵苹果皮渣后粗蛋白含量、干物质得率、粗蛋白得率见表6-1所示。由表中数据可以看出，随着接种量的增大，发酵产物的粗蛋白含量先增加后降低，干物质得率呈现一直降低的趋势，粗蛋白的得率也呈现先增加后降低的趋势，此结果与薛祝林等（2014）研究结果一致。当接种量为15%时，发酵产物的粗蛋白含量最高，达到28.02%，与其他接种量之间差异显著（$P<0.05$）。与此同时发酵产物的粗蛋白得率也最大，达到18.20%，所以接种量选择15%。

表 6-1　黑曲霉种子液接种量对苹果皮渣发酵效果的影响

接种量/%	粗蛋白含量/%	干物质得率/%	粗蛋白得率/%
0	7.79±0.53e	96.00±0.00a	7.48±0.50d
5	19.68±1.01d	73.00±1.41b	14.37±0.93c
10	23.31±0.24c	70.67±0.47b	16.47±0.11b
15	28.02±0.83a	65.00±1.63c	18.20±0.03a
20	24.68±0.58b	61.00±1.41d	15.06±0.67c

注：粗蛋白含量、干物质得率、粗蛋白得率均以风干基础测定，粗蛋白得率＝干物质得率×粗蛋白含量。同一列中小写字母不同表示 $P<0.05$ 水平下差异显著。

6.3.1.2　料水比对黑曲霉发酵苹果皮渣效果的影响

固态发酵时，料水比是一个极其重要的影响因素，过高以及过低的水分含量均不利于微生物的生长繁殖。不同水料比下发酵苹果皮渣后粗蛋白含量、干物质得率、粗蛋白得率，如表 6-2 所示。由表中数据可以看出，随着水料比的增大，粗蛋白含量先增加后减小，干物质得率呈现先降低后增加的趋势，粗蛋白得率先增加后减少。当料水比为1:3时，发酵产物的粗蛋白含量最高，达到22.89%，与料水比1:1、1:2、1:5条件下差异显著（$P<0.05$），与料水比1:4条件下差异不显著（$P>0.05$）。料水比1:3时，发酵产物的粗蛋白得率也最高，达到16.78%，所以料水比选择1:3。微生物的种类不同，它们需要的水分的量有所不同。黑曲霉发酵属于需氧型发酵，基质中含水过多会使基质多孔性降低，物料黏结，造成空气不流通从而抑制菌体生长，导致蛋白质含量降低；而偏低的水分含量不能满足微生物正常繁殖时所需的水分，同样不利于菌体的生长繁殖及代谢。在料水比为1:3时，基质呈现手握成团落地能散的状态，有利于氧气的流通和微生物的生长。

表 6-2　料水比对黑曲霉发酵苹果皮渣效果的影响

料水比/(g:mL)	粗蛋白含量/%	干物质得率/%	粗蛋白得率/%
1:1	8.21±0.31d	91.67±0.47a	7.52±0.24c
1:2	20.26±0.74b	82.33±0.94b	16.69±0.78a
1:3	22.89±0.70a	73.33±1.70d	16.78±0.44a
1:4	22.11±0.21a	74.33±0.47cd	16.43±0.28a
1:5	18.97±0.88c	78.33±3.68bc	14.83±0.22b

注：同一列中小写字母不同表示 $P<0.05$ 水平下差异显著。

6.3.1.3　发酵温度对黑曲霉发酵苹果皮渣效果的影响

温度是影响微生物有机体存活和生长的重要因素之一。温度的改变常常影响微生物体内生化反应的速度以及微生物的繁殖速度。对于某一特定的微生物菌株来说，只有在一定的温度范围内微生物的生长速率最快，过高或过低的温度都会抑制微生物的生长。不同温度条件下发酵苹果皮渣后粗蛋白含量、干物质得率、粗蛋白得率如表 6-3 所示。由表中数据可以看出，随着温度的增加，发酵产物的粗蛋白含量先增加后降低，干物质得率呈现一直降低的趋势，粗蛋白的得率呈现先增加后降低的趋势。当温度为 30℃ 时，发酵产物的粗蛋白含量最高，达到 31.71%，与其他组相比差异显著（$P<0.05$），但此温度下干物质得率最低；当温度为 25℃ 时，发酵产物的粗蛋白得率最高，达到 18.83%，与 30℃ 下相比差异不显著（$P>0.05$）。且当温度为 30℃ 时，菌丝长势快，杂菌不易生长，所以发酵温度选择 30℃。

表 6-3　发酵温度对黑曲霉发酵苹果皮渣效果的影响

培养温度/℃	粗蛋白含量/%	干物质得率/%	粗蛋白得率/%
15	15.91±1.06d	85.00±1.63a	13.53±1.01b
20	24.04±1.27c	72.00±1.41b	17.33±1.35a
25	25.44±1.00b	74.00±0.00b	18.83±0.29a
30	31.71±0.40a	59.00±2.16c	17.53±0.89a
35	23.09±0.49c	60.67±3.68c	14.02±1.26b

注：同一列中小写字母不同表示 $P<0.05$ 水平下差异显著。

6.3.1.4　发酵时间对黑曲霉发酵苹果皮渣效果的影响

发酵时间是影响粗蛋白质含量的又一个重要参数，发酵时间太短培养基中的营养物质得不到充分利用；发酵时间太长会导致生产周期过长，设备等运行维护成本过大，且过长的周期容易滋生杂菌。不同发酵时间下苹果皮渣中粗蛋白含量、干物质得率、粗蛋白得率见表 6-4。由表中数据可以看出，随着发酵时间的延长，发酵产物的粗蛋白含量一直增加，干物质得率呈现一直降低的趋势，粗蛋白的得率呈现先增加后降低的趋势。当发酵时间为 7d 时，发酵产物的粗蛋白含量最高，达到 32.09%，但此发酵时间下干物质得率最低仅为 50.67%，且培养基中黑曲霉产生大量孢子，影响了发酵产物的感官性状。当发酵时间为 5d 时，发酵产物的粗蛋白得率最高，达到 18.75%，而且此时培养基无不良气味及孢子产生，所以发酵时间选择 5d。

表 6-4 发酵时间对黑曲霉发酵苹果皮渣效果的影响

发酵时间/d	粗蛋白含量/%	干物质得率/%	粗蛋白得率/%
1	9.49±1.54f	95.33±0.47g	9.05±1.53e
2	14.58±1.19e	84.33±0.94f	12.29±0.94d
3	20.25±0.05d	73.33±1.70e	14.85±0.39c
4	26.22±1.10c	70.67±0.47d	18.53±0.67a
5	29.15±0.86b	64.33±0.94c	18.75±0.30a
6	30.49±0.64b	55.00±0.00b	16.77±0.35b
7	32.09±0.04a	50.67±0.47a	16.26±0.70b

注：同一列中小写字母不同表示 $P<0.05$ 水平下差异显著。

6.3.2 苹果皮渣发酵生产菌体蛋白饲料的响应面设计及试验结果

采用响应面法优化黑曲霉发酵苹果皮渣生产菌体蛋白饲料的工艺条件，以期获得较高的粗蛋白含量。响应面试验设计及粗蛋白含量（Y）的检测结果见表 6-5。

表 6-5 响应面试验设计方法与结果

序号	X_1 发酵时间/d	X_2 温度/℃	X_3 接种量/%	X_4 水料比	Y 蛋白质含量/%
1	−1(4)	−1(25)	0(15)	0(3)	25.59±0.36
2	1(6)	−1	0	0	30.54±0.51
3	−1	1(35)	0	0	26.65±0.92
4	1	1	0	0	33.78±0.73
5	0(5)	0(30)	−1(10)	−1(2)	31.35±0.74
6	0	0	1(20)	−1	33.12±0.31
7	0	0	−1	1(4)	33.35±0.54
8	0	0	1	1	31.09±0.24
9	−1	0	0	−1	26.53±0.82
10	1	0	0	−1	34.20±0.49
11	−1	0	0	1	27.56±0.43
12	1	0	0	1	34.64±1.09
13	0	−1	−1	0	28.82±0.31
14	0	1	−1	0	29.86±0.45
15	0	−1	1	0	28.03±0.6
16	0	1	1	0	31.72±0.29
17	−1	0	−1	0	27.79±0.59
18	1	0	−1	0	35.30±0.48
19	−1	0	1	0	28.37±0.22

序号	X_1 发酵时间/d	X_2 温度/℃	X_3 接种量/%	X_4 水料比	Y 蛋白质含量/%
20	1	0	1	0	34.44±0.83
21	0	−1	0	−1	28.17±0.40
22	0	1	0	−1	30.02±0.76
23	0	−1	0	1	29.27±0.42
24	0	1	0	1	32.06±0.48
25	0	0	0	0	32.44±0.55
26	0	0	0	0	32.70±0.36
27	0	0	0	0	32.57±0.68
28	0	0	0	0	31.92±0.38
29	0	0	0	0	32.55±0.36

由表 6-5 可知，在设计的试验条件下，苹果皮渣菌体蛋白饲料中粗蛋白含量在 25.59%～34.64% 之间，使用 Design-Expert 8.05 软件对试验数据进行多元回归分析，得到粗蛋白含量（Y）对发酵时间（X_1）、发酵温度（X_2）、接种量（X_3）、水料比（X_4）的二元多项式回归模型方程为：

$$Y = 32.44 + 3.37X_1 + 1.14X_2 + 0.025X_3 + 0.38X_4 + 0.55X_1X_2 - 0.36X_1X_3 - 0.15X_1X_4 + 0.66X_2X_3 + 0.24X_2X_4 - 1.01X_3X_4 - 1.05X_1^2 - 2.41X_2^2 - 0.073X_3^2 - 0.31X_4^2$$

表 6-6 为苹果皮渣菌体蛋白饲料粗蛋白含量的方差分析结果，由表 6-6 可知该回归方程的相关系数 $R^2 = 0.9793$，表明回归方程拟合良好，与试验结果有 97.93% 的符合度，校正决定系数 $AdjR^2$ 为 0.9586，说明本模型具有较高的可信度。模型的 P 值<0.01，表明模型极显著；失拟系数 $P = 0.0868 > 0.05$，表明失拟不显著。模型的变异系数 CV% 为 1.80%，小于 5%，表明该二次多项式模型具有可重复性。因此，该方程可准确地预测苹果皮渣菌体蛋白饲料中粗蛋白的含量。

表 6-6　黑曲霉发酵苹果皮渣粗蛋白含量的方差分析

方差来源	平方和	自由度	均方	F 值	P 值	显著性
模型	203.27	14	14.52	47.33	<0.0001	＊＊
X_1	136.08	1	136.08	443.60	<0.0001	＊＊
X_2	15.57	1	15.57	50.76	<0.0001	＊＊
X_3	7.50E-03	1	7.50E-03	0.02	0.8780	NS
X_4	1.75	1	1.75	5.70	0.0316	＊
X_1X_2	1.19	1	1.19	3.87	0.0692	NS
X_1X_3	0.52	1	0.52	1.69	0.2146	NS
X_1X_4	0.08	1	0.08	0.28	0.6026	NS

方差来源	平方和	自由度	均方	F 值	P 值	显著性
X_2X_3	1.76	1	1.76	5.72	0.0313	*
X_2X_4	0.22	1	0.22	0.72	0.4104	NS
X_3X_4	4.06	1	4.06	13.24	0.0027	**
X_1^2	7.22	1	7.22	23.52	0.0003	**
X_2^2	37.82	1	37.82	123.29	<0.0001	**
X_3^2	0.03	1	0.035	0.11	0.7407	NS
X_4^2	0.62	1	0.62	2.01	0.1780	NS
残差	4.29	14	0.31			
失拟项	3.93	10	0.39	4.28	0.0868	NS
纯误差	0.37	4	0.09			
总差	207.56	28				
R^2	0.9793					
Adj R^2	0.9586					
CV/%	1.80					

注：NS，无显著作用；* 显著，$P<0.05$，** 极显著，$P<0.01$。X_1，发酵时间；X_2，发酵温度；X_3，接种量；X_4，料水比。

由 F 验证可以得到各因子贡献率为：$X_1>X_2>X_4>X_3$，即对苹果皮渣菌体蛋白饲料中粗蛋白含量（Y）的影响主次因子顺序为发酵时间＞温度＞水料比＞接种量。由 P 值表明，因子 X_1、X_2、X_3X_4、X_1^2、X_2^2 对苹果皮渣菌体蛋白饲料中粗蛋白含量具有极显著的影响（$P<0.01$），因子 X_4、X_2X_3 对苹果皮渣菌体蛋白饲料中粗蛋白含量具有显著的影响（$P<0.05$），其他因子对苹果皮渣菌体蛋白饲料中粗蛋白含量影响不显著（$P>0.05$）。

方差分析结果表明：接种量与水料比的交互作用对苹果皮渣菌体蛋白饲料中粗蛋白含量具有极显著的影响（$P<0.01$），温度与接种量的交互作用对粗蛋白含量具有显著影响（$P<0.05$），其响应面分别见图 6-6(f)、(c)。从图 6-6(f) 可以看出，接种量与水料比的交互作用对粗蛋白的含量影响极显著，当水料比为 2 时，粗蛋白含量随接种量的升高而增加；当水料比为 4 时，粗蛋白含量随接种量的升高而降低。这可能是由于水料比为 2 时，培养基中的水分含量过少，微生物活性极弱，高接种量带来大量微生物的同时也增加了培养基中的水分含量，随着接种量的增加培养基含水量增加，微生物繁殖旺盛，粗蛋白含量增加；而在水料比为 4 时，培养基中的水分含量已远超出微生物的需求，接种量越高带来的水分含量越高，越不利于微生物的生长，粗蛋白含量随之下降。由图 6-6(d) 可以看出，接种量对粗蛋白的含量影响不显著，温度对粗蛋白的含量影响显著，不同接种量下粗蛋白含量均随温度的升高呈先升高后降低的趋势，这是由于每种微生物都有

合适的生长温度，温度低微生物生长繁殖慢，合成蛋白质的速度低，而温度过高，微生物体内的酶活也随之降低，导致微生物繁殖速度降低。图 6-6(a)、(b)分别为当料水比为 1∶3 时，发酵时间与温度、发酵时间与接种量的交互作用对苹果皮渣菌体蛋白饲料中粗蛋白含量影响的响应面图；图 6-6(c)、(e)分别为当接种量为 15％时，发酵时间与水料比、温度与水料比的交互作用对苹果皮渣菌体蛋白饲料中粗蛋白含量影响的响应面图，这几组变量的交互作用均不显著。

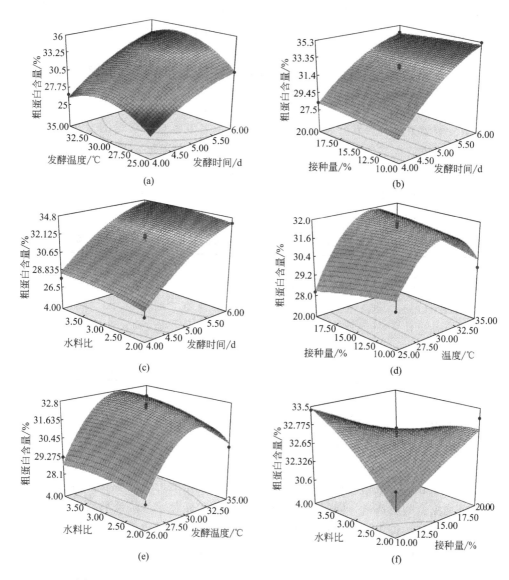

图 6-6　发酵条件对苹果皮渣菌体蛋白饲料粗蛋白含量影响的响应面图

在 Design-Expert8.0.5 软件中利用回归方程对发酵苹果皮渣生产菌体蛋白饲料的条件进行优化，求解得各因素的理论最优条件为发酵时间 5.85d，温度 31.82℃，接种量 10%，水料比 3.49mL：1g，在该条件下粗蛋白理论值为 35.35%。在实际操作中将条件设置为：发酵时间 6d，温度 32℃，接种量 10%，水料比 3.5mL：1g。为检验优化条件的可靠性，在此条件下发酵苹果皮渣，重复试验 3 次，实际测得在该条件下，发酵苹果皮渣生产菌体蛋白饲料的粗蛋白含量值为 33.56%，与理论预测值相比，预测准确率为 94.93%，由此表明，利用响应面法优化发酵苹果皮渣生产菌体蛋白饲料的条件是可行的。

6.3.3　苹果皮渣发酵生产菌体蛋白饲料优化工艺参数及发酵结果

在发酵时间 6d，温度 32℃，接种量 10%，水料比 3.5mL：1g 的最佳参数条件下发酵苹果皮渣。发酵后与发酵前苹果皮渣各基本成分含量的变化如表 6-7 所示。苹果皮渣在最佳参数条件下发酵后，以干物质为基础，与对照组相比，粗蛋白含量从 7.05% 提高到 33.56%，明显高于宋鹏等（2011）人报道的粗蛋白含量（24.12%）；粗脂肪从 4.75% 提高到 5.57%；粗纤维从 21.80% 降低到 13.53%；粗灰分从 2.07% 提高到 3.96%。

表 6-7　黑曲霉固态发酵苹果皮渣后基本成分的变化（干物质基础）/%

成分	苹果皮渣	发酵苹果皮渣
干物质（DM）	92.89±0.10a	65.23±0.48b
粗蛋白（CP）	7.05±0.12b	33.56±0.43a
粗纤维（CF）	21.80±0.24a	13.53±0.02b
粗脂肪（EE）	4.75±0.05b	5.57±0.06a
粗灰分（ASF）	2.07±0.25b	3.96±0.11a

注：同一列中小写字母不同表示 $P < 0.05$ 水平下差异显著。

苹果皮渣在最佳参数条件下发酵后，以干物质为基础，与对照组相比发酵后苹果皮渣氨基酸含量的变化如表 6-8 所示。总氨基酸含量从 43.76mg/g 提高到 126.30mg/g，必需氨基酸含量提高到 50.4mg/g；其中赖氨酸、蛋氨酸的含量分别提高了 6.01mg/g、7.48mg/g。相关研究表明赖氨酸可以显著改善动物胴体品质，增加家禽胸肌产量，同时还可以显著增加饲粮转化率，降低料肉比，减少养殖成本；蛋氨酸可以提高饲料中其他氨基酸的利用率，在皮毛动物饲料中添加适量蛋氨酸可以改善皮毛品质，在禽类动物饲料中添加适量蛋氨酸可以有效促进禽类生长发育，提高免疫力，提高饲料利用率，减少腹脂率。所以苹果皮渣经发酵后改善了植物性饲料原料中赖氨酸、蛋氨酸含量普遍偏低的问题，提高了苹果皮渣的营养价值。

表 6-8　黑曲霉固态发酵苹果皮渣后氨基酸成分的变化（干物质基础）

非必需氨基酸 （NEAA）	对照组 /(mg/g)	试验组 /(mg/g)	必需氨基酸 （EAA）	对照组 /(mg/g)	试验组 /(mg/g)
天冬氨酸(Asp)	5.16±0.05b	12.56±0.02a	苏氨酸(Thr)	2.71±0.05b	7.06±0.02a
丝氨酸(Ser)	2.19±0.04b	6.9±0.05a	缬氨酸(Val)	1.91±0.04b	6.55±0.01a
谷氨酸(Glu)	9.12±0.06b	20.83±0.09a	蛋氨酸(Met)	0.20±0.04b	7.68±0.01a
甘氨酸(Gly)	2.57±0.05b	6.59±0.02a	异亮氨酸(Ile)	2.00±0.06b	7.57±0.03a
丙氨酸(Ala)	2.88±0.02b	8.17±0.02a	亮氨酸(Leu)	2.19±0.07b	5.72±0.03a
胱氨酸(Cys)	0.28±0.01b	0.83±0.01a	苯丙氨酸(Phe)	2.14±0.06b	6.17±0.03a
酪氨酸(Tyr)	0.94±0.02b	3.68±0.01a	赖氨酸(Lys)	3.64±0.07b	9.65±0.04a
组氨酸(His)	1.00±0.06b	2.82±0.02a			
精氨酸(Arg)	2.54±0.01b	7.07±0.03a			
脯氨酸(Pro)	2.29±0.03b	6.45±0.07a			

注：同一列中小写字母不同表示 $P < 0.05$ 水平下差异显著。

苹果皮渣在最佳参数条件下发酵后，以干物质为基础，与对照组相比发酵后苹果皮渣中微量元素与重金属元素含量的变化如表 6-9 所示。微量元素 Fe、Cu、Zn、Mn、Se 的含量分别提高到 18.72mg/kg、253.45mg/kg、11.25mg/kg、8.63mg/kg、0.34mg/kg。重金属元素 As、Pb、Cr 的含量分别为 1.23mg/kg、1.75mg/kg、0.03mg/kg，均远小于饲料卫生标准中 As、Pb、Cr 的限量标准 2mg/kg、5mg/kg、0.5mg/kg。

表 6-9　黑曲霉固态发酵苹果皮渣后微量元素、重金属元素成分的变化（干物质基础）

元素		对照组/(mg/kg)	试验组/(mg/kg)
微量元素	Fe	13.68±0.09b	18.72±0.02a
	Mn	7.78±0.03b	8.63±0.07a
	Zn	8.10±0.02b	11.25±0.17a
	Cu	65.00±0.17b	253.45±4.64a
	Se	0.25±0.00b	0.34±0.01a
重金属元素	As	0.95±0.00b	1.23±0.02a
	Cr	0.02±0.00b	0.03±0.01a
	Pb	1.24±0.01b	1.75±0.00a

注：同一列中小写字母不同表示 $P < 0.05$ 水平下差异显著。

6.4　苹果皮渣发酵生产菌体蛋白饲料的饲用有效性评价

蛋白饲料指粗蛋白占干物质含量的 20% 以上，粗纤维含量占干物质的 18% 以下的饲料。苹果皮渣菌体蛋白饲料是以苹果皮渣为主要培养基，通过接种有益微生物，将苹果皮渣中的营养物质（还原性糖、纤维素等）转化为菌体自身蛋白质后得到的一种复合物质。本节研究通过向苹果皮渣中接种黑曲霉，在发酵时间6d，培养温度32℃，接种量100mL/kg，料水比1：3.5mL的条件下使苹果皮渣中粗蛋白含量从7.05%提高到33.56%；粗纤维从21.80%降低到13.53%；总氨基酸含量从43.76mg/g提高到126.30mg/g。经检测该苹果皮渣菌体蛋白饲料中粗蛋白含量及粗纤维含量均符合蛋白饲料的标准。本研究在得到富含粗蛋白的苹果皮渣菌体蛋白饲料的基础上，进一步以ICR小鼠为模型动物，通过向小鼠普通饲料中添加10%的发酵苹果皮渣、30%的发酵苹果皮渣、10%的未发酵苹果皮渣、30%的未发酵苹果皮渣，对比小鼠体重、脏器质量、脏器系数、损益指数（BDI）及血清生化指标的变化，综合评价苹果皮渣菌体蛋白饲料的饲用有效性（Momma et al.，2000；Poulsen et al.，2007）。研究结果为苹果皮渣菌体蛋白饲料的开发利用提供理论支持。

6.4.1 利用小鼠体重变化趋势初步评价营养价值

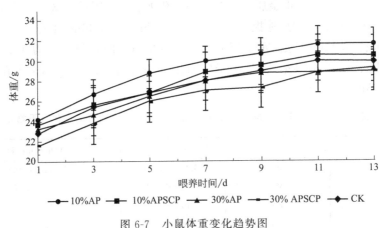

图 6-7　小鼠体重变化趋势图

AP—苹果皮渣；APSCP—发酵苹果皮渣；CK—空白对照

由图6-7小鼠体重变化趋势可以看出，饲喂添加10%发酵苹果皮渣组、10%未发酵苹果皮渣组、30%发酵苹果皮渣组、30%未发酵苹果皮渣组及普通饲料空白组小鼠体重均稳步增加，初步说明苹果皮渣及未发酵苹果皮渣对小鼠健康状况无明显不良作用。由图6-8各组耗料量的对比情况可以看出，各组耗料量情况为：30%未发酵苹果皮渣组＞30%发酵苹果皮渣组＞10%未发酵苹果皮渣组＞CK＞10%发酵苹果皮渣组。其中添加30%苹果皮渣组与30%发酵苹果皮渣组耗料量明显高于对照组，说明添加30%的发酵及未发酵苹果皮渣对改善饲料适口性、促进动物食欲具有一定的正效应。由图6-9饲喂不同饲料组小鼠料重比的对比可以看出，10%的发酵苹果皮渣与10%的未发酵苹果皮渣均能降低料重比，而添加30％的发酵与未发酵苹果皮渣组料重比均高于对照组，这可能是由于未发酵苹果皮渣蛋白质含量偏低，大量饲喂动物后容易造成动物营养不良；而发酵苹果皮渣虽然蛋白质含量充足，但由于各营养成分比例不适当，大量饲喂也会造成动物对营养物质的吸收利用率偏低，料重比偏高。综合以上数据分析表明：向动物日粮中添加低剂量的苹果皮渣能增加饲料的适口性，对动物具有一定的诱食作用，但是添加高剂量未发酵苹果皮渣对于饲料的转化率具有负效应；添加高剂量发酵苹果皮渣虽然可以促进动物进食，但也存在料重比略偏高的问题。

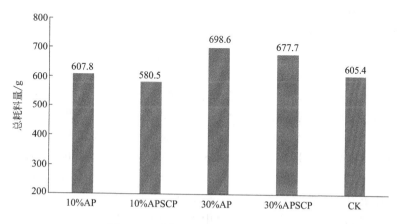

图 6-8　不同试验组小鼠耗料量对比

AP—苹果皮渣；APSCP—发酵苹果皮渣；CK—空白对照

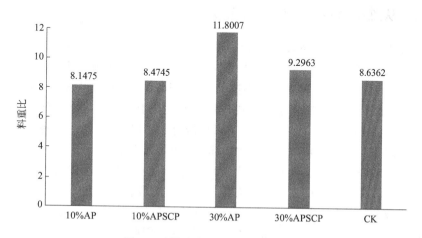

图 6-9 不同试验组小鼠料重比对比

AP—苹果皮渣；APSCP—发酵苹果皮渣；CK—空白对照

6.4.2 从脏器质量指标评价营养效应

由表 6-10 可以看出，与对照组相比，饲喂 10%发酵苹果皮渣组、10%未发酵苹果皮渣组、30%发酵苹果皮渣组、30%未发酵苹果皮渣组小鼠的各项脏器质量损益指数（BDI）值除脾脏 BDI 及 30%未发酵苹果皮渣组股骨质量 BDI 值低于 0.8 外，其余各项均高于 0.8，说明各组饲料对小鼠脏器健康无明显不良影响。其中饲喂 10%发酵苹果皮渣对小鼠体重、胰腺、肝脏、肾脏、性腺发育均有一定的促进作用；饲喂 30%发酵苹果皮渣对小鼠胸腺、胰腺、肝脏、股骨发育均有一定的促进作用，其中对胰腺的促进作用显著（$P<0.05$）；饲喂 10%未发酵苹果皮渣对小鼠体重、心脏、肺脏、胰腺、肝脏、肾脏、性腺发育均有一定的促进作用；但对脾脏及股骨的发育具有损害作用，饲喂 30%未发酵苹果皮渣对小鼠肺脏、胰腺、肝脏、性腺发育均有一定的促进作用，但饲喂 30%未发酵苹果皮渣对小鼠心脏、肾脏、脾脏及股骨等多项脏器的发育均具有损害作用，尤其对脾脏的损害作用显著（$P<0.05$）；添加发酵及未发酵苹果皮渣组各组饲料对小鼠脾脏的损害作用及 30%未发酵苹果皮渣对小鼠肾脏的损害作用还需进一步探究原因。由累计重量损益指数积分（GSW）结果可以看出：小鼠饲料中添加 30%发酵苹果皮渣与 10%未发酵苹果皮渣组累计 GSW 均高于 9.0，说明此两组饲料总体上对于动物器官发育具有正效应，尤其以 30%发酵苹果皮渣饲料组 GSW 最高，达到 9.752，说明向饲料中添加 30%发酵苹果皮渣有利于动物器官整体发育。

6.4.3 从脏器系数指标评价健康效应

由表 6-11 小鼠脏器系数 BDI 结果可见，除脾脏外其余各脏器系数 BDI 均大于 0.8；饲喂 10%发酵苹果皮渣对于小鼠胰腺、肝脏、肾脏、性腺均有促进作用；饲喂 30%发酵苹果皮渣对于小鼠的心脏、肺脏、胸腺、胰腺、肝脏、肾脏、股骨等七项指标发育均有一定的促进作用，尤其对于胰腺的发育具有显著的促进作用（$P<0.05$）；饲喂 10%未发酵苹果皮渣对于小鼠心脏、肺脏、胰腺、肝脏、肾脏、性腺等六项指标均有促进作用；饲喂 30%未发酵苹果皮渣对于小鼠的肺脏、胸腺、胰腺、肝脏、性腺发育等五项指标均有一定的促进作用，但对小鼠心脏、肾脏、脾脏及股骨的发育均具有损害作用。综合各组脏器系数累计 GSI（重量损益指数分数）值，饲喂 30%发酵苹果皮渣组 GSI 值最高，达到 10.258，说明饲喂 30%发酵苹果皮渣对小鼠整体健康促进作用明显，其余各组的 GSI 值均低于 9.0，说明其余各组饲料对于小鼠整体健康水平存在潜在危害；进一步证明了苹果皮渣经黑曲霉发酵后可以显著改善苹果皮渣的营养价值。

表6-10　苹果皮渣菌体蛋白饲料营养价值评价（$\bar{x} \pm s$，$n=10$）

指标	空白/g	10%发酵苹果皮渣组		30%发酵苹果皮渣组		10%未发酵苹果皮渣组		30%未发酵苹果皮渣组	
		质量/g	BDI	质量/g	BDI	质量/g	BDI	质量/g	BDI
体重	26.98±2.559	27.18±2.250		25.00±1.430		27.82±1.971		26.84±1.538	
心脏	0.144±0.020	0.141±0.018	0.978	0.138±0.008	0.957	0.156±0.016	1.080	0.134±0.016	0.933
肺脏	0.197±0.032	0.197±0.032	0.998	0.186±0.018	0.942	0.215±0.027	1.089	0.203±0.029	1.030
胸腺	0.087±0.022	0.081±0.020	0.931	0.091±0.019	1.045	0.089±0.020	1.017	0.102±0.023	1.171
脾脏	0.174±0.250	0.102±0.020	0.583	0.097±0.015	0.555	0.112±0.022	0.645	0.092±0.013*	0.531
胰腺	0.027±0.007	0.030±0.006	1.112	0.054±0.068*	2.023	0.028±0.004	1.048	0.031±0.006	1.168
肝脏	1.256±0.182	1.390±0.212	1.106	1.299±0.155	1.034	1.388±0.155	1.105	1.319±0.134	1.049
肾脏	0.416±0.061	0.430±0.054	1.032	0.409±0.045	0.982	0.462±0.043*	1.109	0.382±0.032*	0.918
性腺	0.096±0.021	0.107±0.027	1.117	0.088±0.024	0.924	0.104±0.037	1.083	0.105±0.025	1.099
股骨	0.073±0.019	0.068±0.014	1.053	0.076±0.020	1.290	0.070±0.018	0.902	0.065±0.021	0.730
9项累计 GSW		8.910		9.752		9.078		8.629	

注：* 代表与空白对照组相比差异显著（$P<0.05$）。

表 6-11 苹果皮渣菌体蛋白饲料健康效应及安全评价（$\bar{x}\pm s$，$n=10$）

指标	空白	10％发酵苹果皮渣组		30％发酵苹果皮渣组		10％未发酵苹果皮渣组		30％未发酵苹果皮渣组	
		脏器系数	BDI	脏器系数	BDI	脏器系数	BDI	脏器系数	BDI
心脏	5.346±0.535	5.216±0.658	0.971	5.545±0.433	1.033	5.636±0.707	1.047	5.032±0.633	0.938
肺脏	7.375±1.412	7.226±0.818	0.991	7.444±0.569	1.017	7.755±0.973	1.057	7.606±1.207	1.035
胸腺	3.246±0.803	3.011±0.758	0.924	3.676±0.782	1.128	3.210±0.716	0.986	3.800±0.683	1.177
脾脏	6.306±8.640	3.754±0.652	0.579	3.882±0.573	0.599	4.068±0.815	0.626	3.462±0.48	0.534
胰腺	1.013±0.292	1.110±0.202	1.104	2.204±2.791*	2.183	1.021±0.162	1.016	1.176±0.214	1.174
肝脏	46.41±2.984	51.29±7.485	1.098	51.88±4.653	1.116	49.82±3.270	1.071	49.13±3.867	1.055
肾脏	15.40±1.320	15.89±1.944	1.025	16.38±1.540	1.060	16.62±1.126	1.075	14.252±0.720	0.923
性腺	3.547±0.667	3.975±1.080	1.109	3.560±0.959	0.997	3.749±1.297	1.050	3.921±0.848	1.105
股骨	2.721±0.652	2.485±0.516	1.053	3.043±0.829	1.125	2.576±0.722	0.885	2.398±0.728	0.857
9项累计 GSI			8.854		10.258		8.813		8.798

注：＊代表与空白对照组相比差异显著（$P<0.05$）。

6.4.4 血清生化指标的评价

由表 6-12 中血清生化分析结果可以看出，与对照组相比，饲喂 10％发酵苹果皮渣饲料与饲喂 10％未发酵苹果皮渣饲料对小鼠各血清指标无显著影响；饲喂 30％发酵苹果皮渣饲料组小鼠 TP（总蛋白）、ALB（白蛋白）、GLOB（球蛋白）值与对照组相比无显著性差异，证明了饲喂 30％发酵苹果皮渣饲料不会对小鼠营养健康状况造成不良影响，饲喂 30％发酵苹果皮渣饲料组小鼠 CREA（血肌酐）值显著降低（$P<0.05$），说明饲喂 30％发酵苹果皮渣饲料对于动物肾脏具有保护作用；饲喂 30％未发酵苹果皮渣饲料组小鼠 ALT（转氨酶）值显著升高，说明饲喂 30％未发酵苹果皮渣饲料对于小鼠肝功能会造成比较严重的损害，而 ALB（白蛋白）、GLOB（球蛋白）值的显著降低，说明饲喂 30％未发酵苹果皮渣饲料会对小鼠的营养状况造成不利影响，GLU（血糖）值的显著升高可能与未发酵苹果皮渣中还原糖含量高有关。饲喂 30％发酵苹果皮渣饲料与饲喂 30％未发酵苹果皮渣饲料组小鼠 TG（甘油三酯）值明显降低可能与苹果皮渣中膳食纤维含量高有关。

　　综合以上数据可以看出，饲喂 30％发酵苹果皮渣饲料对动物健康状况无不良影响，而饲喂高添加量的未发酵苹果皮渣饲料则会对动物营养状况、肝功能等造成不利影响。血清生化分析结果进一步证实了苹果皮渣发酵后可以显著提高营养价值，更有利于动物的生长发育。

表 6-12　血液生化指标的评价（$\bar{x}\pm s$，$n=10$）

指标	空白	10％发酵苹果皮渣组	30％发酵苹果皮渣组	10％未发酵苹果皮渣组	30％未发酵苹果皮渣组
ALT(转氨酶)	39.87±6.479	41.50±4.816	46.12±11.50	53.25±19.60	58.75±12.95*
AST(谷草转氨酶)	146.2±28.04	177.2±43.08	153.2±29.35	188±44.63	160.7±23.39
TP(总蛋白)	56.38±4.969	51.25±2.812	54.51±3.228	53.40±2.500	48.66±2.956
ALB(白蛋白)	23.78±1.586	21.50±0.898	23.33±1.217	22.96±1.005	20.98±1.460*
GLOB(球蛋白)	32.60±3.435	29.75±2.074	31.17±2.441	30.43±1.900	27.71±1.914*
CREA(血肌酐)	38.87±16.27	32.25±8.370	24.87±4.773*	44.50±16.05	42.37±9.728
BUN(尿素氮)	10.78±0.780	11.42±1.087	11.20±1.637	12.37±2.520	8.562±0.926*
GLU(血糖)	3.268±0.931	3.127±1.066	5.176±1.164	4.353±0.762	6.962±1.779*
CHOl(胆固醇)	4.416±0.709	4.118±0.689	4.436±0.616	4.692±0.900	3.848±0.677
TG(甘油三酯)	2.592±0.672	2.403±0.545	1.360±0.361*	2.413±1.099	1.595±0.166*

　　注：＊代表与空白对照组相比差异显著（$P<0.05$）。

第 7 章
苹果皮渣多酚抗氧化、抗衰老及减脂功能评价

7.1 苹果皮渣多酚体外抗氧化试验

评价某种物质是否具有抗氧化功能主要包括体内和体外实验两种方法。体内实验费用高、周期长，不适用于大量筛选抗氧化剂，一般用于抗氧化剂体内作用机制的研究；体外实验因操作简单、灵敏度高而广泛应用于评价功能食品的生物活性。体外抗氧化检测的方法主要包括：1,1-二苯基-2-三硝基苯肼（DPPH）自由基、羟基自由基、2,2-联氮-双-β-乙基-苯并噻唑-6-磺酸二铵盐（ABTS）自由基、超氧自由基等的清除能力以及铁离子还原能力（FRAP）、氧自由基吸收能力（ORAC）和硫代巴比妥酸（TBARS）反应物法等。

李春美等（2000）测定了茶多酚及其氧化物在不同体系下清除超氧自由基和羟基自由基的作用，结果表明对两种自由基的最大清除率达到了 96.9% 和 88.5%，可以明显抑制邻苯三酚的自氧化，并与超氧化物歧化酶（SOD）粗酶液有协同增效的作用。由此可见，茶多酚氧化物是一种理想的抗氧化剂和自由基清除剂。化学比色法是评价植物提取物抗氧化活性的常用方法之一，研究人员利用化学比色法，研究了桑葚提取物的体外抗氧化活性，发现桑葚提取物具有较强的羟基自由基清除能力和中断脂质链式氧化反应的能力。竹叶黄酮具有良好的抗氧化、清除自由基和调节血脂的作用。邵盈盈（2013）通过体外模拟测定，评价了蓝莓总黄酮清除 DPPH 自由基和羟基自由基的能力，其清除自由基的能力优于天然抗氧化剂维生素 C，可以作为开发提取天然食品抗氧化剂的来源。

7.1.1 苹果皮渣多酚体外抗氧化试验方法

7.1.1.1 苹果皮渣多酚对 ABTS 自由基的清除作用

ABTS 自由基清除能力的评价采用 Re 等（1999）的方法并略做修改，在

$25\mu L$ 苹果皮渣多酚稀释样液中加入 $2.0mL$ ABTS 甲醇溶液（$0.0025g/100mL$）。30℃条件下反应 10min 后于 734nm 处测定残留的 ABTS 自由基吸光度。样液对 ABTS 自由基的抑制率按式(7-1) 计算：

$$抑制率(\%)=(A_0-A)/A_0\times100 \tag{7-1}$$

式中，A_0 为对照组在 734nm 处的吸光值；A 为反应液终止时 734nm 处的吸光值。对照组用 $25\mu L$ 空白提取液代替样液。

7.1.1.2　苹果皮渣多酚对 DPPH 自由基的清除作用

分别在 8 支试管中加入一定体积的 $1.0mg/mL$ 苹果皮渣多酚溶液，用去离子水补至 3mL，使终体系中苹果皮渣多酚具有不同的浓度。每管中加入 DPPH 乙醇溶液（$120\mu mol/L$）3mL，混匀后常温避光静置 30min，在 517nm 下测定吸光值。不同浓度苹果皮渣多酚对 DPPH 自由基的清除率按照式(7-2) 计算：

$$E(\%)=(A_0-A)/A_0\times100 \tag{7-2}$$

式中，A_0 为空白对照液的吸光值；A 为加入苹果皮渣多酚后的吸光值。

7.1.1.3　苹果皮渣多酚对铁还原能力（FRAP）的测定

在试管中先加入 3.6mL 新鲜配制的铁还原溶液，加入 $35\mu L$ 苹果皮渣多酚稀释液，静置 10min 后，于 593nm 处测定样品液多酚对 Fe^{3+} 的还原能力。铁还原溶液配制：醋酸盐缓冲液（pH3.6）$0.3mol/L$、2,4,6-三吡啶基三嗪（TPTZ）（溶于 $40mmol/L$ HCl）和 $FeCl_3$ 三种溶液以 10∶1∶1（体积分数）混合。吸光值越高说明还原能力越强。

7.1.1.4　苹果皮渣多酚对超氧阴离子自由基的清除作用

采用邻苯三酚法。取 pH 为 8.2 的 Tris-HCl 溶液 3mL，分别加入一定体积的 $1.0mg/mL$ 苹果皮渣多酚溶液，用去离子水补至 9mL，使终体系中苹果皮渣多酚具有不同的浓度。混匀后 25℃水浴下静置 20min。加入 0.6mL 邻苯三酚（$7mmol/L$），立即测定其在 325nm 处的吸光值，记录反应 5min 后的结果。不同浓度苹果皮渣多酚对超氧阴离子自由基的清除率按照式(7-3) 计算：

$$E(\%)=(A_0-A)/A_0\times100 \tag{7-3}$$

式中，A_0 为空白对照液的吸光值；A 为加入苹果皮渣多酚后的吸光值。

7.1.1.5　苹果皮渣多酚对总自由基的清除作用（PCL 法）

利用抗氧化剂和自由基分析仪检测苹果皮渣多酚的整体抗氧化能力，准备去离子水（试剂 1）、反应缓冲液（试剂 2）、光敏剂（试剂 3）、维生素 C 溶液（试剂 4）四种反应液，按照表 7-1 所示依次加入反应液和样品溶液，建立维生素 C 的抗氧化活性标准曲线，结果以维生素 C 含量来表示样品的抗氧化活性。

表 7-1　反应样液的组成

单位：μL

试剂	1	2	3	4	样品溶液
空白	1500	1000	25	0	0
标准曲线	1500−X	1000	25	X	0
样品测试	1500−Y	1000	25	0	Y

7.1.2　苹果皮渣多酚体外抗氧化结果分析

7.1.2.1　苹果皮渣多酚对 ABTS 自由基的清除作用

ABTS 可被 $K_2S_2O_8$、MnO_2 和 H_2O_2 等氧化生成蓝绿色的自由基离子 $ABTS^{\cdot+}$，在 414nm、645nm 和 734nm 处有最大吸收峰。酚类物质具有供氢能力，可与 $ABTS^{\cdot+}$ 反应，变成没有颜色的 ABTS。通过测量反应液在 734nm 处的吸光值变化，评价抗氧化剂清除 $ABTS^{\cdot+}$ 的能力，目前 ABTS 法广泛应用于评价抗氧化剂清除自由基的能力。抗氧化剂清除 $ABTS^{\cdot+}$ 自由基的清除率越高表明其抗氧化性越强。

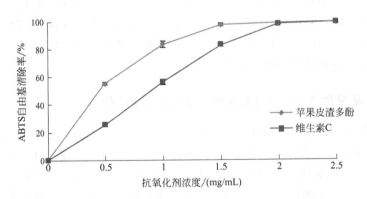

图 7-1　苹果皮渣多酚对 ABTS 自由基的清除作用

由图 7-1 可见，苹果皮渣多酚和维生素 C 对 ABTS 自由基具有较好的清除作用，且随浓度的增大清除率逐渐提高。当两者的浓度均为 2mg/mL 时清除率趋于稳定，可清除 99% 的 ABTS 自由基。当溶液浓度小于 1.5mg/mL 时，苹果皮渣多酚清除率随浓度增大而提高的趋势显著高于维生素 C，且相同浓度时，苹果皮渣多酚的清除率显著高于维生素 C。当浓度为 0.5mg/mL 时，苹果皮渣多酚对 ABTS 自由基清除率是维生素 C 的 2.18 倍。

7.1.2.2　苹果皮渣多酚对 DPPH 自由基的清除作用

DPPH 方法是基于氢原子转移的抗氧化效果评价方法。DPPH·是一种稳定的自由基，溶于甲醇后呈现紫色，在 515nm 处具有最大吸收峰。有供氢能力的物质如维生素 C、多酚等可还原 DPPH 自由基，使其颜色变浅。根据吸光度的变化可以检测抗氧化剂清除 DPPH 自由基的能力，进而对其抗氧化活性进行评价。由图 7-2 可知，苹果皮渣多酚和维生素 C 均能够清除 DPPH 自由基，并且随溶液浓度的增大清除率显著上升。相同浓度下，苹果皮渣多酚比维生素 C 具有较高的清除率，当浓度小于 3mg/mL 时，苹果皮渣多酚的增幅趋势高于维生素 C，之后两者增幅相近，逐步趋于平稳。当浓度为 5mg/mL 时，苹果皮渣多酚和维生素 c 对 DPPH 自由基的清除率分别为 96.2%、92.2%。

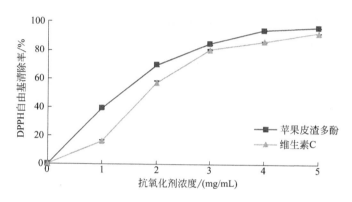

图 7-2　苹果皮渣多酚对 DPPH 自由基的清除作用

7.1.2.3　苹果皮渣多酚对铁还原能力（FRAP）的测定

以维生素 C 作为对照，按照 7.1.1.3 实验方法中测定苹果皮渣多酚对铁还原能力（FRAP），实验结果见图 7-3。FRAP（Ferric ion reducing antioxidant power，铁离子还原抗氧化能力，简称铁还原能力）法测定抗氧化能力是基于电子转移的氧化还原反应。在酸性条件下，抗氧化物可以还原 Fe^{3+}-TPTZ 产生蓝色的 Fe^{2+}-TPTZ，随后在 593nm 处测定蓝色的 Fe^{2+}-TPTZ 即可获得样品中的总抗氧化能力。抗氧化能力的大小和溶液的吸光值呈正相关，吸光值越高，样品的还原能力越强，抗氧化性越高。由图 7-3 可知，苹果皮渣多酚与维生素 C 对铁离子具有很强的还原能力，是优质的电子提供者。它们提供的电子不仅能够将 Fe^{3+} 还原为 Fe^{2+}，而且还能与自由基形成惰性化合物，避免了自氧化链式反应。在 1～5mg/mL 浓度范围内，苹果皮渣多酚和维生素 C 的还原能力随浓度的增加而增强。相同浓度下，苹果皮渣多酚的还原能力高于维生素 C。

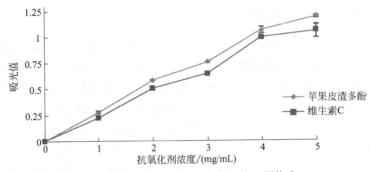

图 7-3　苹果皮渣多酚对铁离子的还原能力

7.1.2.4　苹果皮渣多酚对超氧阴离子自由基的清除作用

超氧阴离子自由基是机体生命代谢中产生的一种重要自由基,具有很强的氧化性,是体外模拟实验中经常测定的重要指标之一。邻苯三酚在碱性环境中,迅速发生自氧化,释放 O^{2-},生成带颜色的中间产物。当释放出的 O^{2-} 被清除或抑制时,就会阻止中间产物的积累,从而颜色变浅。由图 7-4 可知,苹果皮渣多酚和维生素 C 均可以有效地清除超氧阴离子自由基,且苹果皮渣多酚的清除能力高于维生素 C。苹果皮渣多酚溶液随浓度的增大清除率逐渐提高,当浓度为 5mg/mL 时,清除率为 95.9%;维生素 C 溶液随浓度的增大清除率也逐渐提高,当浓度达 3mg/mL 时,清除率随浓度的增加上升缓慢,浓度为 5mg/mL 时,清除率为 70.7%。

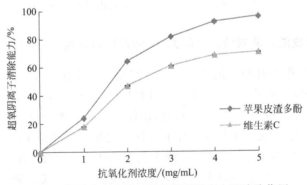

图 7-4　苹果皮渣多酚对超氧阴离子自由基清除作用

7.1.2.5　苹果皮渣多酚对自由基的清除作用（PCL 法）

Photochem 抗氧化剂和自由基分析仪是利用光致敏化学发光法（Photo chemilumine scence,PCL）的原理来进行测量的,光敏剂在紫外线下产生自由基,其瞬间含量可以通过测量其与光致化学发光物质鲁米诺反应所生成的光强度测量出来，光强度的强弱与自由基含量呈正比。在有抗氧化剂存在的情况下，其清除自由基的作用会使光致化学发光的光强被削弱，通过对光强度随时间变化曲线的分析，则可定量物质的抗氧化性。由图 7-5 所示，试验确定了以维生素 C 为标准品苹果皮渣多酚 PCL 法抗氧化测定标准曲线回归方程 $y = 2.1621x - 1.1631$，方程的相关系数 $R^2 = 0.9988$，线性良好。在此条件下测得的苹果皮渣多酚清除自由基的能力为每克苹果皮渣多酚相当于 3.28g 维生素 C。

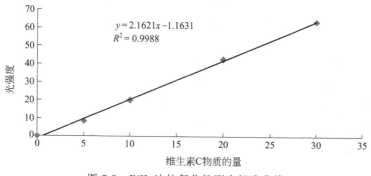

图 7-5　PCL 法抗氧化性测定标准曲线

7.2　苹果皮渣多酚体内抗氧化秀丽线虫试验

近年来研究发现苹果多酚除具有很强的清除体外自由基能力之外，还具有多种生理活性，包括抗菌消炎（Jung，et al.，2009）、抗动脉硬化（Lam et al.，2008）、抗肿瘤（Boyer et al.，2004）、抗衰老（Peng et al.，2011）等多种药理功能。目前，虽然苹果多酚高效的生理活性已得到专家的一致认可，但大部分研究仍只限于体外清除自由基、抑制肿瘤细胞生长以及抗氧化特性，苹果多酚具有以上功能特性的作用机理尚未完全解释清楚。Osada 等（2006）发现苹果多酚可以显著降低高胆固醇饲喂大鼠的血清及肝脏胆固醇水平，并且增加了高密度脂蛋白胆固醇与总胆固醇比例，且呈剂量依赖关系。苹果多酚可延长果蝇 10% 的寿命，同时提高了超氧化物歧化酶、过氧化氢酶 1、超氧化物歧化酶 2 和过氧化氢酶的调控能力，苹果多酚的抗氧化活性与 SOD、CAT、MTH 和 Rpn11 基因的相互调节有关。少数学者通过小鼠、果蝇等动物模型验证了苹果多酚减肥降脂、延年益寿的生理功能，但仍未明确苹果多酚的作用机理。自 20 世纪 60 年代开始，秀丽线虫（Caenorhabditis elegans，C. elegans）因其结构简单、发育完善、可进行基因缺失分析等优点备受科学家的青睐（秦峰松等，2006）。

秀丽线虫作为研究中的模式生物具有不可比拟的优势。具体表现在，一是线虫全身透明，在显微镜下容易观察，具有雌雄同体和雄性两种性别，成虫长约 1mm，饲养简单且不占空间。在实验室培养中，以大肠埃希菌为食，生长繁殖能力强，容易获得同期化样本和进行大样本实验，可以消除个体差异带来的误差。二是线虫具有长期保存的优点，可与保存细胞和组织一样，在−80℃条件下进行冷冻保存，复苏时只需用手捂化，倒于培养基中标准条件下培养即可。三是线虫从一个受精卵发育为可以产卵的成虫仅需 3.5d，受精卵经历 14h 的胚胎发育，尔后在第 26h、33h、41h、51h 分别进行连续几次蜕皮，经过 L1 期、L2期、L3 期、L4 期发育为成虫，其发育过程如图 7-6 所示。在 20℃标准实验条件下，野生型秀丽线虫的存活时间约为 20d，可快速进行寿命分析实验。四是线虫属真核生物，与高等生物体具有相似的细胞核分子结构和控制通路，其发育过程和多细胞生物一样复杂，与人类在多种生命活动调控机制上具有相似性。1998年秀丽线虫成为世界上第一个能够阐明全基因组序列的多细胞真核生物。2002年 Brenner、Sulston 和 Horvitz 三位诺贝尔奖获得者，以秀丽线虫为模型，揭示了线虫全部细胞的身世和命运，挖掘出器官发育的重要步骤，阐明了细胞凋亡的遗传调控机制，同时证明高等生物体内也具有相应的调控基因（赵鸿宇，2013），为快速基因组学功能调查奠定了基础。

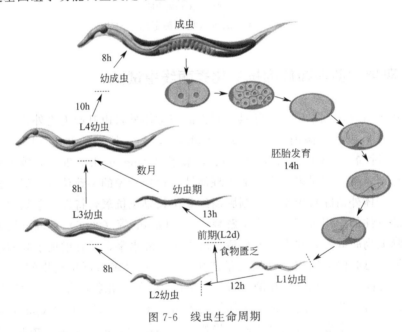

图 7-6　线虫生命周期

秀丽线虫的 daf-2 基因突变能延长线虫寿命至正常寿命的两倍，此后有关线虫衰老、体内抗氧化机制的研究迅速超过了小鼠和果蝇，成为研究天然产物生理活性的首选模型。Zhang 等（2009）研究表明，具有抗癌、抗肥胖、降血压等功效的表没食子儿茶素没食子酸酯（EGCG）显著延长了秀丽线虫的寿命，归因于 EGCG 在体内和体外的自由基清除作用和增强调节抗应激相关蛋白作用，包括超氧化物歧化酶-3（SOD -3）和热休克蛋白-16.2（HSP-16.2），同时定量

PCR 结果显示增强调控 *daf-16*，*sod-3* 和 *skn-1* 寿命相关基因也有助于 EGCG 的应激抵抗力；Grünz 等（2012）研究表明杨梅素、槲皮素、山柰酚和柚皮素能够通过引起 daf-16 易位的增强和 sod-3 启动子活性的增强延长秀丽线虫的寿命；Gong 等（2012）报道了茶氨酸可以延长在应激条件下秀丽线虫的寿命，并且使得热休克蛋白-16.2（HSP-16.2）上调表达；Büchter 等（2013）研究了杨梅素延长线虫寿命的影响机制，发现转录因子 *daf-16* 和 *skn-1* 在调控线虫衰老方面具有重要影响。

为进一步探究苹果皮渣多酚的抗氧化、抗衰老机制，本节研究以秀丽线虫为模式生物，利用其易饲养、生命周期短、易获得重复大样本、寿命遗传背景清晰等特点，快速评价苹果皮渣多酚的抗衰老作用，初步探讨体外清除自由基作用与体内抗氧化作用的内在联系，为开发和利用多酚产品，揭示其功能作用机理奠定基础。

7.2.1　苹果皮渣多酚体内抗氧化秀丽线虫试验准备

7.2.1.1　材料与试剂

C. elegans Bristol N_2（野生型）：雌雄同体，由北京生命科学研究所（National Institute of Biological Sciences，Beijing，NIBS）惠赠。*E. coli* OP50：尿嘧啶合成缺陷型菌株，涂在培养基的表面，作为线虫的食物，由 NIBS 惠赠。

氯化钠、磷酸二氢钾、磷酸氢二钾、硫酸镁、氯化钙、95% 乙醇、氢氧化钾、甘油、磷酸氢二钠、次氯酸钠（NaClO）、氢氧化钠，以上试剂均为分析纯；胆固醇、酵母粉、蛋白胨、琼脂粉，以上试剂均为生物试剂。5-氟-2′-脱氧尿嘧啶（FUDR），H_2DCF-DA 分子探针，购自 Sigma 公司。

7.2.1.2　主要仪器

ZHJH-C1106C 型超净工作台，上海智城分析仪器制造有限公司；生化培养箱，天津市中环实验电炉有限公司；连续变倍体视显微镜，北京同舟同德仪器有限公司；LS-50HD 立式压力蒸汽灭菌锅，江阴滨江医疗设备有限公司；台式高速冷冻离心机，上海力申科学仪器有限公司；THZ-82A 水浴恒温振荡器，北京爱普仪器设备有限公司；酶标仪，赛默飞世尔科技（中国）有限公司。

7.2.1.3　溶液及培养基

标准 NGM 培养基（1000mL）的配制：3.0g NaCl，2.5g 蛋白胨，17～19g 琼脂，25mL 1mol/L KH_2PO_4-K_2HPO_4 缓冲液（pH=6.0），970mL 蒸馏水，121℃高压蒸汽灭菌 20min，然后在无菌条件下加入胆固醇溶液（5mg/mL）、

1mol/L CaCl$_2$、1mol/L MgSO$_4$ 各 1mL。

LB 液体培养基（100mL）的配制：1.0g NaCl，0.5g 酵母粉，1.0g 蛋白胨，用蒸馏水定容至 100mL，121℃高压蒸汽灭菌 20min。

M9 缓冲液（1000mL）：3g KH$_2$PO$_4$，6g Na$_2$HPO$_4$，5g NaCl，121℃高压蒸汽灭菌 20min，冷却后加入已灭菌的 1mol/L MgSO$_4$ 1mL。

同期化漂白液（现用现配）：0.6mL 6% NaClO，1.0mL 8mol/L NaOH，3.4mL 去离子水，将上述溶液混合均匀，避光处保存。

7.2.1.4　苹果皮渣多酚体内抗氧化秀丽线虫试验方法

（1）秀丽线虫的一般培养

E. coli OP50 的培养：挑取 OP50 的菌种于 100mL LB 液体培养基中，振荡培养 12h，至 OD600＝0.4 用于接种 NGM 喂养正常组线虫。

秀丽线虫的培养：参照 Brenner 等（1974）在无菌条件下切小块含有线虫的培养基于新的培养皿中，在标准培养条件（温度 20℃、湿度 40%～60%）下培养。在培养线虫时应尽量选择表面光滑，没有气泡和划痕的琼脂板，以防止秀丽线虫通过培养基表面钻入培养基内部。少量传代时，可直接挑取处于产卵期的单个雌雄同体的线虫放在涂有大肠埃希菌 OP50 的 NGM 培养基上，于标准培养条件下培养。如果需要大量传代时，可用经灼烧灭菌的手术刀片，从培养基中切一块含有较多线虫的培养基，转移至涂有线虫食物大肠埃希菌的 NGM 培养基中，秀丽线虫会自动地向食物较多的培养基方向运动，从而完成线虫的传代培养。

线虫的同期化：在实验过程中，为了得到相同发育阶段的线虫进行表型对比实验，我们需要对线虫进行同期化处理。

一是限时产卵法。适宜需要少量同期化线虫时，挑取若干条处于产卵期的线虫于新的培养基中，每条产卵期线虫 1h 产卵 4～8 个，标准条件下培养 30min后，挑出平板中线虫，则平板中的卵处于相同的发育阶段。

二是高氯酸钠漂白法。适宜需要大量同期化线虫时，准备孕虫生长板（即板中 80% 以上的虫子处于生殖期）2～3 板，按以下步骤进行：① 取 5mL M9 缓冲液冲洗孕虫生长板 2 次，将含孕虫的 M9 缓冲液吸入 10mL 离心管中，1200r/min 下离心 3min，弃去上清；② 加入 5mL 新配同期化漂白液，室温下剧烈振荡 3min，以将成虫虫体腐蚀，在显微镜下可以看到微小的虫卵，1200r/min 下离心 2min，弃去上清；③ 加入 5mL M9 缓冲液将沉淀重悬，混匀后 1200r/min 下离心 2min，弃去上清，重复洗 4 次；④ 最后 1次离心，弃上清时留约 2mL 溶液，摇匀；⑤ 将摇匀液倒入未接种大肠埃希菌 OP50 的培养皿中，20℃下培养 18～24h；⑥ 将幼虫转移至生长板中（每板 10～20μL），得到同期化线虫。

（2）苹果皮渣多酚对秀丽线虫寿命的影响

采用高氯酸钠漂白法同期化秀丽线虫，当生长至 L4 期时，将秀丽线虫挑至含 $50\mu g/mL$、$100\mu g/mL$、$150\mu g/mL$ 苹果皮渣多酚的涂有大肠埃希菌 OP50 溶液的 55mm 平皿中给药处理，空白对照组不含苹果皮渣多酚。每组实验中秀丽线虫的数目不少于 60 条，此时计为线虫寿命实验的第 0 天。每隔 24h 将线虫转移至新的培养皿中，到线虫不再产卵为止（通常为 10d 左右）。每天探视线虫并记录其生存数目、死亡数目和剔除数目，直至全部死亡。线虫死亡的判断标准：用铂丝触动虫体，没有任何反应，无移动和吞咽动作。剔除标准：线虫爬至培养皿壁或培养皿平皿盖上而干死，钻入琼脂中而无法正常生长。实验板中均含有 $50\mu mol/L$ 的 5-氟-2′-脱氧尿嘧啶（FUDR）以限制子代幼虫的孵化。以上实验至少重复两次，并进行存活率统计分析。

（3）苹果皮渣多酚对秀丽线虫生殖的影响

采用限时产卵法同期化秀丽线虫，两天后，将生长状态相当的秀丽线虫挑至含 $50\mu g/mL$、$100\mu g/mL$、$150\mu g/mL$ 苹果皮渣多酚的涂有大肠埃希菌 OP50 溶液的 55mm 平皿中给药处理，空白对照组不含苹果皮渣多酚。每组实验中秀丽线虫的数目不少于 10 条。每个 NGM 培养皿中放置 1 条秀丽线虫，每隔 24h 将线虫转移至新的培养皿中，至线虫完全产卵结束。将所有的培养皿于标准培养条件下培养，待子代进入产卵期之前对线虫数目进行计数，一般在产卵后的第二天查记，每条线虫在多个平板中产卵数的总和即为该秀丽线虫的产卵数量。以上实验至少重复两次，并进行统计分析。

（4）秀丽线虫压力应激试验

参照 Wilson 等（2006）的方法，在所有的压力应激实验中，先将处于产卵期的雌雄同体线虫分别挑取至空白培养皿和含 $50\mu g/mL$、$100\mu g/mL$、$150\mu g/mL$ 苹果皮渣多酚的 NGM 培养皿中产卵 0.5h，所得幼卵在标准条件下孵育 59h 发育为成虫。然后将成虫暴露于不同的环境条件下，研究药物对线虫在环境应激条件下的保护作用。每组实验中秀丽线虫的数目不少于 60 条，至少重复两次。

急性热应激实验：将给药处理后的成年线虫放于 35 ℃培养箱中培养，每隔 1h 记录线虫生存数目、死亡数目和剔除数目，直至线虫全部死亡。每组计数标准同寿命实验。

氧化应激实验：参照 Duhon 等（1996）的方法，选用过氧化氢为氧化剂，将给药处理过的成年线虫挑取至含有 4mmol/L 过氧化氢 M9 缓冲液的 12 孔板中，每隔 1h 记录线虫生存数目、死亡数目，直至线虫全部死亡。

紫外照射应激实验：参照 Vayndorf 等（2013）的方法，将给药处理后的成年线虫固定在紫外灯下照射 90s，紫外灯距离培养板高度为 15cm，功率为 30W。每隔 8h 记录线虫生存数目、死亡数目和剔除数目，直至线虫全部死亡，计数标准同寿命实验。

秀丽线虫体内活性氧（ROS）的测定：线虫 ROS 的测定采用 H2DCF-DA 分子探针（武航，2011；王丽萍等，2012）。对照组不用苹果皮渣多酚处理，处理组用苹果皮渣多酚处理 48h。之后用 M9 缓冲液将线虫收集起来置于 1.5mL EP 管中，转移至黑色 96 孔板中每孔 50μL，加入 50μL 分子探针（终浓度为 50μmol/L）。20℃水浴下恒温 30min，使用荧光酶标法在激发波长 485nm、发射波长 538nm 的滤光片下检测荧光强度，每隔 30min 检测一次，检测 2h。

7.2.2　苹果皮渣多酚体内抗氧化秀丽线虫试验结果

7.2.2.1　秀丽线虫各时期发育情况

秀丽线虫从受精卵发育为成虫需要 3.5d，主要分为受精卵、L1 期、L2 期、L3 期、L4 期以及成虫期。各个时期的形态通过体视显微镜观察如图 7-7 所示。

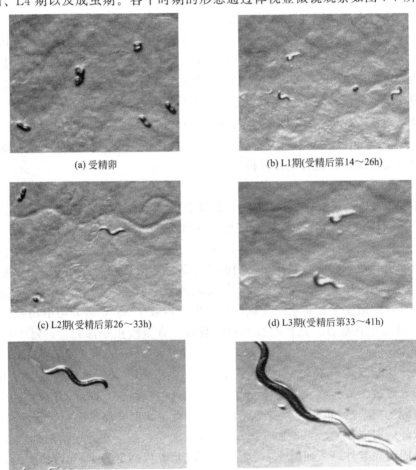

(a) 受精卵　　　　　　　　　　(b) L1期(受精后第14～26h)

(c) L2期(受精后第26～33h)　　　　(d) L3期(受精后第33～41h)

(e) L4期(受精后第41～51h)　　　　(f) 成年期(受精第51h)

图 7-7　不同生长周期秀丽线虫的形态

7.2.2.2　苹果皮渣多酚对秀丽线虫寿命的影响

野生型秀丽线虫在标准培养条件下的平均寿命为 2～3 周。秀丽线虫分别用 $50\mu g/mL$、$100\mu g/mL$、$150\mu g/mL$ 的苹果皮渣多酚给药处理后，显著延长了线虫的寿命。对应处理组的最长寿命分别是 31d、36d 和 33d，与空白对照组相比较，实验组秀丽线虫的最长寿命分别延长了 4d、9d 和 6d（如图 7-8 所示）。

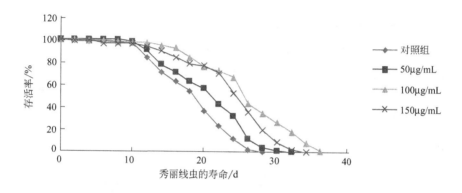

图 7-8　不同浓度苹果皮渣多酚对秀丽线虫寿命的影响

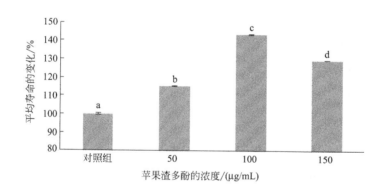

图 7-9　不同浓度苹果皮渣多酚对秀丽线虫平均寿命的影响

野生型线虫的平均寿命是（17.97 ± 0.42）d，$50\mu g/mL$、$100\mu g/mL$、$150\mu g/mL$ 苹果皮渣多酚处理组的平均寿命分别是（20.72±0.02）d、（25.75±0.18）d 和（23.25±0.05）d，相比对照组分别延长了 15.3%、43.3% 和 29.4%（如图 7-9、表 7-2）。当苹果皮渣多酚的浓度为 $100\mu g/mL$ 时，对线虫寿命的影响最为显著，平均寿命提高了 43.3%。

表 7-2　不同浓度苹果皮渣多酚对秀丽线虫平均寿命的影响

苹果皮渣多酚浓度/(μg/mL)	线虫数目	平均寿命/d	增长率/%
0	120	17.97±0.42a	100.0
50	120	20.72±0.02b	115.3
100	120	25.75±0.18c	143.3
150	120	23.25±0.05d	129.4

注：平均值±标准误差字母不同代表差异具有显著性。

7.2.2.3　苹果皮渣多酚对秀丽线虫生殖能力的影响

由表 7-3 可知,对照组野生型秀丽线虫的总产卵个数为(178±35.5)个,50μg/mL、100μg/mL、150μg/mL 苹果皮渣多酚处理组分别为(219±39.1)个、(194±43.6)个和(150±30.6)个(如表 7-3)。50μg/mL 和 100μg/mL 苹果皮渣多酚处理组的产卵量明显高于对照组,但 150μg/mL 处理组低于对照组。经统计分析可知,处理组与对照组的产卵量没有显著性差异(如图 7-10),所以苹果皮渣多酚对秀丽线虫的生殖能力没有显著性影响。

表 7-3　不同苹果皮渣多酚浓度下秀丽线虫产卵数

苹果皮渣多酚浓度/(μg/mL)	CK(对照组)	50	100	150
产卵数/个	178±35.5	219±39.1	194±43.6	150±30.6

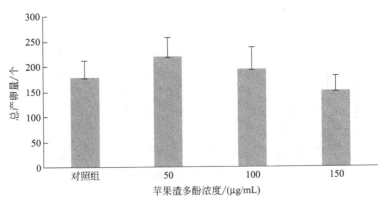

图 7-10　不同浓度苹果皮渣多酚对秀丽线虫产卵量的影响

7.2.2.4　秀丽线虫压力应激实验

(1) 急性热应激实验

热处理可以导致秀丽线虫的死亡,是机体产生氧化损伤的重要途径之一（陈亮稳，2012）。将线虫进行给药处理,然后置于 35℃ 培养箱中培养造成热应激。由图 7-11 所示,50μg/mL、100μg/mL、150μg/mL 苹果皮渣多酚处理组显著提高了秀丽线虫在热应激条件下的存活率，提高率分别为 17.1%、29.1% 和 16.3%，最长寿命从对照组的 13h 提高到 14h、17h 和 15h。其中 $100\mu g/mL$ 处理组的效果最好。

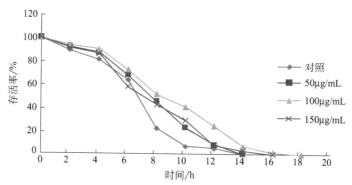

图 7-11　不同浓度苹果皮渣多酚对秀丽线虫热应激的影响

（2）氧化应激实验

在氧化应激实验中，选用双氧水对秀丽线虫进行氧化损伤。加药处理组用 $50\mu g/mL$、$100\mu g/mL$、$150\mu g/mL$ 苹果皮渣多酚预处理秀丽线虫 59h，然后把线虫挑取至含有 4mmol/L 过氧化氢 M9 缓冲液的 12 孔板中进行氧化应激。

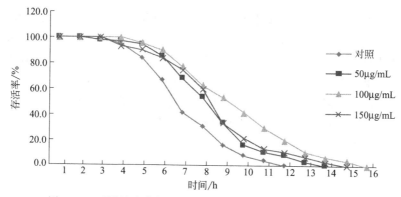

图 7-12　不同浓度苹果皮渣多酚对秀丽线虫氧化应激的影响

对照组线虫的平均寿命是 6.45h，苹果皮渣多酚处理组的平均寿命分别是 7.69h、8.92h 和 7.91h（如图 7-12），比对照组提高了 19.2%、38.3% 和 22.63%，最长寿命从对照组的 11h 提高到 13h、15h 和 14h。当苹果皮渣多酚浓度为 $100\mu g/mL$ 时，线虫对抗双氧水氧化损伤的能力显著提高，降低了对双氧水的敏感性。

（3）紫外照射应激实验

紫外照射可以影响秀丽线虫的正常生长发育，诱导其产生活性氧。本实验中用 $50\mu g/mL$、$100\mu g/mL$、$150\mu g/mL$ 苹果皮渣多酚预处理秀丽线虫 59h，然后进行紫外灯照射。结果表明，苹果皮渣多酚处理组对秀丽线虫在紫外应激中具有保护作用，显著延长了其平均寿命和最大寿命。50μg/mL、100μg/mL、150μg/mL苹果皮渣多酚处理组的平均寿命分别是 55.89h、61.87h 和 57.81h（如图 7-13），相比对照组的 41.81h 分别延长了 33.7％、48.0％和 38.3％。同热应激和氧化应激相同，当苹果皮渣多酚浓度为 100μg/mL 时，对线虫的保护作用最好。

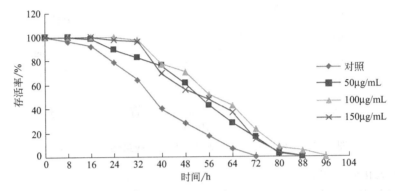

图 7-13　不同浓度苹果皮渣多酚对秀丽线虫紫外应激的影响

（4）秀丽线虫体内活性氧的测定

体内活性氧（ROS）是维持机体正常生理平衡的重要指标之一。如果 ROS 的含量低于平衡点，则会直接影响细胞防御及细胞增殖功能；反之，ROS 水平过高，则会对细胞造成危害甚至导致细胞死亡，引发动脉粥样硬化、癌症等疾病。我们用 $H_2DCF-DA$ 为分子探针检测了苹果皮渣多酚对线虫体内活性氧的清除作用。结果如图 7-14 所示：线虫体内的 ROS 水平随培养时间的延长而增加；与对照组相比，苹果皮渣多酚显著降低了线虫体内活性氧的上升幅度，且与苹果皮渣多酚的浓度呈正相关作用，即苹果皮渣多酚浓度越高，对线虫体内 ROS 的清除作用越显著。

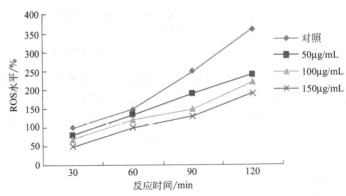

图 7-14　不同浓度苹果皮渣多酚对秀丽线虫体内 ROS 的影响

7.3　秀丽线虫评价改性苹果皮渣膳食纤维的降脂功能

随着我国经济和工业高速发展，人民生活水平大幅度提高，饮食日趋精细，因营养过剩和营养失调而产生的肥胖症以及相关疾病，如糖尿病、心血管疾病、肿瘤、脂肪肝等严重影响着人们的健康。流行病学研究已经发现膳食纤维是一种预防肥胖的重要营养素。摄入高纤维量的人群有较低的肥胖率，体重与高纤维全谷物食品的摄入量呈负相关，但是与精制谷物食品的摄入量呈正相关。纤维作为一种生理障碍物来干扰能量摄入至少通过以下 3 种机制完成：一是纤维取代饮食中可利用的能量和营养素；二是纤维增加咀嚼动作，这能够限制食物的摄入量并促进唾液和胃液的分泌，由此引起胃膨胀，增加饱腹感；三是纤维降低小肠的吸收效率。膳食纤维可作为生理障碍物来预防肥胖，膳食纤维中可溶性成分可以发挥代谢功能，如影响可利用碳水化合物和脂类的代谢。女性摄入高含量膳食纤维或者高含量可溶性膳食纤维，其胰岛素抵抗比对照组显著降低，而高含量不溶性膳食纤维与对照组胰岛素抵抗没有显著差别。四种主要水溶性纤维 β-葡聚糖、车前草可溶性物质、果胶和瓜尔豆胶可以降低血清低密度脂蛋白浓度，而不影响高密度脂蛋白及甘油三酯的浓度。增加 SDF 的摄入量可以减少内脏脂肪但对皮下脂肪无影响。苹果中的果胶等 SDF 可降低与肥胖相关的炎症疾病，并增强与肥胖症相关的免疫系统防御力。

近年来流行病学调查、临床试验和大小鼠动物模型研究表明膳食纤维具有降低血脂、减少肥胖发病率的作用，然而此类试验周期长，成本高，操作难度较大，并且不能同时筛选进行大量样品，因此需要寻求高效低成本的模式动物成为近代药理研究的热点。秀丽线虫研究始于 20 世纪 60 年代，它是研究动物遗传、个体发育及细胞生命活动的重要模式动物，且于近些年在生命科学领域的研究中取得重要突破，分别在 2002 年和 2006 年两次获得诺贝尔生理学或医学奖。随着对其研究的深入，秀丽线虫作为脂肪积累模式动物的优点愈加明显：① 线虫通体透明，脂肪颗粒主要分布在肠道及皮下细胞，易于观察；② 线虫脂肪颗粒标记简单，可以通过染料着色或荧光探针来标记；③ 可以利用气相色谱或气质联用技术分析线虫中具体脂肪酸组分；④ 线虫中脂肪酸的代谢途径及类型与人体代谢高度相似，而且影响线虫脂肪代谢关键酶等与人体基本相同；⑤ 关于线虫脂肪积累的调控机理已全部明晰；⑥ 线虫具有丰富的遗传资源，而且遗传背景研究比较透彻，作为模式动物具有极高的研究优势。

目前，秀丽线虫已被广泛应用于降脂活性物质的筛选领域。在野生型秀丽线虫培养基中先加入不同豆类的提取物，然后采用亲脂性荧光染料对线虫肠道脂肪染色，结果表明一些豆类的提取物可以降低线虫肠道脂肪沉积，同时这些豆类提取物会增加线虫的吞咽率，而吞咽率下降是衰老的一项指标。同时这项研究也为秀丽线虫作为药物发现和生物活性材料筛选提供了依据。以秀丽线虫为模式生物，可用于评价抗消化淀粉、可发酵淀粉和短链脂肪酸对秀丽线虫肠道脂肪沉积的影响。结果表明，直链淀粉、可发酵淀粉、丁酸、短链脂肪酸处理的线虫，其尼罗红染料荧光强度分别降低到 76.5％、78.8％、63.6％、28％～80％（$P<0.001$）。有学者研究了罗勒水提物对秀丽线虫脂肪沉积的影响，与对照组相比，发现罗勒水提物可以明显降低线虫体内脂肪含量，具体作用机理尚未揭露。接骨木花提取物可以调节秀丽线虫糖脂代谢，降低线虫内脂质积累，研究指出降脂作用可能与多酚及部分黄酮苷有关。普洱茶水提物影响秀丽线虫脂肪酸含量，研究发现普洱茶处理后，线虫体内饱和脂肪酸含量增加，单不饱和脂肪酸含量降低，进一步研究表明，普洱茶中的多酚可能通过调控参与脂肪合成的重要转入因子 SREBP 及相关酶 SCD 等基因的表达来影响脂肪合成。

尽管膳食纤维的降脂作用已经被流行病学调查及动物实验研究证实，然而经过加工技术改性后的膳食纤维的降脂功能却鲜有报道。本研究以秀丽线虫为模式生物，对改性苹果皮渣膳食纤维的降脂功能特性进行评价，以期为膳食纤维降脂功能机理的揭示提供依据。

7.3.1 改性苹果皮渣膳食纤维降脂功能的评价方法

7.3.1.1 材料、培养基和溶液的配制

野生型秀丽线虫 *C. elegans* Bristol N_2 和大肠埃希菌 *E. coli* OP50 均来源于本实验室。苹果皮渣。

LB 液体培养基：用于 *E. coli* OP50 的培养。NaCl 1.0g，酵母粉 0.5g，蛋白胨 1.0g，蒸馏水 100mL，混匀后，121℃高压蒸汽灭菌 20min。

NGM 固体培养基：用于线虫的培养。NaCl 0.6g，蛋白胨 0.5g，琼脂 3.6g，蒸馏水 200mL，1mol/L KH_2PO_4-K_2HPO_4 缓冲液 5mL，混匀后，121℃高压蒸汽灭菌 20min。冷却至 60℃左右时，在无菌条件下分别加入下列已灭菌的溶液 1mol/L $CaCl_2$、1mol/L $MgSO_4$、5mg/mL 胆固醇（95％乙醇配制，无需灭菌）各 0.2mL。混匀后，在无菌条件下倒入 60mm 的培养皿中冷却凝固，约 10mL/板，隔夜后使用。不使用时置于 4℃冰箱保存。

M9 缓冲液：用于洗涤线虫等。KH_2PO_4 3g，Na_2HPO_4 6g，NaCl 5g，蒸馏水 1L，121℃高压蒸汽灭菌 20min 冷却后，加入已灭菌的 1mol/L $MgSO_4$ 1mL。

次氯酸钠漂白液：用于线虫的同期化，现用现配。6％ NaClO 0.6mL，8mol/L NaOH 1.0mL，蒸馏水 3.4mL。

PBS 缓冲液：NaCl 8.0g，KCl 0.2g，KH_2PO_4 0.24g，Na_2HPO_4 · $12H_2O$ 3.63g，调 pH 至 7.4，定容至 1L。121℃高压蒸汽灭菌 20min。

7.3.1.2 秀丽线虫的一般培养

参考李珍（2013）的方法。秀丽线虫生长在 NGM 固体培养基上，并以 *E.coli* OP50 为食物。挑取一定量大肠埃希菌接种到 LB 液体培养基中，37℃ 培养 12h。当大肠埃希菌菌液吸光度 OD600 为 0.4 时，取 $100\mu L$ 接种到 NGM 培养基喂养线虫。秀丽线虫生长在温度为 20℃、湿度为 40%～60% 的环境下，在不需要同期化的实验中，只需要用刀片切取一块含有线虫的培养基转移至新的 NGM 培养板中即可，一般 3～5d 进行一次转板。

7.3.1.3 秀丽线虫同期化

参考蔡外娇（2008）的方法。同期化处理即是让秀丽线虫处于同一生长时期，以便对相同发育阶段的线虫进行观察和对比实验。准备孕虫生长板 2～3 板（一般传代 3～4d 可以收卵），取 5mL M9 缓冲液冲洗孕虫生长板，将含有孕虫的 M9 缓冲液吸入离心管中，1500r/min 离心 3min，弃去上清液。加入 5mL 次氯酸钠漂白液，剧烈振荡破碎虫体使虫卵溶出。再用 M9 缓冲液清洗 4 次，除去次氯酸钠漂白液，最后一次洗涤后留约 2mL 倒入无大肠埃希菌的 NGM 培养板中，培养 12h，得到同期化线虫。

7.3.1.4 膳食纤维的制备及营养组成

苹果皮渣膳食纤维：按照 González-Centeno 等（2010）的方法制备。

改性苹果皮渣膳食纤维：按照本书第 3 章第 5 节中优化改性苹果皮渣膳食纤维工艺方法制备。经检测，改性苹果皮渣膳食纤维样品的营养组成如表 7-4 所示。

表 7-4 样品的营养组成

样品	营养成分/%				
	DF	IDF	SDF	脂肪	蛋白质
苹果皮渣（AP）	64.08±0.99	61.70±0.32	3.30±0.05	5.21±0.05	8.23±0.01
苹果皮渣膳食纤维（APDF）	80.2±0.57	72.63±0.82	5.49±0.72	3.77±0.03	9.81±0.09
改性苹果皮渣膳食纤维（MAPDF）	75.70±1.00	45.50±0.13	30.20±0.72	2.88±0.02	8.27±0.11

7.3.1.5 苹果皮渣膳食纤维对秀丽线虫甘油三酯的影响

对照组为 NGM 标准培养基，仅使用 *E. coli* OP50 喂养。实验组在 NGM 培养基中添加下列物质：苹果皮渣（0.2mg/mL、0.5mg/mL、1mg/mL）、苹果

皮渣膳食纤维（0.2mg/mL、0.5mg/mL、1mg/mL）、改性苹果皮渣膳食纤维
（0.2mg/mL、0.5mg/mL、1mg/mL），121℃灭菌后使用。每组三个平行，每个
平行设置3板。

7.3.1.6　秀丽线虫体内甘油三酯的测定

使用甘油三酯酶法测定试剂盒检测秀丽线虫体内甘油三酯含量。同期化线虫
接于各个培养皿中培养一周后，用5mL PBS溶液洗涤生长板，合并3板含有线
虫的PBS溶液，3000r/min离心2min，去上清液，加入组织裂解液500μL，
500W超声波裂解30s，裂解4次。取250μL裂解液于2mL离心管中，70℃加热
10min，室温下2000r/min离心5min，上清液用于甘油三酯酶学测定。余下的裂
解液可用BCA法蛋白质定量试剂盒进行蛋白质定量。

7.3.2　改性苹果皮渣膳食纤维降脂功能的评价结果

利用模式生物——野生型秀丽线虫对苹果皮渣、苹果皮渣膳食纤维、改性苹
果皮渣膳食纤维的降脂作用进行评价。由图7-15可知，与对照组相比，苹果皮
渣、苹果皮渣膳食纤维及改性苹果皮渣膳食纤维均具有降低秀丽线虫体内甘油三
酯的作用，甘油三酯含量分别下降了0.2%～15.61%、6.35%～20.85%、
52.95%～101.80%，且具有剂量依赖模式，随着处理浓度的增加，降脂作用更
加明显。与未改性的苹果皮渣膳食纤维相比，改性苹果皮渣膳食纤维具有显著降
低秀丽线虫体内甘油三酯的作用（$P < 0.05$），秀丽线虫体内甘油三酯含量由
0.150～0.177μmol/mg下降至0.094～0.124μmol/mg。

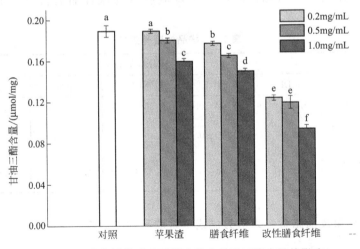

图7-15　膳食纤维对秀丽线虫体内甘油三酯含量的影响

　　研究表明，尽管在秀丽线虫膳食中额外添加了苹果皮渣、苹果皮渣膳食纤维及改性苹果皮渣膳食纤维，其中含有一定量碳水化合物、蛋白质及脂肪等物质，但是仍能够观察到秀丽线虫体内甘油三酯降低的现象，且秀丽线虫体内甘油三酯降低水平与添加物质中 SDF 含量具有重要关系。膳食纤维中 SDF 高有利于降低线虫体内甘油三酯含量。抗性淀粉能够降低秀丽线虫肠道脂肪堆积，且这个作用与抗性淀粉在肠道发酵生成如短链脂肪酸（SCFAs）等活性物质显著地诱导负能量平衡从而降低秀丽线虫肠道脂肪堆积有关。这说明，膳食纤维的降脂作用不仅与其减少能量摄入有关，而且与可发酵的膳食纤维发挥了某种代谢作用有关。SDF 比 IDF 更易发酵生成短链脂肪酸，改性苹果皮渣膳食纤维中含有约 30％的 SDF，因此秀丽线虫体内甘油三酯含量降低也可能与短链脂肪酸通过诱导负能量平衡有关。

参 考 文 献

[1] 蔡外娇，2008. 淫羊藿总黄酮延缓秀丽线虫衰老的实验研究 [D]. 上海：复旦大学.

[2] 陈亮稳，2012. 蜜环菌菌索多糖延缓秀丽隐杆线虫衰老机理的初步研究 [D]. 合肥：安徽大学.

[3] 陈建军，曹香林，雷梦云，等，2013. 苹果皮渣发酵生产蛋白饲料及鲤鱼离体消化研究 [J]. 饲料研究，(1)：70-74.

[4] 陈奇，2013. 关于提升我国浓缩苹果汁业国际竞争力的思考 [J]. 现代经济信息，(15)：381-382.

[5] 陈瑞剑，杨易，2012. 中国浓缩苹果汁加工贸易现状与问题分析 [J]. 农业展望，(11)：45-48.

[6] 陈松，2008. 混合菌种发酵苹果皮渣生产蛋白饲料的研究 [D]. 青岛：青岛农业大学.

[7] 陈晓凤，杨贤庆，戚勃，等，2011. 混合发酵法制备龙须菜膳食纤维 [J]. 食品科学，32 (18)：112-116.

[8] 陈晓浪，胡书春，周柞万，2010. 改性处理对水稻秸秆纤维结构和性能的影响 [J]. 功能材料，(02)：275-277.

[9] 陈雪峰，吴丽萍，刘爱香，2006. 挤压改性对苹果膳食纤维物理化学性质的影响 [J]. 食品与发酵工业，31：57-60.

[10] 陈雪峰，张振华，王锐平，2010. 苹果膳食纤维制备中水溶性膳食纤维变化的研究 [J]. 食品科技，35 (8)：117-120.

[11] 陈雪峰，麻佩佩，李睿，2013. 挤压改性对苹果皮渣可溶性膳食纤维含量的影响 [J]. 陕西科技大学学报（自然科学版），31 (1)：70-72.

[12] 陈懿，2006. 混菌种发酵苹果皮渣生产菌体蛋白饲料的研究 [J]. 贵州工业大学学报（自然科学版），35 (5)：19-24.

[13] 程安玮，杜方岭，2009. 膳食纤维抗氧化作用及其机理的研究 [J]. 农产品加工，(1)：67-68.

[14] 崔春兰，郑虎哲，顾立众，2013. 响应曲面分析法优化苹果渣中多酚类物质的果胶酶辅助提取工艺 [J]. 现代食品科技，29 (9)：2235-2240.

[15] 邓代君，李文胜，2020. 我国苹果生产、加工现状与发展对策 [J]. 现代食品，(21)：12-14.

[16] 刁其玉，屠焰，高飞，等，2003. 苹果发酵物对奶牛产奶性能和疾病的影响 [J]. 中国奶牛，(5)：21-24.

[17] 董朝菊，2012.2011/2012 年度世界苹果产销概况 [J]. 中国果业信息，(5)：38-40.

[18] 董新玲，2015. 苹果多酚与果汁非酶褐变相关性研究 [D]. 西安：陕西科技大学.

[19] 东莎莎，2017. 苹果渣的营养价值及综合利用 [J]. 中国果菜，27 (2)：15-18.

[20] 豆常满，2014. 中国苹果汁出口贸易研究 [D]. 杨凌：西北农林科技大学：1-2.

[21] 杜磊，2012. 苹果渣对 Cr(VI) 吸附性能的研究 [J]. 食品科学，33 (21)：78-82.

[22] 付成程，郭玉蓉，董守利，等，2011. 苹果渣膳食纤维面包的研制及其质构特性的测定 [J]. 食品与发酵工业，37 (5)：97-100.

[23] 付成程，郭玉蓉，严迈，等，2013. 木聚糖酶对苹果肉渣膳食纤维改性的研究. 食品工业科技，34：140-143.

[24] 高华，鲁玉妙，赵政阳，等，2006. 黄土高原苹果生产中存在的主要问题及解决对策 [J]. 陕西农业科学，(6)：41-42.

[25] 高义霞，陶超楠，周向军，等，2017. 微波辅助提取花牛苹果幼果多酚的工艺优化 [J]. 食品工业科技，38 (14)：209-215＋222.

[26] 宫可心，王颉，马玉青，等，2013. 苹果渣液态发酵生产乙醇工艺及产物香气成分分析 [J]. 食品科学，34 (2)：46-51.

[27] 国东，王燕，郭玉蓉，等，2012. 以苹果皮渣生产苹果醋的工艺研究 [J]. 中国调味品，37 (5)：

56-59.

[28] 郭维烈，郭庆华，2003. 新型蛋白饲料 [M]. 北京：化学工业出版社.

[29] 贺克勇，薛泉宏，来航线，等，2004. 苹果皮渣饲料的营养价值与加工利用 [J]. 中国畜牧兽医文摘，20（2）：2-3.

[30] 洪龙，2010. 苹果皮渣与玉米秸秆综合贮存利用新技术 [J]. 农业科学研究，31（4）：104-106.

[31] 胡彪，2010. 酶法制备苹果皮渣低聚木糖的研究 [D]. 长沙：中南林业科技大学.

[32] 胡叶碧，2008. 改性玉米皮膳食纤维的酶法制备及其降血脂机理研究 [D]. 无锡：江南大学.

[33] 籍保平，尤希凤，张博润，1999. 苹果皮渣发酵生产饲料蛋白的培养基 [J]. 中国农业大学学报，4（6）：53-56.

[34] 姜宏，2014. 烟台苹果化学成分分析及果实品质的初步评价 [D]. 烟台：烟台大学.

[35] 康永刚，陈永亮，2006. 苹果皮渣饲喂雏鸡效果试验 [J]. 中国家禽，28（6）：22.

[36] 李安，2013. 大豆油不饱和脂肪酸热致异构化机理及产物安全性分析 [D]. 北京：中国农业科学院.

[37] 李春美，谢笔钧，2000. 茶多酚及其氧化产物清除不同体系产生的活性氧自由基的分光光度法 [J]. 精细化工，17（4）：241-244.

[38] 李凤，2008. 超高压处理对大豆膳食纤维的改性 [J]. 大豆科学，27（1）：141-144.

[39] 李华，李佩洪，王晓宇，等，2008. 抗氧化检测方法的相关性研究 [J]. 食品与生物技术学报，27（4）：6-11.

[40] 李辉，熊丽娇，刘苑琳，等，2019. 苹果的深加工技术与综合利用研究 [J]. 酿酒科技，（9）：84-88.

[41] 李瑾，仇焕广，蔡亚庆，等，2012. 中国苹果产品出口现状、制约因素及其对策分析 [J]. 世界农业，（5）：73-78.

[42] 李军，张振华，葛毅强，等，2004. 我国苹果加工业现状分析 [J]. 食品科学，25（9）：198-204.

[43] 李睿，陈雪峰，麻佩佩，2013. 苹果渣膳食纤维超声波辅助脱色的工艺参数研究 [J]. 食品工业，（03）：128-131.

[44] 李培环，董晓颖，王永章，等，2002. 苹果果实发育过程中淀粉代谢和淀粉粒超微结构研究 [J]. 果树学报，03：141-144.

[45] 李义海，黄坤劳，2011. 苹果皮渣的营养成分及在饲料中的应用 [J]. 饲料与畜牧，（2）：35-37.

[46] 李珍，哈益明，李安，等，2013. 响应面优化苹果皮渣多酚超声提取工艺研究 [J]. 中国农业科学，46（21）：4569-4577.

[47] 李志西，2002. 苹果皮渣综合利用研究 [J]. 黄牛杂志，28（4）：58-62.

[48] 李志西，2007. 苹果皮渣资源化利用研究与实践 [D]. 杨凌：西北农林科技大学.

[49] 刘成梅，熊慧薇，刘伟，等，2006.IHP 处理对豆渣膳食纤维的改性研究 [J]. 食品科学，26（9）：112-115.

[50] 刘芸，仇农学，殷红，2010. 以苹果皮渣为基质发酵生产凤尾菇白灵菇猴头菇菌丝的试验 [J]. 食用菌，（6）：28-30.

[51] 连晓蔚，2011. 肠道菌群利用几种膳食纤维体外发酵产短链脂肪酸的研究 [D]. 广州：暨南大学.

[52] 廖小军，胡小松，2001. 我国苹果生产、加工现状与发展对策 [J]. 中国农业科技导报，3（6）：13-16.

[53] 刘长忠，谢德华，薛祝林，等，2012. 发酵苹果皮渣对雏鹅生产性能及养分代谢率的影响 [J]. 湖北农业科学，51（7）：1416-1418.

[54] 刘成，孙中涛，周梅，等，2008. 黑曲霉固态发酵苹果皮渣产木聚糖酶的工艺优化研究 [J]. 农业工程学报，24（4）：261-266.

[55] 刘海静，2013. 基于红外光谱的螺旋藻品质分析及辐照特性研究 [D]. 北京：中国农业科学院.

[56] 刘素稳，郭朔，刘畅，等，2010. 微波辅助提取苹果渣可溶性膳食纤维 [J]. 中国食品学报，(05)：152-159.

[57] 刘迎春，辛守帅，杨世红，2008. 苹果皮渣和啤酒糟混合发酵在产奶牛饲料中的应用 [C]. 青岛：青岛市第七届学术年会.

[58] 刘壮壮，李海洋，韦小敏，等，2015. 混菌固态发酵对苹果皮渣不同氮素组分的影响 [J]. 西北农业学报，24 (9)：104-110.

[59] 吕春茂，刘畅，孟宪军，等，2014. 苹果皮渣发酵过程中游离氨基酸和挥发性香气成分分析 [J]. 食品科学，35 (18)：29-30.

[60] 吕金顺，韦长梅，徐继明，等，2007. 马铃薯膳食纤维的结构特征分析 [J]. 分析化学，35 (3)：443-446.

[61] 吕晓亚，贾延勇，朱启新，2014. 微生物发酵法消除植物蛋白质中抗营养因子的研究进展 [J]. 北方园艺，(14)：207-210.

[62] 马艳萍，马惠玲，陈长友，等，2004. 苹果皮渣固态酒精发酵工艺研究 [J]. 西北农林科技大学学报（自然科学版），32 (11)：81-84.

[63] 马晓珂，王振斌，陈克平，等，2012. 苹果皮渣固态厌氧发酵制备生物质氢气的研究 [J]. 食品工业科技，33 (13)：181-183.

[64] 梅新，木泰华，陈学玲，等，2014. 超微粉碎对甘薯膳食纤维成分及物化性质的影响 [J]. 中国粮油学报，29 (2)：76-81.

[65] 聂凌鸿，2008. 膳食纤维的理化特性及其对人体的保健作用 [J]. 安徽农业科学，36 (28)：1208.

[66] 欧仕益，高孔荣，1998. 膳食纤维抑制膳后血糖升高的机理探讨 [J]. 营养学报，20 (3)：332-336.

[67] 彭凯，张燕，王似锦，等，2008. 微波干燥预处理对苹果皮渣提取果胶的影响 [J]. 农业工程学报，24 (7)：222-226.

[68] 彭雪萍，马庆一，王花俊，等，2009. 超高压提取苹果多酚的工艺研究 [J]. 北京农学院学报，24 (3)：50-54.

[69] 彭章普，龚伟中，徐艳，等，2007. 苹果渣可溶性膳食纤维提取工艺的研究 [J]. 食品科技，32：238-241.

[70] 庞亚菇，2016. 超声波-微波联合法提取苹果疏果中多酚类物质及其组分分析 [D]. 泰安：山东农业大学.

[71] 秦峰松，杨崇林，2006. 小线虫，大发现：*Caenorhabditis elegans* 在生命科学研究中的重要贡献 [J]. 生命科学，18 (5)：419-424.

[72] 曲昊杨，朱文学，刘琛，等，2014. 苹果渣果胶提取工艺优化及碱法降酯效果评价 [J]. 食品科学，35 (14)：87-92.

[73] 饶应昌，谭鹤群，2000. 我国饲料资源的缺口原因及其对策的探讨 [J]. 饲料工业，21 (3)：5-6.

[74] 邵盈盈，2013. 蓝莓总黄酮的提取纯化及紫心甘薯总黄酮的抗衰老作用评价 [D]. 杭州：浙江大学.

[75] 盛义保，2005. 苹果皮渣活性成分预试及其黄酮含量研究 [J]. 中成药，27 (4)：494-496.

[76] 生守喜，2015. 苹果多酚的提取及对心脏保护作用的研究 [D]. 济南：山东师范大学.

[77] 宋安东，陈红歌，贾翠英，等，2004. 离子注入对苹果酒酵母菌的影响 [J]. 核农学报，18 (3)：190-192.

[78] 宋春丽，杨欢欢，宋晓超，等，2017. 苹果多酚通过 UHRF1 抑制乳腺癌细胞的增殖和迁移 [J]. 卫生研究，46 (06)：960-964.

［79］ 宋鹏，陈五岭，2011.苹果皮渣发酵生产生物蛋白饲料工艺的研究［J］.粮食与饲料工业，（2）：49-50.

［80］ 孙建霞，孙爱东，白卫滨，2004a.苹果多酚的提取及其在食品中的应用现状分析［J］.食品研究与开发，25（5）：50-53.

［81］ 孙建霞，孙爱东，白卫滨，2004b.苹果多酚的功能性质及应用研究［J］.中国食物与营养，（10）：38-41.

［82］ 孙攀峰，2004.苹果皮渣的营养价值评定及其饲喂奶牛的效果研究［D］.郑州：河南农业大学.

［83］ 孙玉英，王瑞明，刘庆军，等，2004.局限曲霉产 β-葡聚糖酶发酵培养基和发酵条件的优化［J］.饲料工业，25（1）：28-32.

［84］ 苏钰琦，马惠玲，罗耀红，等，2008.苹果多糖提取的优化工艺研究［J］.食品工业科技，05：198-201.

［85］ 田成，莫开菊，汪兴平，2010.水不溶性豆渣膳食纤维改性的工艺优化［J］.食品科学，（14）：148-152.

［86］ 田莉，李海萍，袁亚宏，等，2017.真空耦合超声波提取苹果渣多酚的工艺优化［J］.食品科学，38（14）：233-239.

［87］ 田玉霞，乔书涛，仇农学，等，2010.不同分子量级苹果果胶的流变性评价［J］.陕西师范大学学报（自然科学版），38（1）：104-108.

［88］ 涂宗财，李金林，汪菁琴，等，2005.微生物发酵法研制高活性大豆膳食纤维的研究［J］.食品工业科技，26（5）：49-51.

［89］ 王丽丽，2012.利用苹果皮渣发酵生产菌体蛋白饲料的工艺条件研究［D］.长春：长春工业大学.

［90］ 王丽萍，金鑫，黄磊，等，2012.DhHP-6 延长秀丽线虫寿命的作用机制［J］.吉林大学学报（理学版），50（5）：1045-1048.

［91］ 王金明，霍丽娟，2011.常见植物型饲料中抗营养因子的危害分析［J］.国外畜牧学，（1）：77-79.

［92］ 王江浪，许增巍，马惠玲，等，2009.由苹果皮渣制备果胶低聚糖的工艺［J］.农业工程学报，（1）：122-128.

［93］ 王瑞花，2013.烘干苹果皮渣的营养成分和应用［J］.南方奶业，（4）：28-29.

［94］ 王明福，滕静，2017.多酚类化合物在食品热加工中的化学与生物活性变化及其对食品品质的影响［J］.中国食品学报，17（06）：1-12.

［95］ 王树荣，刘倩，骆仲泱，等，2006.基于热重红外联用分析的纤维素热裂解机理研究［J］.浙江大学学报（工学版），40：1154-1158.

［96］ 王新，何玲玲，孔玉梅，等，2009.苦丁茶冬青叶多糖 KPS Ⅲ a 的热分析研究［J］.食品科学，（9）：44-46.

［97］ 王亚伟，2002.不同制取方法对苹果渣膳食纤维特性的影响［J］.粮油加工与食品机械，（10）：42-43.

［98］ 王阳，2012.苹果皮渣发酵蒸馏酒工艺优化研究及挥发性香气成分分析［D］.保定：河北农业大学.

［99］ 王艳翠，卢韵朵，史吉平，等，2019.复合酶法提取苹果渣中的果胶及产品性质分析［J］.食品与生物技术学报，38（05）：30-36.

［100］ 王艺璇，王世平，马丽艳，2012.苹果多酚提取物对血管紧张素转化酶活性的抑制［J］.中国农学通报，28（6）：257-261.

［101］ 王振宇，刘春平，2009.大孔树脂 AB-8 对苹果多酚的分离纯化［J］.食品研究与开发，30（4）：21-24.

［102］ 卫娜，2012.混合发酵生产脐橙皮膳食纤维的研究［J］.现代食品科技，28（4）：434-437.

[103] 韦婷，何婧柳，冯林，等，2020. 苹果皮渣的利用现状及展望 [J]. 广东蚕业，54 (06)：28-29.

[104] 魏颖，籍保平，周峰，等，2012. 苹果皮渣多酚提取工艺的优化 [J]. 农业工程学报，8 (25)：345-350.

[105] 温志英，祝永刚，李志建，2008. 苹果渣发酵生产饲料蛋白质的工艺研究. 中国饲料，(11)：41-44.

[106] 武航，2011. 天然活性成分玉米肽单体 TPM 的抗衰老研究 [D]. 长春：吉林大学.

[107] 武运，李焕荣，陶咏霞，等，2009. 发酵苹果皮渣生产菌体蛋白饲料工艺的研究 [J]. 中国酿造，(1)：83-86.

[108] 吴茂玉，马超，宋烨，等，2009. 苹果加工产业的现状、存在问题与展望 [J]. 农产品加工（综合刊），(12)：50-52.

[109] 吴怡莹，张苓花，明静文，等，1994. 以苹果皮渣为原料固态发酵生产柠檬酸的研究 [J]. 大连轻工业学院学报，(2)：72-77.

[110] 吴占威，胡志和，邹雄志，2013. 豆渣膳食纤维及豆渣超微化制品对小鼠肠道菌群的影响 [J]. 食品科学，34 (3)：271-275.

[111] 肖安红，2008. 常见膳食纤维微粉的研究 [D]. 武汉：华中科技大学.

[112] 肖美添，叶静，汤须崇，等，2009. 江蓠藻膳食纤维的降血糖及抗氧化作用 [J]. 华侨大学学报（自然科学版），30 (6)：665-667.

[113] 肖文萍，宋社果，刘海艳，等，2012. 奶山羊催乳复合青贮苹果皮渣饲料的研制 [J]. 西北农业学报，21 (4)：30-34.

[114] 谢亚萍，张宗舟，蔺海明，2011. 混菌发酵苹果皮渣生产饲料蛋白的研究 [J]. 饲料博览，(2)：1-4.

[115] 徐会侠，2007. 苹果皮渣栽培平菇配方对比试验 [J]. 食用菌，29 (3)：32.

[116] 徐抗震，宋纪蓉，赵宏安，等，2003. 苹果皮渣发酵生产饲料蛋白的菌种选育 [J]. 西北大学学报（自然科学版），33 (2)：167-170.

[117] 徐颖，樊明涛，冉军舰，等，2015. 不同品种苹果籽总酚含量与抗氧化相关性研究 [J]. 食品科学，36 (1)：79-83.

[118] 许志忠，李晓春，2006. 过氧化氢分解影响因素分析 [J]. 染整技术，28 (1)：33-38.

[119] 薛祝林，黄必志，2014. 混合菌种发酵苹果渣生产蛋白饲料的工艺参数优化研究 [J]. 中国畜牧兽医，3：36.

[120] 杨保伟，盛敏，来航线，等，2008. 苹果皮渣基质柠檬酸高产菌株选育 [J]. 微生物学杂志，28 (6)：24-29.

[121] 杨福有，祁周约，李彩凤，等，2000. 苹果皮渣营养成分分析及饲用价值评估 [J]. 甘肃农业大学学报，35 (3)：340-344.

[122] 杨志峰，李爱华，李耀忠，2015. 苹果皮渣发酵剂载体组分及菌种配比研究 [J]. 农业科学研究，(2)：22-26.

[123] 姚秀琼，谈金，鲁鹏，等，2011. 大豆多糖的降解及其对草酸钙生长的抑制作用 [J]. 暨南大学学报（自然科学与医学版），32 (1)：61.

[124] 殷涌光，樊向东，刘凤霞，等，2009. 用高压脉冲电场技术快速提取苹果皮渣果胶 [J]. 吉林大学学报（工学版），39 (5)：1224-1228.

[125] 于修烛，2004. 苹果籽及苹果籽油特性研究 [D]. 杨凌：西北农林科技大学.

[126] 赵鸿宇，2013. 以秀丽新杆线虫为模型研究含硒桥联环糊精对氧化应激损伤的保护作用 [D]. 长春：吉林大学.

[127] 赵明慧，吕春茂，孟宪军，等，2013. 苹果渣水溶性膳食纤维提取及其对自由基的清除作用 [J]. 食品科学，34 (22)：75-80.

[128] 赵玉山，2015. 我国苹果市场新特点及 2015 年产销预测 [J]. 果农之友，(8)：3-4.

[129] 张晨，杨文杰，2005. 豆渣水溶性膳食纤维的最新应用 [J]. 中国食品添加剂，3：78-82.

[130] 张春霞，齐玉刚，曹蓓，等，2013. 超微粉碎对山楂不溶性膳食纤维降血脂作用的研究 [J]. 食品工业科技，34 (10)：338-341.

[131] 张迪，刘洋，李书艺，2016. 响应面试验优化复合酶法提取青蛇果多酚工艺及其抗氧化活性 [J]. 食品科学，37 (04)：51-57.

[132] 张黎明，王玲玲，孙茜，等，2009. 胡芦巴半乳甘露聚糖的酶法改性及其产物表征 [J]. 食品科学，(1)：195-199.

[133] 张继，武光朋，王文强，等，2006. 单细胞蛋白饲料研究进展 [J]. 饲料工业，27 (19)：50-52.

[134] 张高波，2014. 发酵苹果渣生产活性蛋白饲料研究 [D]. 杨凌：西北农林科技大学.

[135] 张艳荣，张雅媛，王大为，2005. 玉米膳食纤维在饼干中应用的研究 [J]. 食品科学，26 (8)：138-142.

[136] 张一为，孙少华，赵国先，等，2015. 苹果皮渣青贮与全株玉米青贮组合效应研究 [J]. 中国饲料，(17)：28-30.

[137] 郑少华，吴琼，2009. 我国粮食贸易的现状分析及其发展趋势 [J]. 企业家天地月刊，(7)：20-22.

[138] 周根来，王恬，2001. 非常规饲料原料的开发利用 [J]. 粮食与饲料工业，(12)：33-34.

[139] 周亚军，王淑杰，刘微，等，2004. 膳食纤维营养保健香肠的研制 [J]. 食品工业科技，25 (2)：83-85.

[140] 周志航，从彦丽，唐旭蔚，等，2018. 苹果模拟胃肠消化后的多酚释放和抗 HepG2 细胞增殖活性研究 [J]. 现代食品科技，34 (03)：8-18.

[141] AACC (American Association of Cereal Chemists) dietary fiber technical committee, 2001. The definition of dietary fiber [J]. Cereal Foods World, 46：112-129.

[142] Al-Farsi M A, Lee C Y, 2008. Optimization of phenolics and dietary fiber extraction from date seeds [J]. Food Chem, 108 (3)：977-985.

[143] Anastasladi M, Mohareb F, Redfern S P, et al., 2017. Biochemical profile of heritage and modern apple cultivars and application of machine learning methods to predict usage, age, and harvest season [J]. Journal of Agricultural and Food Chemistry, 65 (26)：5339-5356.

[144] Badolati N, E Sommella, Riccio G, et al, 2018. Annurca, Apple Polyphenols Ignite Keratin Prodection in hair follicles by in hibiting the pentose phosphate path way and amino acid oxidation [J]. Nutrients, 10 (10)：1406.

[145] Bhalla T C, Joshi M, 1994. Protein enrichment of apple pomace by co-culture of cellulolytic moulds and yeasts [J]. World Journal of Microbiology & Biotechnology, 10 (1)：116-117.

[146] Boyer J, Liu R H, 2004. Apple phytochemicals and theirhealth benefits [J]. Nutrition Journal, 3 (5)：5-19.

[147] Brenner S, 1974. Thegenetics of Caenorhabditis elegans [J]. Genetics, 77 (1)：71-94.

[148] Brown L, Rosner B, Willett W W, et al., 1999. Cholesterol-lowering effects of dietary fiber：a meta-analysis [J]. Am. J. Clin. Nutr., 69 (1)：30-42.

[149] Büchter C, Ackermann D, Havermann S, et al., 2013. Myricetin-mediated lifespan extension in Caenorhabditis elegans is modulated by DAF-16 [J]. International Journal of Molecular Sciences, 14 (6)：11895-11914.

[150] Ćetković G, čanadanović-Brunet J, Djilas S, et al., 2008. Assessment of polyphenolic content and in vitro antiradical characteristics of apple pomace [J]. Food Chemistry, 109 (2)：340-347.

[151] Chau C F, Wen Y L, Wang Y T, 2006. Effects of micronisation on the characteristics and physico-chemical properties of insoluble fibers [J]. Journal of the Science of Food and Agriculture, 86 (14): 2380-2386.

[152] Chau C F, Wang Y T, Wen Y L, 2007. Different micronization methods significantly improve the functionality of carrot insoluble fibre [J]. Food Chemistry, 100 (4): 1402-1408.

[153] Chawla R, Patil G R, 2010. Soluble dietary fiber [J]. Comprehensive Reviews in Food Science and Food Safety, 9 (2): 178-196.

[154] Dhillon G S, 2011. Bioproduction of hydrolytic enzymes using apple pomace waste by A. niger: applications in biocontrol formulations andhydrolysis of chitin/chitosan [J]. Bioprocess and Biosystems Engineering, 34 (8): 1017-1026.

[155] Dikeman C L, Fahey Jr G C, 2006. Viscosity as related to dietary fiber: a review [J]. Critical Reviews in Food Science and Nutrition, 46 (8): 649-663.

[156] Duhon S A, Murakami S, Johnson T E, 1996. Direct isolation of longevity mutants in the nematode Caenorhabditis elegans [J]. Developmental Genetics, 18 (2): 144-153.

[157] EI-Kadiri I, Khelifi M, Aider M, 2013. The effect ofhydrogen peroxide bleaching of canola meal on product colour, dry matter and protein extractability and molecular weight profile [J]. International Journal of Food Science & Technology, 48 (1): 1071-1085.

[158] Elleuch M, Bedigian D, Roiseux O, et al., 2011. Dietary fibre and fibre-rich by-products of food processing: Characterisation, technological functionality and commercial applications: A review [J]. Food Chemistry, 124 (2): 411-421.

[159] Feng X, 2010. Biohydrogen production from apple pomace by anaerobic fermentation with river sludge [J]. International Journal of Hydrogen Energy, 35 (7): 3058-3064.

[160] Figuerola F, Hurtado M L, Estévez A M, et al., 2005. Fibre concentrates from apple pomace and citrus peel as potential fibre sources for food enrichment [J]. Food Chemistry, 91 (3): 395-401.

[161] Grünz G, Haas K, Soukup S, et al., 2012. Structural features and bioavailability of four flavonoids and their implications for lifespan-extending and antioxidant actions in C. elegans [J]. Mechanisms of Ageing and Development, 133 (1): 1-10.

[162] Gong Y, Luo Y, Huang J, et al., 2012. Theanine improves stress resistance in Caenorhabditis elegans [J]. Journal of Functional Foods, 4 (4): 988-993.

[163] González-Centeno M R, Rosselló C, Simal S, et al., 2010. Physico-chemical properties of cell wall materials obtained from ten grape varieties and their by products: Grape pomaces and stems [J]. LWT-Food Science and Technology, 43 (10): 1580-1586.

[164] Gorinstein S, Zachwieja Z, Folta M, et al., 2001. Comparative contents of dietary fiber, total phenolics, andminerals in persimmons and apples [J]. Journal of Agricultural and Food Chemistry, 49 (2): 952-957.

[165] Gould J M, 1984. Alkaline peroxide delignification of agricultural residues to enhance enzymatic saccharification [J]. Biotechnology and Bioengineering, 26 (1): 46-52.

[166] Gullón B. Falqué E, Alonso J L, et al., 2007. Evaluation of apple pomace as a raw material for alternative applications in food industries [J]. Food Technology and Biotechnology, 45 (4): 426-433.

[167] Hang Y D, Woodams E E, 1989. A process for leaching citric acid from apple pomace fermented with Aspergillus niger in solid-state culture [J]. World Journal of Microbiology & Biotechnology, 5 (3): 379-382.

［168］ Happi E T，Garna H，Paquot M，et al.，2012. Purification of pectin from apple pomace juice by u-sing sodium caseinate and characterisation of their binding by isothermal titration calorimetry ［J］. Food Hydrocolloids，29 (1)：211-218.

［169］ He X，Liu R H，2008. Phytochemicals of apple peels：isolation，structure elucidation，and their antiproliferative and antioxidant activities ［J］. Journal of Agricultural and Food Chemistry，56 (21)：9905-9910.

［170］ Hou Y，Wang J，Jin W，et al.，2012. Degradation of Laminaria japonica fucoidan byhydrogen per-oxide and antioxidant activities of the degradation products of different molecular weights ［J］. Car-bohydrate Polymers，87 (1)：153-159.

［171］ Jaime L，Mollà E，Fernàndez A，et al.，2002. Structural carbohydrate differences and potential source of dietary fiber of onion (Allium cepa L.) tissues ［J］. Journal of Agricultural and Food Chemistry，50 (1)：122-128.

［172］ Jewell W J，1984. Apple pomace energy and solids recovery ［J］. Journal of Food Science，49 (2)：407-410.

［173］ Joshi，V K，Sandhu D K，1996. Preparation and evaluation of an animal feed byproduct produced by solid-state fermentation of apple pomace ［J］. Bioresource Technology，56 (2)：251-255.

［174］ Joshi V K，Attri D，2006. Solid state fermentation of apple pomace for the production of value add-ed products ［J］. Natural Product Radiance，5 (4)：289-296.

［175］ Jun Y，Bae I Y，Lee S，et al.，2014. Utilization of preharvest dropped apple peels as a flour substi-tute for a lowerglycaemic index andhigher fiber cake ［J］. International Journal of Food Sciences and Nutrition，65 (1)：62-68.

［176］ Jung M，Triebel S，Anke T，et al.，2009. Influence of apple polyphenols on inflammatory gene expression ［J］. Molecular Nutrition & Food Research，53 (10)：1263-1280.

［177］ Lam C K，Zhang Z，Yu H，et al.，2008. Apple polyphenols inhibit plasma CETP activity and re-duce the ratio of non-HDL to HDL cholesterol ［J］. Molecular Nutrition & Food Research，52 (8)：950-958.

［178］ Larrauri J A，1999. New approaches in the preparation ofhigh dietary fibre powders from fruit by-products ［J］. Trends in Food Science & Technology，10 (1)：3-8.

［179］ Li X，He X，Lv Y，et al.，2014. Extraction and functional properties of water‐soluble dietary fi-ber from apple pomace ［J］. Journal of Food Process Engineering，37 (3)：293-298.

［180］ Lu Y，2000. Antioxidant and radical scavenging activities of polyphenols from apple pomace ［J］. Food Chemistry，68 (1)：81-85.

［181］ Lu Y，Foo L Y，1998. Constitution of some chemical components of apple seed ［J］. Food Chemis-try，61 (1)：29-33.

［182］ Mateos-aparicio I，Mateos-peinado C，Rupérez P，2010. High hydrostatic pressure improves the functionality of dietary fibrer in okara by-product from soybean ［J］. Innovative Food Science and Emerging Technologies，4 (4)：1-6.

［183］ Momma K，Hashimoto W，Yoon H J，et al.，2000. Safety assessment of rice genetically modified with soybean glycinin by feeding studies on rats. ［J］. Bioscience Biotechnology & Biochemistry，64 (9)：1881-1886.

［184］ Osada K，Suzuki T，Kawakami Y，et al.，2006. Dose-dependenthypocholesterolemic actions of di-etary apple polyphenol in rats fed cholesterol ［J］. Lipids，41 (2)：133-139.

［185］ Peng C，Chan H Y E，Huang Y，et al.，2011. Apple polyphenols extend the mean lifespan of Drosophila melanogaster [J]. Journal of Agricultural and Food Chemistry, 59 (5): 2097-2106.

[186] Poulsen M, Kroghsbo S, Schoder M, et al., 2007. A 90-day safety study in Wistar rats fedgenetically modified rice expressing snowdrop lectin Galanthus nivalis (GNA)[J]. Food & Chemical Toxicology, 45 (3): 350-63.

[187] Rabelo C S, Filho R M, Costa A C, 2008. A comparison between lime and alkalinehydrogen peroxide pretreatments of sugarcane bagasse for ethanol production [J]. Applied Biochemistry and Biotechnology, 144 (1-3): 87-100.

[188] Rabetafika H N, Bchir B, Blecker C, et al., 2014. Comparative study of alkaline extraction process of hemicelluloses from pear pomace [J]. Biomass and Bioenergy, 61 (2): 254-264.

[189] Rahmat, H, 1995. Solid-substrate fermentation of Kloeckera apiculata and Candida utilis on apple pomace to produce an improved stock-feed [J]. World Journal of Microbiology and Biotechnology, 11 (2): 168-170.

[190] Re R, Pellegrini N, Proteggente A, et al., 1999. Antioxidant activity applying an improved ABTS radical cation decolorization assay [J]. Free Radical Biology and Medicine, 26 (9): 1231-1237.

[191] Reddy B S, Hamid R, Rao C V, 1997. Effect of dietary oligofructose and inulin on colonic preneoplastic aberrant crypt foci inhibition [J]. Carcinogenesis, 18 (7): 1371-1374.

[192] Redondo-Cuenca A, Villanueva-Suárez M J, Rodríguez-Sevilla M D, et al., 2007. Chemical composition and dietary fibre of yellow andgreen commercial soybeans (Glycine max) [J]. Food Chemistry, 101 (3): 1216-1222.

[193] Reis S F, Rai D K, Abu-Ghannam N, 2012. Water at room temperature as a solvent for the extraction of apple pomace phenolic compounds [J]. Food Chemistry, 135 (3): 1991-1998.

[194] Renard C, Rohou Y, Hubert C, et al., 1997. Bleaching of apple pomace byhydrogen peroxide in alkaline conditions: Optimisation and characterisation of the products [J]. LWT-Food Science and Technology, 30 (4): 398-405.

[195] Rong T, Raymond Y J, Christopher Y, et al., 2003. Polyphenolic profiles in eight apple cultivars using high-performance liquid chromatography (HPLC)[J]. Journal of Agricultural and Food Chemistry, 5 (21): 6347-6353.

[196] Sandhu D K, Joshi V K, 1997. Solid state fermentation of apple pomace for concomitant production ethanol and animal feed [J]. Journal of Scientific & Industrial Research, 56 (2): 86-90.

[197] Saura-Calixto F D, 2003. Antioxidant dietary fibre [J]. Electron. J. Environ. Agric. Food Chem, 2 (1): 223-226.

[198] Sangnark A, Noomhorm A, 2003. Effect of particle sizes on functional properties of dietary fibre prepared from sugarcane bagasse [J]. Food Chemistry, 80 (2): 221-229.

[199] Selig M J, Vinzant T B, Himmel M E, et al., 2009. The effect of lignin removal by alkaline peroxide pretreatment on the susceptibility of corn stover to purified cellulolytic and xylanolytic enzymes [J]. Applied Biochemistry and Biotechnology, 155 (1-3): 94-103.

[200] Schieber A, Stintzing F C, Carle R, 2001. By-products of plant food processing as a source of functional compounds - recent developments [J]. Trends Food Sci Technol, 12 (11): 401-413.

[201] Sudha M L, Baskaran V, Leelavathi K, 2007. Apple pomace as a source of dietary fiber and polyphenols and its effect on the rheological characteristics and cake making [J]. Food Chemistry, 104 (2): 686-692.

[202] Sun J, 2007. Characteristics of thin-layer infrared drying of apple pomace with and withouthot air pre-drying [J]. Food Science and Technology International, 13 (2): 91-97.

［203］ Sun R，Tomkinson J，Ma P，et al.，2014. Comparative study of hemicelluloses from rice straw by alkali andhydrogen peroxide treatments. Carbohydrate Polymers，42（2）：111-122.

［204］ Trost K，Ulaszewska M M，Stanstrup，et al.，2018. Host：Microbiome co-metabolic processing of dietary polyphenols-An acute，single blined，crossover study with different doses of apple polyphenols in healthy subjects［J］. Food Research International，112：108-128.

［205］ Vayndorf E M，Lee S S，Liu R H，2013. Whole apple extracts increase lifespan，healthspan and resistance to stress in Caenorhabditis elegans［J］. Journal of Functional Foods，5（3）：1235-1243.

［206］ Veeriah S，Hofmann T，Glei M，et al.，2007. Apple polyphenols and products formed in the gut differently inhibit survival of human cell lines derived from colon adenoma（LT97）and carcinoma（HT29）［J］. Journal of Agricultural and Food Chemistry，55（8）：2892-2900.

［207］ Villas-Bôas S G，Esposito E，Mendonça M M D，2003. Bioconversion of apple pomace into a nutritionally enriched substrate by Candida utilis and Pleurotus ostreatus［J］. World Journal of Microbiology &. Biotechnology，19（5）：461-467.

［208］ Vrhovsek U，Rigo A，Tonon D，et al.，2004. Quantitation of polyphenols in different apple varieties［J］. Journal of Agricultural and Food Chemistry，52（21）：6532-6538.

［209］ Wang X，Chen Q，Lü X，2014. Pectin extracted from apple pomace and citrus peel by subcritical water［J］. Food Hydrocolloids，38（7）：129-137.

［210］ Wilson M A，Shukitt-Hale B.，Kalt W.，et al.，2006. Blueberry polyphenols increase lifespan and thermotolerance in Caenorhabditis elegans［J］. Aging Cell，5（1）：59-68.

［211］ Yue T，Shao D，Yuan Y，et al.，2012. Ultrasound-assisted extraction，HPLC analysis，and antioxidant activity of polyphenols from unripe apple［J］. Journal of Separation Science，35（16）：2138-2145.

［212］ Zhang L，Jie G，Zhang J，et al.，2009. Significant longevity-extending effects of EGCG on Caenorhabditis elegans under stress［J］. Free Radical Biology and Medicine，46（3）：414-421.

［213］ Zhang Q，Rong Y，Duan Z，et al.，2018. Comparative study of five different macroporous resins as separators and purifiers of apple polyphenols［J］. Actahorticulturae，1208：347-354.